水轮机调节系统应用及测试技术

贵州电网有限责任公司　组编

中国水利水电出版社
www.waterpub.com.cn
·北京·

内 容 提 要

本书系统阐述了水轮机调节系统应用及测试技术，结合多年现场调试、技术服务经验，以及调节系统一次调频、功率模式运行、孤网运行等科研成果，系统地讲述了水轮机调节系统在水电厂的应用及测试技术。

本书前3章主要介绍了水轮机调节系统的基础知识，作为工程调试人员必备的基础知识，内容紧密结合现场，以实际应用为主；后6章分别讲述了调节系统现场应用技术及测试技术，并加入了大量实测数据及案例，包括功率模式、入网调整试验方法、频率控制技术、参数测试与建模、孤网运行控制、常见故障分析等内容。

本书适用于从事水电机组调节系统试验、调试的技术人员阅读，也可供水电厂调速器维护检修人员及高等院校相关专业人员参考。

图书在版编目（CIP）数据

水轮机调节系统应用及测试技术 / 贵州电网有限责任公司组编. -- 北京 : 中国水利水电出版社, 2019.4
ISBN 978-7-5170-7624-7

Ⅰ. ①水… Ⅱ. ①贵… Ⅲ. ①水轮机—调节系统 Ⅳ. ①TK730.4

中国版本图书馆CIP数据核字(2019)第074504号

书　名	**水轮机调节系统应用及测试技术** SHUILUNJI TIAOJIE XITONG YINGYONG JI CESHI JISHU
作　者	贵州电网有限责任公司　组编
出版发行	中国水利水电出版社 （北京市海淀区玉渊潭南路1号D座　100038） 网址：www.waterpub.com.cn E-mail：sales@waterpub.com.cn 电话：（010）68367658（营销中心）
经　售	北京科水图书销售中心（零售） 电话：（010）88383994、63202643、68545874 全国各地新华书店和相关出版物销售网点
排　版	中国水利水电出版社微机排版中心
印　刷	北京瑞斯通印务发展有限公司
规　格	184mm×260mm　16开本　13.25印张　314千字
版　次	2019年4月第1版　2019年4月第1次印刷
印　数	0001—2000册
定　价	**65.00**元

本 书 编 委 会

主　　编　沈春和

副 主 编　毛　成　苏　立　陈满华

参编人员　李林峰　刘卓娅　刘冬莉　陈　晖　曾癸森

本书是贵州电网有限责任公司电力科学研究院水机所从事水轮机调节系统试验、调试、研究工作的总结，特别是近十年，贵州乌江流域和北盘江流域一批大型水电机组陆续投产，在大量的调试工作和机组检修试验工作中积累了丰富的实践经验。

本书在编写过程中力求贯彻《水轮机控制系统技术条件》（GB/T 9652.1—2007）、《水轮机控制系统试验》（GB/T 9652.2—2007）、《水轮机电液调节系统及装置调整试验导则》（DL/T 496—2016）、《水轮机电液调节系统及装置技术规程》（DL/T 563—2016）、《南方电网同步发电机原动机及调节系统参数测试与建模导则》（Q/CSG 1206002—2015）等标准，注重实用性及应用性。书中选取的内容都是水轮机调节系统调试、试验人员面临的主要技术。为了更好地指导实践工作，书中给出了部分实测数据及案例，供工程技术人员参考。

我国的水力资源丰富，21 世纪水电建设事业出现了前所未有的发展势头，水电机组的装机数量和容量都不断增大。《中国电力行业年度发展报告 2018》显示：2017 年华中区域水电装机容量占比为 42.6%，南方区域水电装机容量占比为 37.9%。水电能源是电力系统的重要组成部分，对水电站综合自动化系统中的关键设备提出了更高的要求。水电机组的稳定运行直接影响着整个电力系统的稳定运行。

水轮机调节系统是水电站重要的基础自动化设备。随着清洁能源调度比重的增加，水电在电力系统中已占相当的比重，因此对水电机组电能的品质及机组运行的安全可靠性提出了更高的要求，如更高的可靠性、更完美的控制功能，这就要求调速器具有更大的灵活性、通用性和可靠性；机组空载运行时，调节发电机组的频率；机组并网运行时，调节系统调节机组输出的有功功率；电网发生故障使某些机组跳闸时，调节系统可以使备用机组迅速启动、升速和并网，保证电力系统稳定运行。其作用非常重要，一直是电力系统自动控制的重要内容之一。

在微机调速器出现、发展、完善和广泛应用的同时，水电站发电控制系统、电网发电调节自动化系统已日趋成熟，电网容量迅速扩大。大、中型和多数小型水轮发电机组的主要运行方式是并入大的区域电网运行。控制这些机组的水轮机微机调速器则是通过水电站AGC系统受控于电网发电调度系统，基本并网运行方式为一个机组功率控制器。电网的发电负荷调整及分配、电网调频任务主要由电网发电调度系统完成，微机调速器仅仅是它的末端控制器。长时间的大网运行，导致对调速器认识产生了麻痹思想，有些机组调速器甚至不具备孤网运行模式。

随着电网容量的增大，电网的安全稳定越来越重要，大电网出现跨网的事故依然有发生的可能性。自20世纪70年代以来，因为电压失稳、频率波动及扰动、低频振荡等因素而导致电网瓦解的事故在国内外多次发生，导致了长时间大面积的停电，其中以2003年美加大停电事故最为引人瞩目。20年来我国发生过的大停电事故也超过100起，造成了巨大的经济损失。

我国能源生产和消费面临转型，构建新一代电力系统已经开始。新一代电网的主要特征是高比例可再生能源接入、具有高比例电力电子装备、支撑多能互补综合能源网，以及与信息通信技术进一步深度融合。大量风力发电、太阳能发电的接入，系统惯性减小造成频率波动和频率稳定问题。在通信、频率调节等方面会有更高的要求，应更加重视源网协调，调速系统也要适应新一代电网的发展。应更加重视水轮机调节系统的试验及调试工作。

本书共分为9章，前3章主要介绍了水轮机调节系统的基础知识，作为工程调试人员必备的基础知识，内容紧密结合现场，以实际应用为主；后6章分别讲述了调节系统现场应用技术及测试技术，并加入了大量实测数据及案例。

第1章水轮机调节系统概述，介绍了水轮机调节系统的组成、任务、分类、特点以及现代电力系统对水轮机调节系统的要求；第2章水轮机调节系统控制技术，介绍了水轮机调节系统主要技术参数，微机调速器频率测量的方法原理及要求，PID动态特性及控制算法，运行方式、运行工况及调节模式；第3章水轮机控制系统结构，从电气及机械两方面对实际应用的主流结构分别进行了介绍；第4章水轮机调节系统功率模式，介绍了功率模式的基本原理、改造方法、试验方法、功率模式和开度模式的比较分析；第5章水轮机调节系统入网调整试验方法，介绍了试验的内容及相关规定，以及各阶段试验方法；第6章水电机组调节系统频率控制技术，介绍了调频的原理，一次调频原理、实现方法、技术要求、试验方法及故障诊断，以及水轮机调节系统在二次调频中的作用；第7章水轮机调节系统参数测试与建模，介绍了水轮机调节系统模型、建模及参数辨识方法，模型参数现场试验方法及基于PSD-BPA及Matlab软件模型参数辨识方法；第8章水电机组调节系统孤网运行控制，介绍了水电机组调节系统孤网运行控制策略、孤网运行参数、多机组小网运行协调控制、调节系统油压装置储能试验；第9章水轮机调节系统常见故障分析，介绍了故障处理的基本要求、故障分类、容错方式，常见故障分析、处理方法及实际故障案例。

感谢以下与作者合作过的科研单位、水轮机调速器生产厂家和水电厂：四川大学、华中科技大学、中国水利水电科学研究院、北京中水科水电科技开发有限公司、武汉三联水电控制设备有限公司、长江三峡能事达电气股份有限公司、南京南瑞水电控制设备有限公司、洪家渡水电厂、东风水电厂、索风营水电厂、乌江水电厂、构皮滩水电厂、思林水电厂、沙沱水电厂、光照水电厂、马马崖水电厂、董箐水电厂、引子渡水电站、普定水电站、善泥坡水电站、红枫水力发电厂、平寨水电站、象鼻岭水电站、大花水电站。感谢多年和作者一起从事水轮机调节系统研究和试验工作的各位专家、同事、各单位工程技术人员在工作中的支持和合作。

鉴于作者对于水轮机调节系统技术理解的局限性，书中难免会有不当之处，恳请同行不吝赐教。希望本书能够对水轮机调节系统的应用和测试工作，对电网的安全稳定运行起到积极的作用。

编者

目 录
MULU

第1章　水轮机调节系统概述

我国的水力资源丰富，水电是电力系统的重要组成部分。21世纪，水电建设事业出现了前所未有的发展势头，水电机组的装机数量和容量都不断增大，对水电站综合自动化系统中的关键设备提出了更高的要求。水电机组在电网中所占比重越来越大，水电机组的稳定运行直接影响着整个电力系统的稳定运行。

水轮机调节系统是水电站重要的基础自动化设备。水轮机调速器是水电机组两大调节设备之一，它不仅起调速作用，也承担了水电机组的各种工况转换和频率、功率、相角等的控制以及保护水轮发电机组的任务。

随着水电机组数量及单机容量的不断增加，以及清洁能源调度比重的增加，水电在电力系统中已占有相当的比重，因此对水电机组电能的品质及机组运行的安全可靠性提出了更高的要求，如更高的可靠性、更完美的控制功能以及报警、显示等附加功能，这就要求调速器具有更大的灵活性、通用性和可靠性；机组空载运行时，调节发电机组的频率；机组并网运行时，调节系统调节机组输出的有功功率；电网发生故障使某些机组跳闸时，调节系统可以使备用机组迅速启动、升速和并网，保证电力系统稳定运行。其作用非常重要，因此一直是电力系统自动控制的重要内容之一。

1.1　水轮机调节系统的组成

水轮机调节系统是由水轮机控制系统和被控系统组成的闭环系统。

水轮机控制系统也称水轮机调节装置，为实现水轮机调节及相应控制作用而设置的电子（电气）组件、机械液压组件、控制机构及指示仪表的组合。一般包括调节器、随动装置、油压装置、分段关闭组件、快速/紧急事故停机组件等。其基本功能为测量和监视水电机组的被控参量，如转速、功率、水位、流量等，将测量值与目标值（预期值或给定参量）的偏差按一定特性转化为控制信号，并放大该信号，产生主接力器动作以削减这种偏差，从而实现水电机组的转速调节或输出功率调节，并能执行机组启动、并网、停机、快速事故停机、紧急事故停机等操作，有时也用于水位或流量的调节。以实现转速调节为主要目的的水轮机调节装置称为水轮机调速器，简称调速器。

被控系统包括水轮机、引水和泄水系统、装有电压调节器的发电机及其所并入的电网。由于水轮机及引水系统的多样性、差异性与水力特性的复杂性、多变性，使得被控系统具有非线性、参数时变等特性，它属于非最小相位系统，在研制与分析水轮机调节系统时，应注意被控系统的这一特性。

由于负荷不断变化，水轮机调节也要不断进行，为此绝大多数电站都装有能自动进行水轮机调节的调速器。调速器有多种类型，但一般是由测量元件、放大元件、校正元件等环节组成。各环节之间的信号传递、变换与综合的不同方式，构成了不同形式的调速器。水轮机调节系统结构如图 1-1 所示。

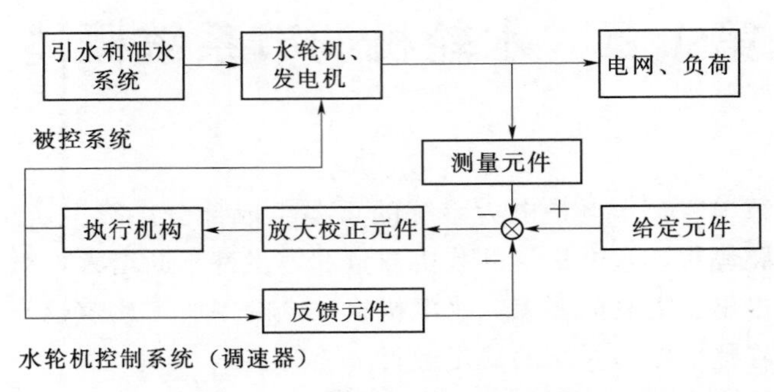

图 1-1　水轮机调节系统结构图

1.2　水轮机调节系统的任务及特点

1.2.1　水轮机调节系统的实质

水电机组转动部分的运动方程为

$$J\frac{\mathrm{d}\omega}{\mathrm{d}t}=M_t-M_g \tag{1-1}$$

其中

$$\omega=\frac{\pi n}{30}$$

式中　J——机组转动部分的惯性矩，kg·m²；

ω——机组转动角速度，rad/s；

n——机组转动速度，r/min；

M_t——水轮机转矩，N·m；

M_g——发电机负荷阻力矩（负载转矩），N·m。

式（1-1）表明，水电机组是转速对力矩的积分环节，机组转速（频率）保持恒值的条件是$\frac{\mathrm{d}\omega}{\mathrm{d}t}=0$，即要求 $M_t=M_g$，否则就会导致机组转速（频率）相对于额定值持续升高或降低，从而出现转速（频率）偏差；水电机组转速对力矩是一个一阶惯性环节。

水轮机转矩为

$$M_t=\frac{\rho QH\eta_t}{\omega} \tag{1-2}$$

式中　Q——通过水轮机的流量，m³/s；

H——水轮机净水头，m；

η_t——水轮机效率；

ρ——水的密度，g/m³。

由式（1-2）可知，在一定的机组工况下，只有当水轮机调节器相应地调节水轮机导

叶机构开度（从而调节水轮机流量）Q 和水轮机桨叶的角度（从而调节水轮机效率），使 $M_t=M_g$ 时，才能维持水电机组发电功率与负荷功率的平衡，才能使机组在一个允许的稳定转速（频率）下运行。因此，水轮机调节的实质就是根据转速偏离额定值的偏差信号调节水轮机导叶机构开度和水轮机桨叶的角度使 $M_t=M_g$，维持水电机组发电功率与负荷功率的平衡。

1.2.2　水轮机调节系统的任务

水轮机调节系统的基本任务可分为频率（转速）调节、有功功率调节和工况调节。

频率（转速）调节的任务是离网时控制发电机组处于空载状态，维持机组频率在额定频率附近，跟踪电网频率，使机组尽快同期、并网运行。并网时作为电网的频率调节器，在大网中完成电网一次调频任务，小网或孤网中保持电网频率在额定频率附近。

有功功率调节主要指并入大网运行时按照电网自动发电控制（AGC）系统的指令完成功率调节，满足电网二次调频的要求。

工况调节指完成被控机组的开机、停机、空载、孤立电网运行、增减负荷、一次调频、二次调频等多种工作状态转换，包括甩负荷、紧急停机等任务。

1.2.3　水轮机调节系统的特点

水轮机调节系统是一个自动调节系统，除了具有一般闭环控制系统的共性外，从自动控制角度来说，还有以下几个特点。

1. 水轮机引水系统存在水流惯性

水轮机过水管道存在着水流惯性，通常用水流惯性时间常数 T_W 来表述。

在动态过程中，当水轮机导叶关闭时，调节目标是减小水轮机力矩，但是由于引水系统水流减速、水流动能转变为势能、水轮机工作压力短时上升，导致水轮机力矩有短时段的增大；反之，当水轮机导叶开启时，调节目标是增大水轮机力矩，但是由于引水系统水流加速而导致水轮机压力短时降低，导致水轮机力矩有短时段的减小。所以，当水轮机导叶开启或关闭开始时刻，都会产生与控制目标相反的逆向调节。随着水轮机导叶开启或关闭速度的增大，动态过程中的逆向调节增强，对系统的动态稳定和响应特性会带来十分不利的影响。

过水管道水流惯性使得水轮机调节系统成为一个非最小相位系统，对系统的动态稳定和响应特性会带来十分不利的影响。当水轮机导叶开启或关闭时，会产生与控制目标相反的逆向调节，或叫反调，也就是通常所说的水锤效应。

2. 水电机组存在机械惯性

机械惯性可用机组惯性时间常数 T_a 来表达，这种惯性使得动态过程缓慢，调节系统容易出现振荡和超调。

机组惯性时间常数 T_a 的物理意义为在额定转矩 M_r 的作用下，机组从转速为零加速到额定转速 n_r 所需要的时间，是机组在转动中惯性大小的量度。机组惯性时间常数 T_a 在数值上为机组在额定转速时的动量矩与额定转矩之比。

3. 水轮机调节系统的复杂非线性

水轮机的型式多种多样，有混流式、轴流定桨式、轴流转桨式、贯流式等。不同的机组型式使得被控系统的特性及功能要求差异很大。

同一机组在不同的运行水位（包括库水位和尾水位）的机组特性不同，尤其是一洞多机、长引水道的机组，其特性更复杂。

水电机组在电力系统中承担调频、调峰和事故备用等多种任务；存在如机组开机、停机、空载、孤立电网、一次调频、二次调频等多种工作状态。

1.3　水轮机控制系统的分类及其特点

调速器可按照主要元件的自动化程度、随动系统类型、容量、执行机构的数量等进行分类。

1.3.1　按主要元件的自动化程度划分

1. 机械液压型调速器

机械液压型调速器即稳态、测速及反馈信号通过机械方法产生，经机械综合后通过液压放大产生信号驱动水轮机接力器的调速器。机械液压型调速器系统框图如图 1-2 所示。

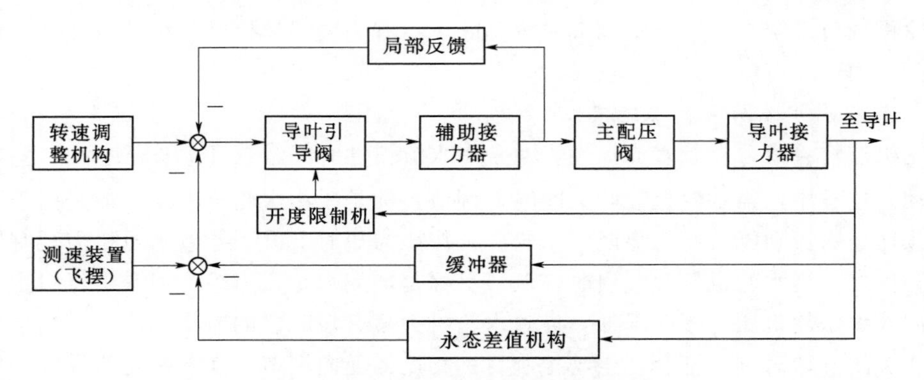

图 1-2　机械液压型调速器系统框图

图 1-2 中的测速装置采用离心飞摆利用机械部件转动的方式检测转速偏差，该偏差可以转换成相应机件的输出位移。

2. 电气液压型调速器

电气液压型调速器的系统框图和机械液压型的系统框图几乎一样，只是采用机械测速、反馈和调节部分代之以电气环节。电气液压型调速器系统框图如图 1-3 所示。

对比图 1-2 和图 1-3 可以看出，除了电气液压型调速器采用了电气环节代替了机械液压型调速器测量等一些环节之外，其他环节都相同。20 世纪 60 年代以后，电气液压型调速器也经过了一系列的改进，主要经历了电子管、磁放大器、晶体管、集成电路等几个阶段的发展。到了 20 世纪 80 年代后期，由于微机控制技术的崛起，机械液压型和电气液压型调速器逐渐退出历史舞台，取而代之的是微机型调速器。

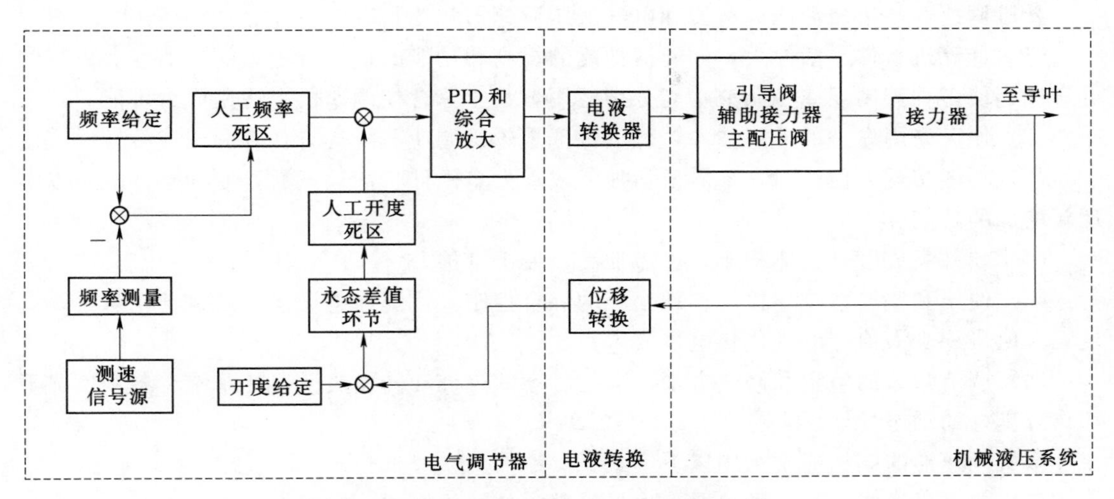

图 1-3　电气液压型调速器系统框图

3. 微机型调速器

随着20世纪70年代初微型处理机的诞生，世界各国和地区相继在20世纪80年代开始研制微机型调速器。我国于1984年研制成功第一台适应式变参数微机型调速器并投入运行，到了20世纪90年代，我国大中型水电站已经普遍选用此种类型的调速器。微机型调速器中，电气调节部分已经被微机取代，电液转换部分和机械液压部分并无本质的改动，微机型调速器系统框图如图1-4所示。

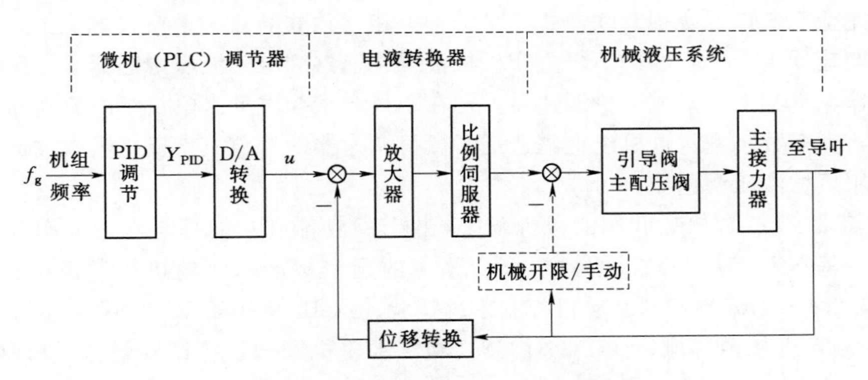

图 1-4　微机型调速器系统框图

随着时代的发展，世界已进入数字化时代，数字产品优异的可靠性和处理能力已经为各个行业创造了无数佳绩，微机型调速器不仅工作性能优越，可靠性得到大大提高，而且PLC相对于其他控制器的可扩展性较强，可根据实际需要扩展各种功能模块，尤其当系统需要与外界通信时，可以加装通信模块，此类通信模块实现简单，应用方便，且功能强大，此外一般的工业PLC都可以安全无误地工作数万小时，所以微机型调速器取得了广泛的应用。但同时，一套基于微机的自动化系统还需要一套适用的算法与之搭配才能发挥最大的功能。

微机调速器与机械液压调速器和电气液压调速器相比具有以下优点：

（1）计算机软件灵活性大，调速器性能的提高和功能的扩展有更大的灵活性和更高的可靠性，使多种控制规律和调节功能分别运用，甚至综合在调速器上运用成为可能。

（2）便于采用先进的控制技术，可以保证水轮机调速系统具有良好的调节特性。

（3）功能实现方便灵活，不需要增加或改动太多硬件，甚至不需要变动硬件就可以实现新增加的功能。

（4）硬件集成度高，体积小，可靠性高，便于维护。

（5）便于和监控系统连接，实现全厂的综合控制，可提高工厂运行的自动化水平，满足无人值班、少人值守的现代化电厂要求。

（6）调节参数的整定和修改方便，运行状态的查询和转换灵活，使系统在各种工况下都具有良好的动态性能。

微机调速器的结构通常采用以下模式：

（1）单微机模式，是一种最典型也是最基本的结构模式，实际上是电气液压调速器的翻版。

（2）双微机模式，是在单微机模式的基础上，将易受干扰的数字电路冗余，即构成了双微机模式。

（3）双通道模式，是在双微机系统的基础上，增加一套综合放大环节，就形成双通道系统。

（4）混合型双微机并联模式，是在双微机系统之间采用相应的通信软件，整个系统在功能上与功能块级冗余与并联模式相当。

（5）完全双通道混合型并联模式，是结构上相互独立的双通道模式。

目前调速器生产厂家已经不再生产机械液压调速器和电气液压调速器了，原有的电气液压调速器也基本上改造成微机调速器。现在不仅大型和中型水电机组的调速器均采用微机调速器，大多数小型水电机组也都选用了微机调速器，目前只有极少数未改造的小型机组还在使用机械液压调速器。

20 世纪 80 年代以来，我国的微机调速器的计算性能和功能都与水轮机调节技术的国际先进水平基本上保持一致。水轮机调节系统的国家标准《水轮机控制系统技术条件》（GB/T 9652.1—2007）和《水轮机控制系统试验》（GB/T 9652.2—2007）也与国际标准《水轮机控制系统规范导则》（IEC 61362）和《水轮机调试系统试验规范》（IEC 60308）水平相当。

我国的微机调速器目前具有以下特色：

（1）水轮机调节系统的适应式变参数 PID 调节规律。

（2）带功率开环增量环节的功率调节模式。

（3）微机调节器的模块级双微机交叉冗余技术。

（4）交流伺服电机或步进电机驱动的电液转换器。

（5）具有故障状态下自复中的主配压阀和机械液压手动装置。

（6）中小型调速器采用的数字阀电液转换装置。

（7）频率测量、导叶接力器位移测量等的检错、容错技术。

1.3.2 按调速器电液随动系统的类型划分

作为调速器主要组成部分的电液随动装置也在不断发展，目前，水轮机调速器电液随动系统主要有以下几种基本类型。

1. 步进电机或伺服电机加主配压阀结构

这一结构是微机调速器经过近十年发展所形成的一种经典的随动系统。目前，大多数的大型调速器都采用或含有这一结构。它将控制器所输出的脉冲信号转换成机械位移信号，控制液压放大级引导阀活塞位移，经过主配压阀液压放大后控制主接力器位移。由于其摒弃了传统的电液转换器，采用步进电机，解决了发卡、漏油等问题，控制品质又接近电液转换器，所以得到了广泛的应用。

2. 比例伺服阀加主配压阀结构

这一结构主要用于大型调速器，通过高性能的比例伺服阀将控制器信号转换成压力油的流量信号，此流量信号作为先导级，输入主配压阀经过液压放大后控制主接力器的位移。这一结构采用标准的液压元件，结构紧凑，导叶运动曲线优美，是一种不错的解决方案。目前采用这一结构的电液伺服系统，国内一般都用数字球阀作为冗余热备用系统，以提高系统的可靠性。

3. 数字阀加主配压阀结构

这一结构主要用于中小型调速器，通过数字阀将控制器的脉冲信号转换成压力油的流量信号，此流量信号作为先导级，输入主配压阀经过液压放大后控制主接力器的位移。这种结构造价低、结构紧凑，缺点是控制曲线连续性略差，但是对于中小型机组，完全可以满足调节要求。

4. 标准液压元件组成的高油压系统

以上结构都采用低压系统，油压一般不超过 7MPa，在保证同等操作功的情况下，主接力器一般需要通过大流量的压力油，这样要求整个液压放大系统流量和体积都较大，不易采用标准的液压元件，主配压阀一般由调速器厂家自行设计制造，性能和精度有时较难保证。

在中小型调速器领域，业界提出了提高系统液压等级，取消主配压阀，采用液压标准元件的方案，并成功应用。这种由液压标准元件组成的高油压电液随动系统具有制造工艺简单、电厂运行成本低且性能稳定、可靠等优点。目前这种电液随动系统多以电液比例阀作为核心元件实现接力器位移的控制，但电液比例阀控制复杂、抗油污能力差，且由其构成的液压系统成本也不低。

1.3.3 按接力器容量或主配压阀直径大小划分

接力器容量指当操作油压为最小规定压力 P_R 时，使主接力器以最短的时间关闭或最短的时间开启时的净作用力 F 与接力器最大行程 Y_{max} 的乘积，即操作功（调速功），也称驱动能量，即

$$E_R = FY_{max}$$

式中　E_R——接力器容量，N·m；

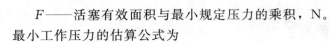

F——活塞有效面积与最小规定压力的乘积，N。

最小工作压力的估算公式为

$$P_R=(0.8\sim0.9)P_D$$

式中　P_D——设计压力。

按接力器容量或主配压阀（接力器控制阀）直径大小来划分，电液调节装置分为大型、中型、小型、特小型，具体划分见表 1-1。

表 1-1　　　　按接力器容量或主配压阀直径大小划分

类　别	划　分　依　据
大型	$E_R>75000\text{N}\cdot\text{m}$ 或 $D\geqslant80\text{mm}$
中型	$18000\text{N}\cdot\text{m}<E_R\leqslant75000\text{N}\cdot\text{m}$
小型	$3000\text{N}\cdot\text{m}<E_R\leqslant18000\text{N}\cdot\text{m}$
特小型	$350\text{N}\cdot\text{m}\leqslant E_R\leqslant3000\text{N}\cdot\text{m}$

注：1. E_R 为接力器容量，D 为主配压阀直径。
2. 当调节装置主配压阀直径大于 80mm 时，其接力器容量也一定是大于 75000N・m 的。

1.3.4　按照执行机构的数量来划分

按照执行机构的数量来划分可分为单调整电液调节装置和双调整电液调节装置。双调整电液调节装置只对主接力器进行控制，双调整电液调节装置能实现对转桨式/冲击式水轮机、带调压阀（空放阀）控制的水轮机导叶/喷针、转轮叶片/折向器（偏流器）及调压阀双重调整。

1.4　现代电力系统对水轮机调节系统的要求

现代微机调速器的发展，必须适应现代电力系统运行对调速器的主要运行特性的要求。在现代电力系统中，水轮机调节系统应能满足以下要求：

（1）被控机组空载工况时，微机调速器应在可能的运行水头范围内控制机组频率，使其跟踪于电网频率，以便于机组尽快平稳并入电网。微机调速器此时主要工作于频率调节模式下。

（2）被控机组并入大电网工况。

1）对于被控机组承担固定负荷的微机调速器，应该完成电网的一次调频。

2）完成二次调频指令。接收水电 AGC（或调度指令）系统的功率给定值，在机组可能的运行水头范围内，快速且近似单调的控制机组实发功率到达功率给定值，完成电网二次调频的机组功率控制任务。微机调速器应工作于功率调节模式，主要起机组功率控制器的作用。

3）当电网的频率偏差过大时，微机调速器应能自动转为频率调节模式工作。

（3）作为电网调频机组时，调速器工作于频率调节模式，但仍然接受 AGC 系统的功率给定值。小频差时，微机调速器按静特性起调频作用；电网的大频差则由电网 AGC 系统的调频功能通过下达给机组的功率给定值完成电网调频任务。

（4）当机组断路器分闸时，调速器即进入甩负荷过程，它应可靠、快速地控制机组进入空载状态。

（5）被控机组在小（孤立）电网工作时，对于绝大多数中型机组，这是一种事故性的和暂时的工况，当被控机组与大电网事故解列时，调速器能根据电网频差超差自动转为频率调节模式，即工作于频率调节器方式，维持电网频率在一定范围内。在系统稳定的前提下，尽量减小负荷变化时的电网频率最大上升值或下降值，尽量加快系统频率向50Hz恢复的速度。

（6）水电机组因启动快、辅助设备功率小、具有自启动等功能，适合作为黑启动电源。所以，调节系统应能在电网应急情况下，充分适应水电机组的黑启动工作。

（7）具有较高的可靠性、稳定性，具有较高的测频精度和较小频率响应时间。

（8）适应不同机组工况及水电机组非线性特征的变参数PID调节规律。

（9）基于现场总线的全数字式微机调速器是今后的发展方向，选用技术先进、可靠性高、标准化工业产品，选择余地大的工业控制机和系统集成技术构成的微机调节器，是发展的必然趋势。

第2章　水轮机调节系统控制技术

水轮机调节系统是由水轮机控制系统和被控系统组成的闭环系统。水轮机控制系统是指用来检测被控参量（转速、功率、水位、流量等）与给定参量的偏差，并将它们按一定特性转换成主接力器行程的一些设备所组成的系统。被控系统指由水轮机控制系统控制的系统，它包括水轮机、引水和泄水系统、装有电压调节器的发电机及其所并入的电网。

水轮机调节系统的稳定状态是相对的、暂时的，动态调节是绝对的、长期的。其调节过程为：测量频率、开度、负荷等信号与给定信号的变化，将其变化量引入PID计算环节，给出新的控制输出量，直到整个闭环系统达到新的稳态。水轮机调节系统主要环节包括微机调速器的频率测量、微机调速器的PID计算、水轮机调节系统的运行方式及流程、微机调速器的运行工况及调节模式等。

水轮机调节系统中，主要的被控参量有机组（电网）频率、机组有功等；主要的给定信号有频率给定、接力器开度给定、被控机组功率给定等。水轮机控制系统的主要输出量有导叶接力器行程、轮叶接力器行程等；与水轮机调节系统有关的参数主要有永态转差系数、转速死区、接力器响应时间常数、水流惯性时间常数、机组惯性时间常数等。主要参数的定义及意义将在相关章节中详细介绍。这些都是水轮机调节系统测试人员必备的基础知识。

2.1　水轮机调节系统的主要技术参数

2.1.1　被控系统主要技术参数

1. *水流惯性时间常数*

水流惯性时间常数 T_W 的物理意义为引水管道中的水流在额定水头 H_r 作用下，流量从零增加到额定流量 Q_r 所需的时间，表征过水管道中水流惯性的大小。

其表达式为

$$T_W=\frac{Q_r}{gH_r}\Sigma\frac{L}{S}=\Sigma\frac{LV}{gH_r} \tag{2-1}$$

式中　Q_r——水轮机额定流量，m^3/s；

g——重力加速度，m/s^2；

H_r——额定水头，m；

L——相应每段过水管道的长度，m；

S——每段过水管道的截面积，m^2；

V——相应每段过水管道内的流速，m/s。

2. 水击波相长时间常数

水击波相长时间常数 T_r 也叫管道反射时间，指压力波从阀门处到水库端再到阀门处所用的时间，其表达式为

$$T_r=\frac{2L}{a} \tag{2-2}$$

式中 L——管道总长度，m；

a——水击压力平均波速，m/s。

3. 机组惯性时间常数

机组惯性时间常数 T_a 的物理意义为在额定转矩 M_r 的作用下，机组从转速为零加速到额定转速 N_r 所需要的时间，是机组在转动中惯性大小的量度。机组惯性时间常数 T_a 在数值上为机组在额定转速时的动量矩与额定转矩之比，其表达式为

$$T_a=\frac{J\omega_r}{M_r}=\frac{GD^2n_r^2}{3580P_r} \tag{2-3}$$

式中 $J\omega_r$——额定转速时机组的动量矩，kg·m²/s；

M_r——机组额定转矩，N·m；

GD^2——机组飞轮力矩，kN·m²；

n_r——机组额定转速，r/min；

P_r——机组额定功率，kW。

当 GD^2、P_r 和 n_r 分别采用 t/m²、kW 和 r/min 为单位时，T_a 的表达式为

$$T_a=\frac{GD^2n_r^2}{365P_r} \tag{2-4}$$

4. 水轮机组惯性比率

水轮机组惯性比率 R_I 是指水流惯性时间常数 T_W 与水轮机组惯性时间常数 T_a 的比值，其表达式为

$$R_I=\frac{T_W}{T_a} \tag{2-5}$$

5. 负载惯性时间常数

负载惯性时间常数 T_b 是由电网引起的动量矩与额定转矩之比，是一个由电网负荷引起的类似于机组惯性时间常数的参数，单位为 s。

6. 管道特性常数

管道特性常数 h_W 是水流惯性时间常数 T_W 与管道反射时间 T_r 之比，其表达式为

$$h_W=\frac{T_W}{T_r} \tag{2-6}$$

7. 水轮机转矩对转速的传递系数

水轮机转矩对转速的传递系数 e_t 又称为水轮机自调节系数，是水头和主接力器行程恒定时，水轮机转矩相对偏差值 m_t 与转速相对偏差值 x_n 的关系曲线在所取转速点 A 的斜率（图 2-1），其表达式为

$$e_t = \frac{\partial m_t}{\partial x_n} \tag{2-7}$$

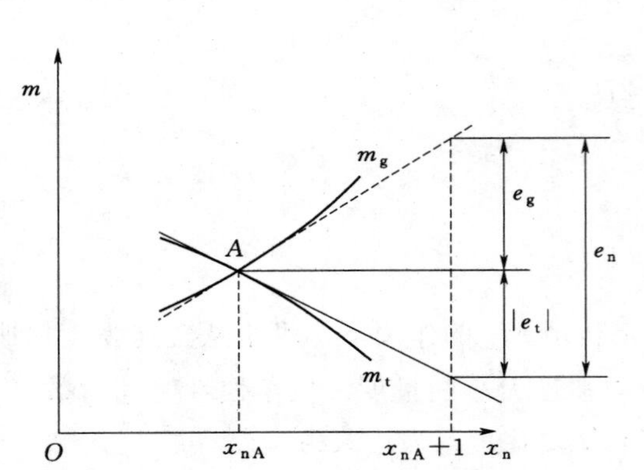

图 2-1　$m_g - x_n$、$m_t - x_n$ 关系曲线

8. 发电机负载转矩对转速的传递系数

发电机负载转矩对转速的传递系数 e_g 又称为发电机负载自调节系数，是在规定的电网负载情况下，发电机负载转矩相对偏差值 m_g 与转速相对偏差值 x_n 的关系曲线在所取转速点 A 的斜率（图 2-1），其表达式为

$$e_g = \frac{\partial m_g}{\partial x_n} \tag{2-8}$$

9. 被控制系统自调节系数

被控制系统自调节系数 e_n 是在所取转速点的发电机转矩对转速的传递系数 e_g 与水轮机转矩对转速的传递系数 e_t 之差，其表达式为

$$e_n = e_g - e_t \tag{2-9}$$

10. 电网负载特性系数

电网负载特性系数 e_b 指电网负载的相对转矩变化∂m 与相对转速变化∂x_n之比，其表达式为

$$e_b = \frac{\partial m}{\partial x_n} \tag{2-10}$$

在实践中系数 e_b 可表示为

$$e_b = \frac{\dfrac{\Delta P_G}{P_{G1}}}{x_n} - 1 \tag{2-11}$$

式中　ΔP_G——功率变化值；

P_{G1}——电网所吸收的实际功率；

x_n——相对转速变化。

11. 水轮机转矩对水头的传递系数

水轮机转矩对水头的传递系数 e_h 指转速和接力器行程恒定时，水轮机转矩相对偏差值 m_t 与水头相对偏差值 h 的关系曲线在所取水头点 B 的斜率（图 2-2），其表达式为

$$e_h = \frac{\partial m_t}{\partial h} \tag{2-12}$$

12. 水轮机转矩对导叶（喷针）接力器行程的传递系数

水轮机转矩对导叶（喷针）接力器行程的传递系数 e_{yg}，指水头、转速和转轮接力器行程恒定时，水轮机转矩相对偏差值 m_t 与导叶（喷针）接力器行程相对偏差值 y_g 的关系曲线在所取导叶（喷针）接力器行程点 C 的斜率（图 2-3），其表达式为

$$e_{yg} = \frac{\partial m_t}{\partial y_g} \tag{2-13}$$

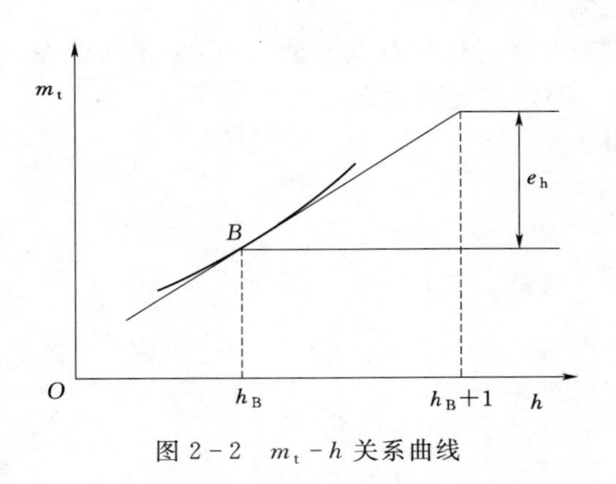

图 2-2 m_t-h 关系曲线

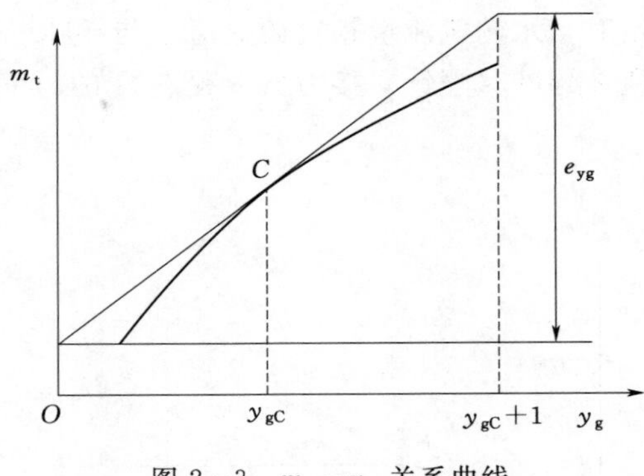

图 2-3 m_t-y_g 关系曲线

13. 水轮机转矩对转轮叶片接力器行程的传递系数

水轮机转矩对转轮叶片接力器行程的传递系数 e_{yr} 指水头、转速和导叶（喷针）接力器行程恒定时，水轮机转矩相对偏差值 m_t 与转轮接力器行程相对偏差值 y_r 的关系曲线在所取转轮接力器行程点 D 的斜率（图 2-4），其表达式为

$$e_{yr}=\frac{\partial m_t}{\partial y_r} \tag{2-14}$$

14. 流量对转速的传递系数

流量对转速的传递系数 e_{qx} 指水头和主接力器行程恒定时，水轮机流量相对偏差值 q 和转速相对偏差值 x_n 的关系曲线在所取转速点 E 的斜率（图 2-5），其表达式为

$$e_{qx}=\frac{\partial q}{\partial x_n} \tag{2-15}$$

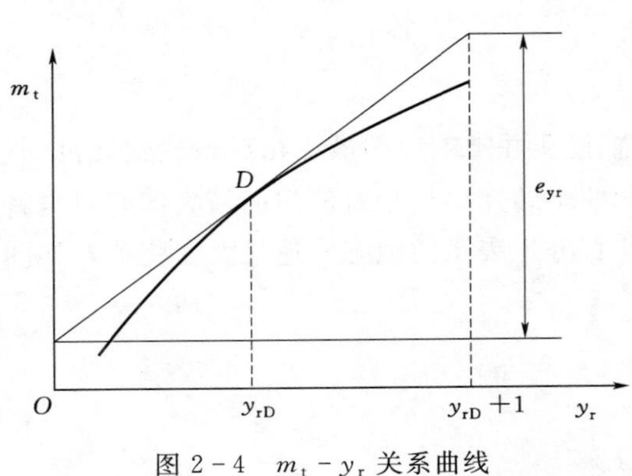

图 2-4 m_t-y_r 关系曲线

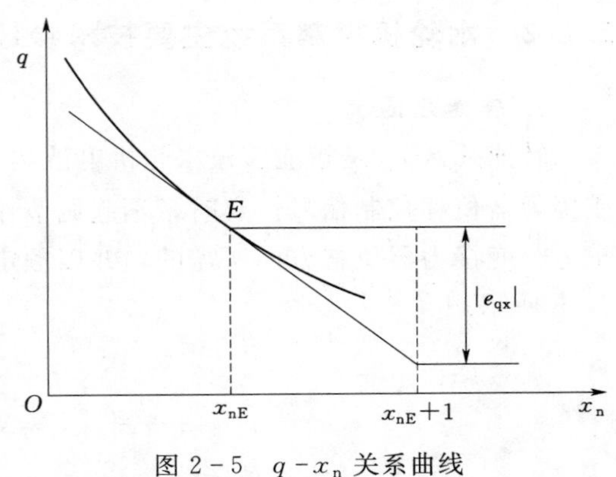

图 2-5 $q-x_n$ 关系曲线

15. 流量对水头的传递系数

流量对水头的传递系数 e_{qh} 指转速和主接力器行程恒定时，水轮机流量相对偏差值 q 和水头相对偏差值 h 的关系曲线在所取水头点 F 的斜率（图 2-6），其表达式为

$$e_{qh}=\frac{\partial q}{\partial h} \tag{2-16}$$

16. 流量对导叶（喷针）接力器行程的传递系数

流量对导叶（喷针）接力器行程的传递系数 e_{qy}，指水头、转速和转轮接力器行程恒

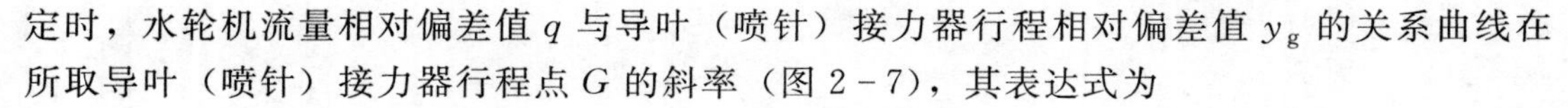

定时，水轮机流量相对偏差值 q 与导叶（喷针）接力器行程相对偏差值 y_g 的关系曲线在所取导叶（喷针）接力器行程点 G 的斜率（图 2-7），其表达式为

$$e_{qy}=\frac{\partial q}{\partial y_g} \tag{2-17}$$

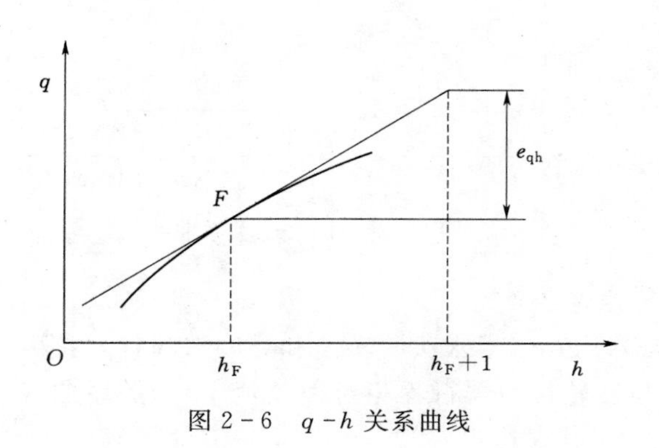

图 2-6　$q-h$ 关系曲线

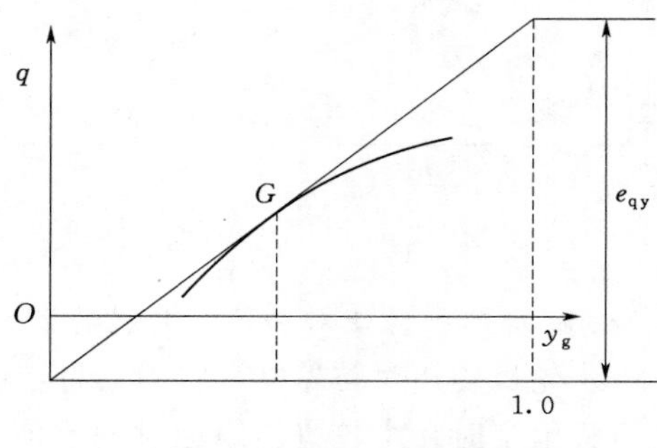

图 2-7　$q-y_g$ 关系曲线

17. 流量对转轮叶片接力器行程的传递系数

流量对转轮叶片接力器行程的传递系数 e_{qr} 指水头、转速和导叶接力器行程恒定时，水轮机流量相对偏差值 q 与转轮接力器行程相对偏差值 y_r 的关系曲线在所取转轮接力器行程点 H 的斜率（图 2-8），其表达式为

$$e_{qr}=\frac{\partial q}{\partial y_r} \tag{2-18}$$

2.1.2　水轮机控制系统主要技术参数

1. 转速死区

转速死区 i_x 是指能够被水轮机电液调节装置检测并被响应的最小相对转速变化范围，或接力器位移控制信号恒定时，不起调节作用的两个转速参量相对值间的最大区间；也就是为改变接力器位移方向所需的，并以额定转速百分比表示的稳态转速最大变化值，如图 2-9 所示。

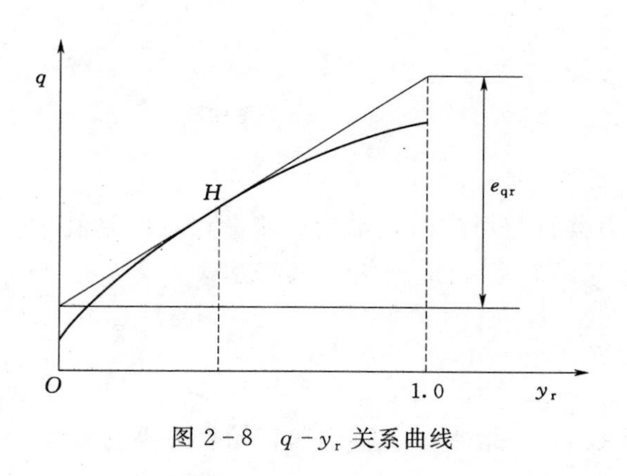

图 2-8　$q-y_r$ 关系曲线

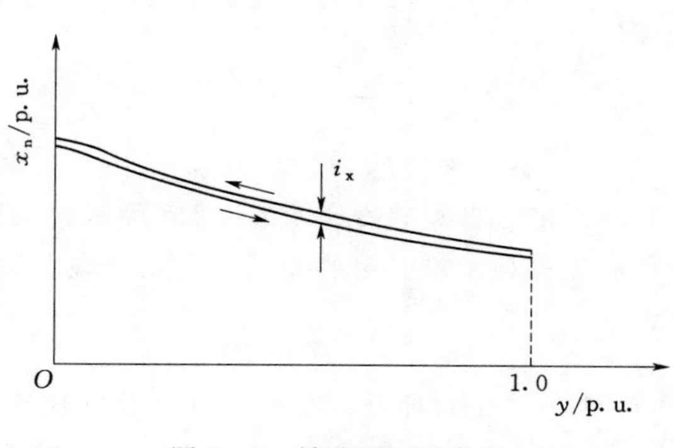

图 2-9　转速死区示意图

类似地，若被控参量替换为功率 x_{PG} 或水头 x_h 时，则分别为功率死区 i_p、水头死区 i_h。转速死区的一半称为不灵敏度。

造成转速死区的主要因素包括频率/转速测量环节的实现方式、接力器控制阀（主配）的搭叠量、机械传递环节的间隙与滞环等。增大转速死区会降低调节系统频率控制的精度，也将引起调节系统接力器不动时间的增加。

2. 人工死区

人工死区是在自动运行状态下，能人为地在规定的被控参量范围内使调节系统不起调节作用的最大区间。

人工死区主要有开度死区、频率死区和功率死区。

死区环节用图 2-10 模型表示，其中 DB_1 为正方向死区，DB_2 为负方向死区。

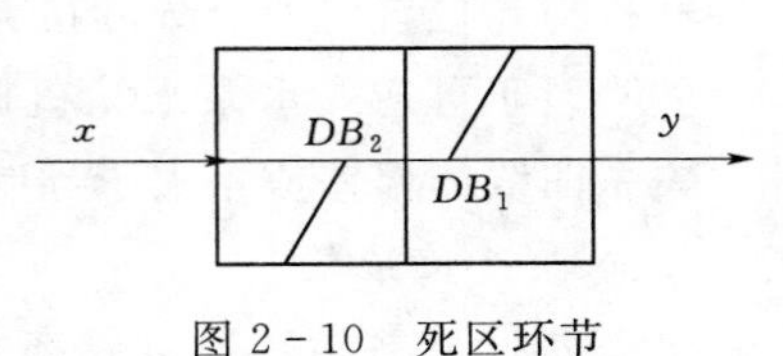

图 2-10　死区环节

其数学表达式如下：

$$y=\begin{cases}0, DB_2\leqslant x\leqslant DB_1\\ x-DB_1, x>DB_1\\ x-DB_2, x<DB_2\end{cases}\tag{2-19}$$

式中　y——输出；

x——输入。

3. 随动系统不准确度

随动系统不准确度 i_a 指随动系统中，对于所有不变的输入信号，相应输出信号的最大变化区间的相对值，如图 2-11 所示。

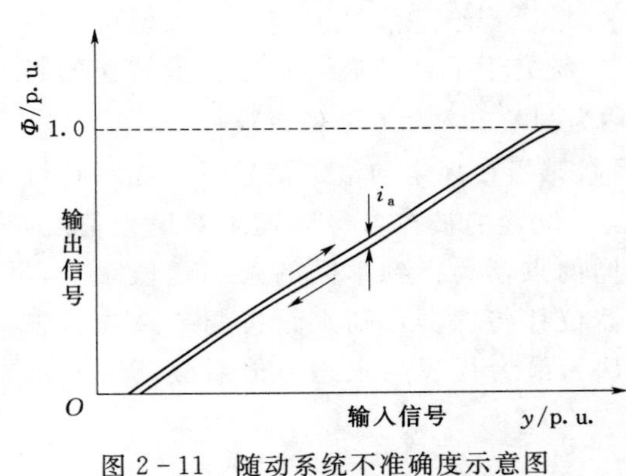

图 2-11　随动系统不准确度示意图

《水轮机控制系统技术条件》（GB/T 9652.1—2007）中对水轮机控制系统静态特性要求如下：

（1）静态特性曲线的线性度误差 ε 应不超过 5%。

（2）测至导叶或喷针主接力器的转速死区 i_x 的考核应以永态差值系数 b_p 为基数，不同规格的水轮机调节系统转速死区不得超过表 2-1 的规定。

表 2-1　水轮机调节系统转速死区规定值

项　目	调节系统类型及操作功容量 E_R/(N·m)			
	大型 $E_R>75000$	中型 $18000<E_R\leqslant75000$	小型 $3000<E_R\leqslant18000$	特小型 $350\leqslant E_R\leqslant3000$
转速死区 i_x	$0.015b_p$	$0.015b_p$	$0.025b_p$	$0.05b_p$

(3) 转桨式水轮机调节系统的轮叶随动系统不准确度 i_a 不得超过0.8%，实测协联关系曲线与理论（设计）协联关系曲线的偏差应不大于轮叶接力器全行程的±1%。

(4) 在稳态工况下，对多喷嘴冲击式水轮机的任何两喷针之间的位置偏差，在整个范围内均不应大于±1%；每个喷针位置对所有喷针位置平均值的偏差应不大于±0.5%。

(5) 对每个导叶单独控制的水轮机，任何两个导叶接力器的位置偏差不大于1%；每个导叶接力器位置对所有导叶接力器位置平均值的偏差不大于0.5%。

(6) 对于可逆式水泵水轮机调节系统，实测的扬程与导叶开度关系曲线与理论（设计）关系曲线的偏差应不大于导叶接力器全行程的±1%。

4. 永态差值系数

永态差值系数指转速（频率）控制时，在水轮机调节系统静特性曲线上某一规定运行点处斜率的负数，如图2-12所示。此时的永态差值系数也称永态转差系数。

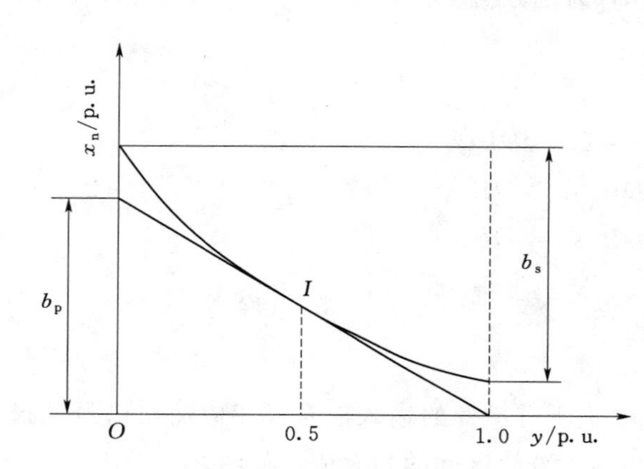

图2-12　水轮机控制系统静态特性曲线

在水轮机调节系统静特性曲线上，取某一规定点（如图 I 点，导叶开度标幺值为0.5时），过该点做一切线，切线斜率的负数就是该点的永态差值系数，其表达式为

$$b_p=-\frac{\partial x_n}{\partial y} \tag{2-20}$$

当给定信号恒定时，水轮机调节系统处于平衡状态，被控参量转速的相对偏差值 x_n 与机组输出功率相对偏差值的关系称为调差率或功率差值系数 e_p。

图2-12中，b_s 为最大行程的永态差值系数，指在规定的给定信号下，在水轮机调节系统静特性曲线上得出的接力器在全关和全开位置的被控参量转速绝对偏差值之差。显然，对于一条曲线型静态特性曲线选取不同的点，会得到不同的永态差值系数，但是实际工程中，如果选择了合适精度的接力器位移传感器，则水轮机调节系统静态特性曲线十分接近一条直线。因此，工程中可认为最大行程的永态差值系数等于此永态差值系数。

5. 接力器不动时间

接力器不动时间 T_q 指给定信号按规定形式变化起至由此引起主接力器开始移动的时间 T_q，如图2-13所示。其中，T_f 为接力器最短关闭时间，T_h 为延缓时间，y_h 为分段关闭拐点。

6. 接力器响应时间常数

接力器响应时间常数 T_y 指主接力器带规定负荷，其速度 dy/dt 与接力器控制阀（主配）相对行程 s 关系曲线斜率的倒数，如图2-14所示。

T_{y1} 为小波动时的接力器响应时间常数，T_{y2} 为大波动时的接力器响应时间常数。

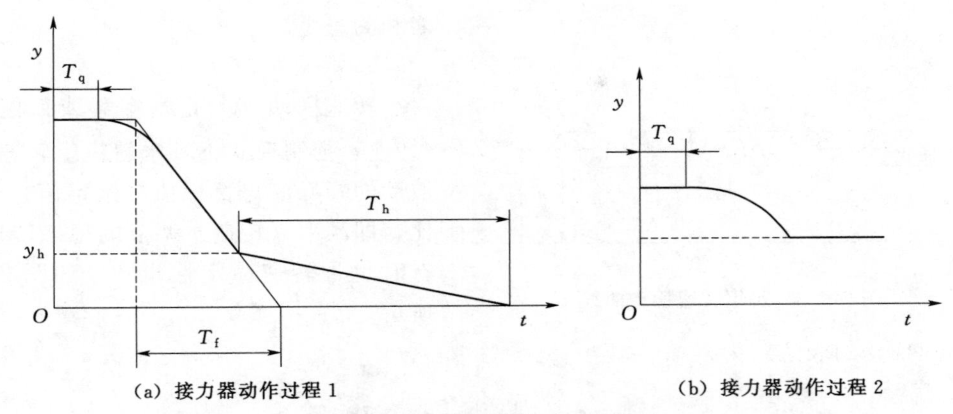

(a) 接力器动作过程1　　(b) 接力器动作过程2

图2-13　接力器不动时间示意图

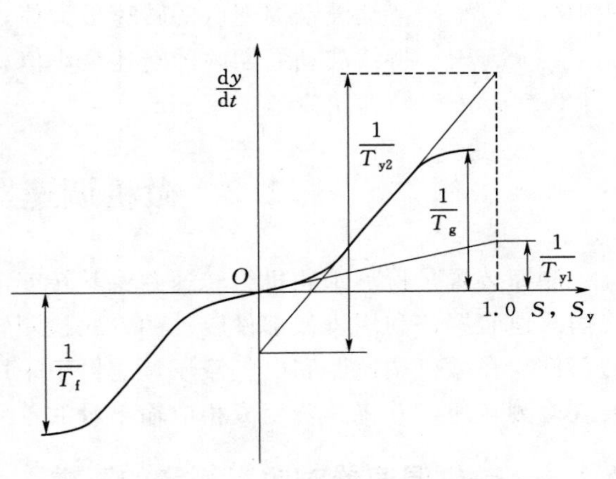

图2-14　$\frac{dy}{dt}$-S关系曲线

靠近主配压阀中间位置处，曲线出现明显的非线性，这是由主配压阀搭接量引起的，该区间有较大的响应时间常数，接近于线性段时有较小的响应时间常数。

T_y的表达式为

$$T_y=\frac{ds}{d\frac{dy}{dt}} \tag{2-21}$$

7. 频率变化衰减度

频率变化衰减度ψ指在频率调节过程中，与起始偏差符号相同的第2个转速偏差峰值Δf_1与起始偏差峰值Δf_{max}之比（图2-15），即

$$\psi=\frac{\Delta f_1}{\Delta f_{max}} \tag{2-22}$$

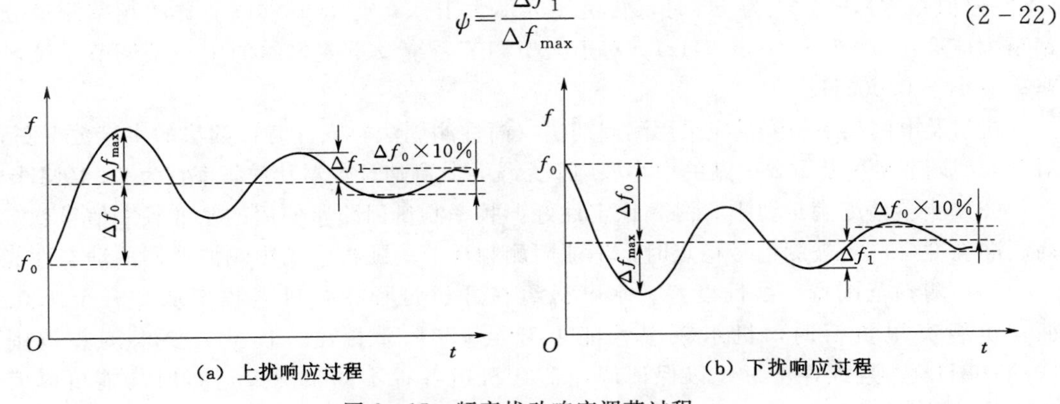

(a) 上扰响应过程　　(b) 下扰响应过程

图2-15　频率扰动响应调节过程

8. 波动次数

波动次数Z也称为振荡次数，指在动态调节过程中，被控量的波峰个数与波谷个数

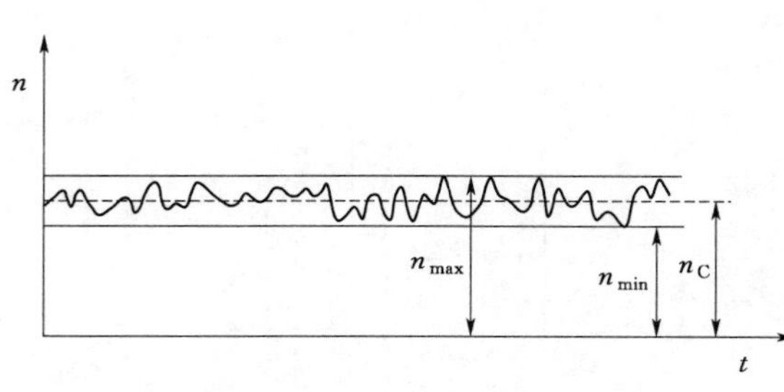

图2-16 机组转速摆动曲线

之和的一半。

9. 转速摆动

转速摆动$\delta\chi_n$是指空载或孤网频率（转速）控制模式下，水轮机组转速持续波动的峰峰值与目标值（给定值）n_C之比，即频率（转速）调节的稳态转速带，有时也称转速稳定性指数，如图2-16所示。

转速摆动的表达式为

$$\delta x_n = \pm \frac{|n_{max} - n_{min}|}{2n_C} \times 100\% \tag{2-23}$$

式中 n_{max}——持续波动周期内的转速最大值，r/min；

n_{min}——持续波动周期内的转速最小值，r/min；

n_C——转速给定值，r/min。

2.2 微机调速器的频率测量

测速装置是检测水轮机组转速并将其转变成相应输出量的装置。机械液压调速器采用飞摆测速装置，利用机械部件转动的方式检测转速偏差，并将其转变成相应机件位移输出的部件。在微机调速器和电气液压调速器中采用测频单元测速装置，利用模拟方式或数字方式检测转速，并将其转变成相应输出量的单元。

2.2.1 微机调速器对频率测量的要求

水轮机微机调速器对频率测量的要求主要有如下方面：

(1) 测频分辨率高。国家标准中对大型水轮机调速器的转速死区要求不大于$0.5\%b_p$（永态差值系数），当b_p为4%时，转速死区不大于0.02%，要求调速器的频率测量分辨率至少应高于0.01%（0.005Hz）；对于大型调节系统及重要电站的中小型调节系统，分辨率应小于0.003Hz。

机组及电网频率的测量应采用测周期法（简称测周法）或计时计数法的直接数字测频，对于大型调节系统及重要电站的中小型调节系统，其高速计数器计数频率宜为2～10MHz。

(2) 测量精度满足要求，测频稳定性好。频率测量回路所使用的基准频率信号稳定度高、准确性好，当被测信号稳定时，不能因测频环节的随机波动影响调速器的动态性能。

(3) 测频范围宽、线性度好。水电机组在开机过程中，机组频率从0升至100%；而在机组突甩负荷时，机组频率可能上升至150%及以上。因此，要求测频范围宽（0～100Hz），且线性度好，以保证调速器在机组各种不同工况下运行时均能可靠安全地工作。

(4) 对信号源的适应性好。机组频率信号源可能来自于齿盘的磁头，也可能来自机端电压互感器，信号波形可能是正弦波、方波或梯形波。若测频信号来自机端电压互感器，

当发电机不加励磁时，残压值在额定转速时通常只有0.3～1V，低转速时则更低，并且可能含有较高的三次谐波，正常并网运行时，机端电压为100V左右；当机组突甩负荷时，机端电压最大可能上升至150V。

应能适应正弦波、方波或梯形波等被测信号源，在信号电压为0.5～150V时能稳定可靠地工作，且能承受220V信号电压至少1min。

（5）测量时间常数小，响应速度快。为保证调速器的速动性，要求测频环节的测量时间常数小。衡量测频环节的时间常数有两个：一是测频单元响应时间常数 T_{rxn}，其定义为从测频单元输入量发生阶跃变化时刻起，至输出量达变化量95%的时间间隔；另一个是测频单元的响应延滞时间 T_{hxn}，其定义为从测频单元输入量发生阶跃变化时刻起，至输出量达变化量5%的时间间隔。

在±10%额定转速范围内，测频单元响应时间 T_{rxn} 宜不大于40ms；响应延滞时间 T_{hxn} 宜不大于25ms。

（6）抗干扰能力强。调速器的测频单元应能滤除测频信号源中的谐波分量和电气投切引入的瞬间干扰信号，在各种强干扰情况下均能准确可靠地工作。

2.2.2 频率测量信号源及测速方式

测速信号源是产生并提供转速信号的装置，在水轮机微机调速器中常用的测速信号源主要如下：

（1）机端电压。信号来源为被控机组发电机端电压互感器（PT）。用这种测速信号源实现测速（频）的称为残压测速（频）。

（2）齿盘信号（接近开关装置）。信号来源于安装在非转动部件上的接近开关（感应头）。它与在机组主轴上的齿盘一起实现机组速度（机组频率）测量，一般称为齿盘测速或齿盘测频。

（3）高压测母线电压。信号来源于电网母线电压互感器，用于测量被控机组所并入的电网频率。

目前，调速器主要以残压测频作为调速器主要频率源信号，一般情况下，当残压大于10V时，残压测频具有较高的准确性和稳定性。齿盘信号由于受齿盘齿形和加工精度的影响，测量精度低于残压测频，一般作为备用信号，当残压较低以及机频故障的情况下，采用残压信号。网频信号主要用于机组并网前跟踪网频时的调速器信号源，以及机组并网后作为参考及容错信号源。

2.2.3 频率测量的基本原理

测量频率一般采用测量频率法（简称测频法）或测周法。

测频法是指通过测量单位时间内被测信号的频率数来测量频率的方法。显然，对于额定频率为50Hz的水轮发电机组的频率来说，用这种方法是难以保证精度的，因此，微机调速器中频率测量采用测量周期的方法，适合于测量额定频率为50Hz、处于低频段的被测频率信号。

通过测量周期 T，进而求出频率 f 的方法称为测周法。被测机组的频率 f 和周期 T

的关系为

$$f=\frac{1}{T} \tag{2-24}$$

测周法就是测量一个周期时间内脉冲的个数 N_T，N_T 在数值上正比于被测信号的周期 T，其表达式为

$$T=N_T/C \tag{2-25}$$

式中　C——高频时钟信号频率。

根据式（2-25），测得脉冲信号个数为 N_T，即可计算出被测频率的周期 T。当被测信号频率 $f=50\text{Hz}$，则周期 $T=0.02\text{s}$；若高频时钟信号 $C=1\text{MHz}$，则脉冲信号个数 N_T 为 20000，则测频的测量精度不大于 0.0025Hz。

可编程水轮机调速器频率测量方式有两种：一种为单片机测频，即外部测频；一种为可编程控制器本身高速计数模块测频，即内部测频。

1. 外部测频

外部测频即被测周期信号与外部时钟信号相与的测周法。图2-17所示为被测周期信号与外部时钟信号相与的测周法的原理框架图和波形图。

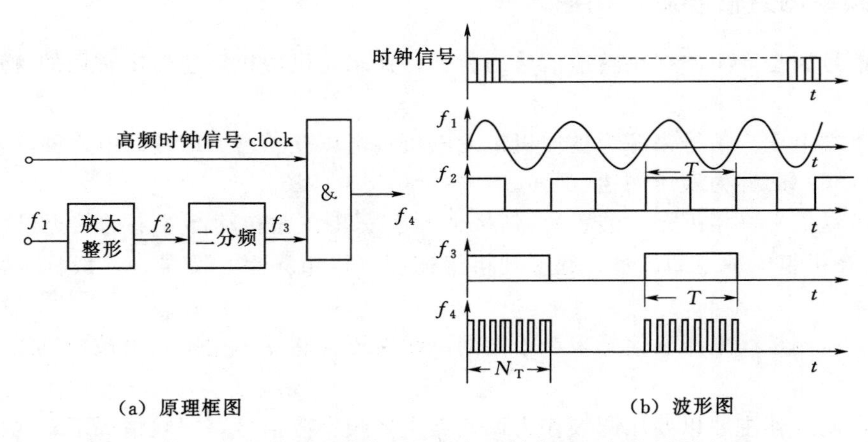

（a）原理框图　　（b）波形图

图2-17　被测周期信号与外部时钟信号相与的测周法

图中被测机组频率信号为 f_1，经过放大整形和二分频（实际工程中，有时还采用四分频、八分频）得到 f_3 方波信号；经过分频后，f_3 信号为1的半周时间和为0的半周时间是相等的。在实际应用中可以采用硬件分频的方法，也可以采用软件分频的方法。f_3 方波信号为1的半周期时间正好是被测信号 f_1 的周期 T。

高频时钟信号提供一个稳定的振荡信号，与 f_3 信号经与门得到 f_4 信号。f_4 信号送到微机控制器的高速计数模块。有时还需要将 f_3 信号送到微机控制器的中断模块（中断方式）或输入模块（查询方式）。如果能对 f_4 信号用脉冲信号的半波脉冲串进行计数，并记其值为 N_T，则 N_T 在数值上正比于被测信号的周期 T，其测频值为

$$f=\frac{C}{N_T} \tag{2-26}$$

例如，取 $\text{clock}=2\times10^9\text{Hz}$，则在被测频率为50Hz时，其 $T=0.02\text{s}$，$N_T=40000$。

由式（2-26）求得测量结果为 $f=50000$。若被测频率为 48Hz，则求得 $f=48000$。

这种测频方式对微机控制器的高速计数频率是有要求的。一般的微机控制器的高速计数模块的最高计数频率为 50～200kHz，有的高速计数模块的计数频率可以达到 500kHz。高速计数模块输入端光电隔离器件的最高响应频率是限制微机控制器高速计数模块最高计数频率的主要技术障碍。

2. 内部测频

内部测频及被测周期信号与内部时钟信号相与的测周法，其最大优点是无需微机控制器选配高速计数模块，周期测量结果由 CPU 自行获取，用户只要根据获取的周期测量数据计算频率值即可，可明显简化微机控制器的外围电路，提高微机调节器的可靠性。

其测量原理与图 2-17 所示频率测量原理完全一样，主要区别是，微机控制器高速计数模块仅仅需要输入被测频率整形（或再分频）后的信号，而不要求高速计数模块具备对于外部高速脉冲串的计数能力；在微机控制器内部，被测频率整形（或再分频）后的信号 $f_2(f_3)$ 和内部高频时钟信号相与后的信号 f_4 由程序自动捕获，从而避开了微机控制器由于输入（计数）环节存在光电隔离而限制高速计数频率的问题，大大提高了微机调速器频率测量的分辨率及精度，也简化了微机控制器外部频率测量电路的结构。

被测频率信号经放大整形后可以直接送入高速计数模块，也可以经过二分频后再送入高速计数模块。

当经过放大整形的信号 f_2 直接送入高速计数模块时，高速计数模块内部可以在输入的方波信号 f_2 的上升沿和下降沿的时间间隔内捕获对应的内部时钟信号数值 N_T，N_T 与被测信号的 1/2 周期成正比。也可以在输入的方波信号 f_2 的上升沿和下一个上升沿的时间间隔（实际是软件分频）内捕获对应的内部时钟信号数值 N_T，N_T 与被测信号的周期成正比。

当被测频率为 50Hz 时，若方波信号 f_2 的上升沿和下降沿的时间间隔对应的内部时钟信号为 1MHz、4MHz 和 5MHz，则微机控制器内部捕获的内部时钟信号数值 N_T 分别为 10000、40000 和 50000，换算成频率分辨率分别为 0.005Hz、0.00125Hz 和 0.001Hz，此时的频率测量周期是 0.02s（20ms）。

当被测频率为 50Hz 时，如果方波信号 f_2 的上升沿和下一个上升沿的时间间隔对应的内部时钟信号为 1MHz、4MHz 和 5MHz，则微机控制器内部捕获的内部时钟信号数值 N_T 分别为 20000、80000 和 100000，换算成频率的分辨率分别为 0.0025Hz、0.000625Hz 和 0.0005Hz。此时的频率测量周期也是 0.02s（20ms）。

当经放大整形和二分频的信号 f_3 送入高速计数模块时，其频率测量的分辨率更高，为前一种情况的 1/2，但是，频率测量周期是前一种情况的 2 倍。

2.3 微机调速器的 PID 计算

2.3.1 微机调速器的 PID 动态特性

2.3.1.1 微机调节器的传递函数

微机调速器传递函数典型原理结构如图 2-18 所示。

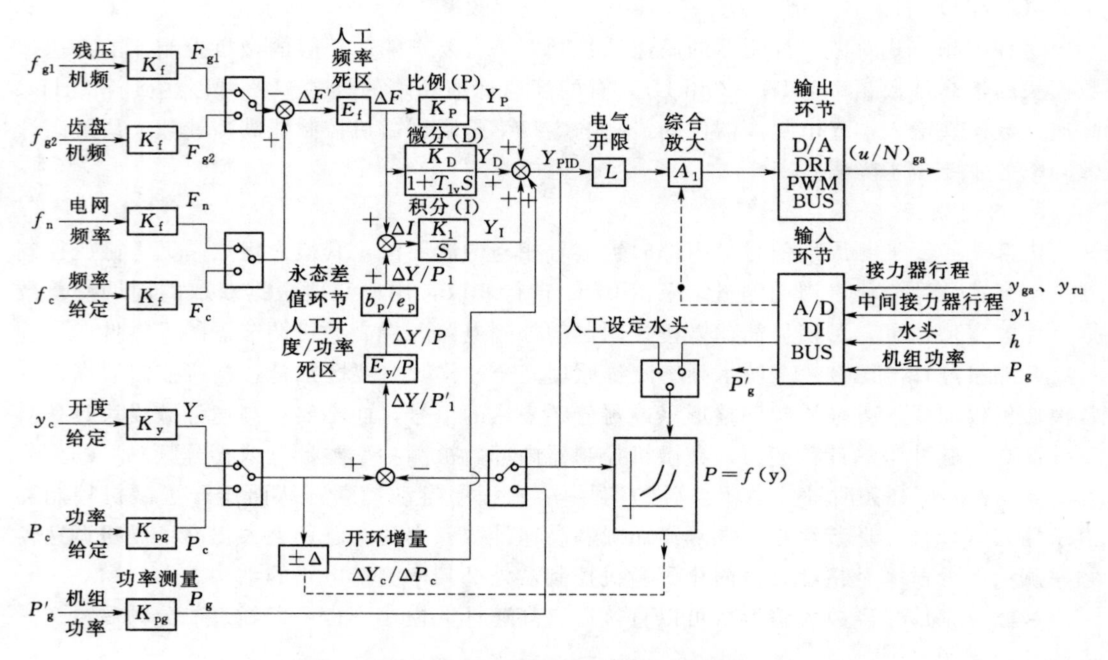

图 2-18　微机调速器传递函数典型原理结构图

PID 或 PI 数字调节器的传递函数为

$$\frac{\Delta y_u(s)}{\Delta x(s)}=K_P+\frac{K_I}{s}+\frac{K_D s}{T_{1v}s+1} \tag{2-27}$$

其中

$$K_P=\frac{T_d+T_n}{b_t T_d}$$

$$K_I=\frac{1}{b_t T_d}$$

$$K_D=\frac{T_n}{b_t}$$

当 $K_D \neq 0$ 时

$$b_t=\frac{T_m}{2K_I K_D}$$

$$T_d=\frac{2K_D}{T_m}$$

$$T_n=\frac{T_m}{2K_I}$$

其中

$$T_m=K_P-\sqrt{K_P^2-4K_I K_D}$$

当 $K_D=0$ 时

$$b_t=\frac{1}{K_P}$$

$$T_d=\frac{1}{b_t K_I}$$

$$T_n=0$$

式中 $\Delta y_u(s)$ ——PID调节器输出的拉氏变换值；

$\Delta x(s)$ ——PID调节器输入的拉氏变换值；

K_P——比例增益；

K_I——积分增益，1/s；

K_D——微分增益，s；

T_{1v}——微分衰减时间常数，s；

b_t——暂态转差系数；

T_d——缓冲时间常数，s；

T_n——加速时间常数，s。

2.3.1.2 PID整体动态响应特性

PID数字调节器阶跃输入响应特性曲线，如图2-19所示。

2.3.1.3 比例增益的响应特性

对数字调节器施加相当于一定相对转速的频率阶跃扰动信号 Δx，调节器比例增益输出的过渡过程曲线，如图2-20所示。

由图2-20可得

$$K_P=\frac{OA}{\Delta x}$$

$$b_t=\frac{\Delta x}{OA}$$

2.3.1.4 积分增益的响应特性

对数字调节器施加相当于一定相对转速的频率阶跃扰动信号 Δx，调节器积分增益输出的过渡过程曲线如图2-21所示。

由图2-21可得

$$K_I=\frac{OD}{OA\cdot\Delta x}$$

$$T_d=OA$$

2.3.1.5 微分增益的响应特性

1. 阶跃扰动信号响应特性

对数字调节器施加相当于一定相对转速的频率阶跃扰动信号 Δx，调节器微分增益输出的过渡过程曲线如图2-22所示。

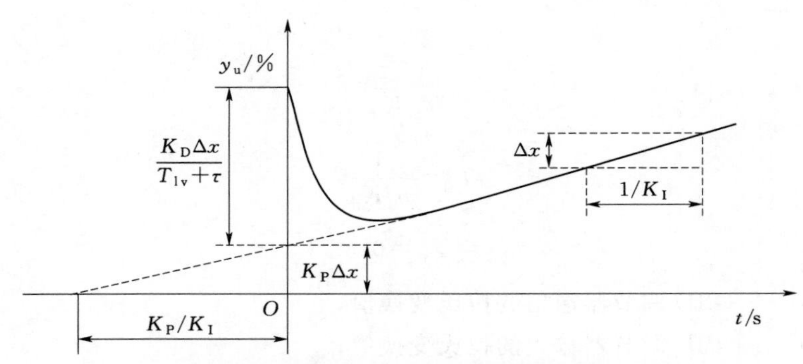

（a）数字调节器内部计算的控制输出特性理论曲线

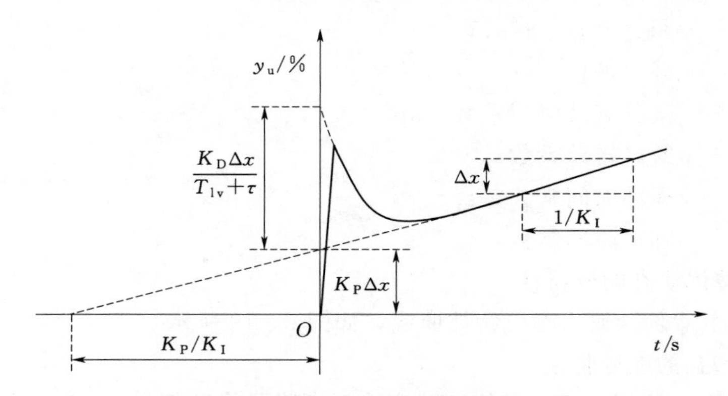

（b）从模拟量接口记录的控制输出理论曲线

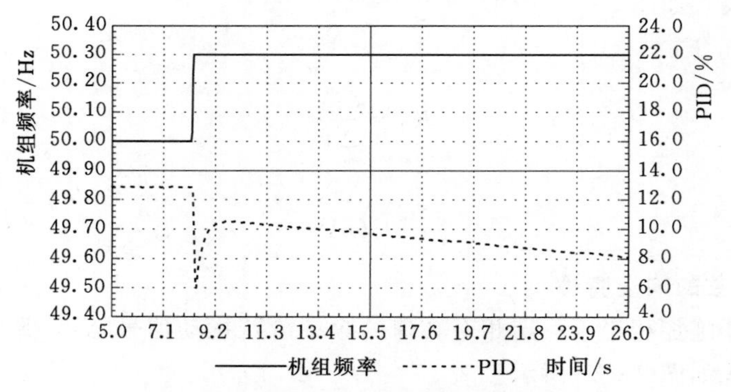

（c）从模拟量接口记录的控制输出实测曲线

图 2-19　PID 数字调节器阶跃输入响应特性曲线

y_u—调节器控制输出的相对值

记 PID 数字调节器的采样周期为 τ，则

$$AD=\frac{K_D\Delta x}{T_{1v}+\tau}$$

或

$$AD=\frac{K_D\Delta x}{T_{1v}}\quad（忽略 \tau 值）$$

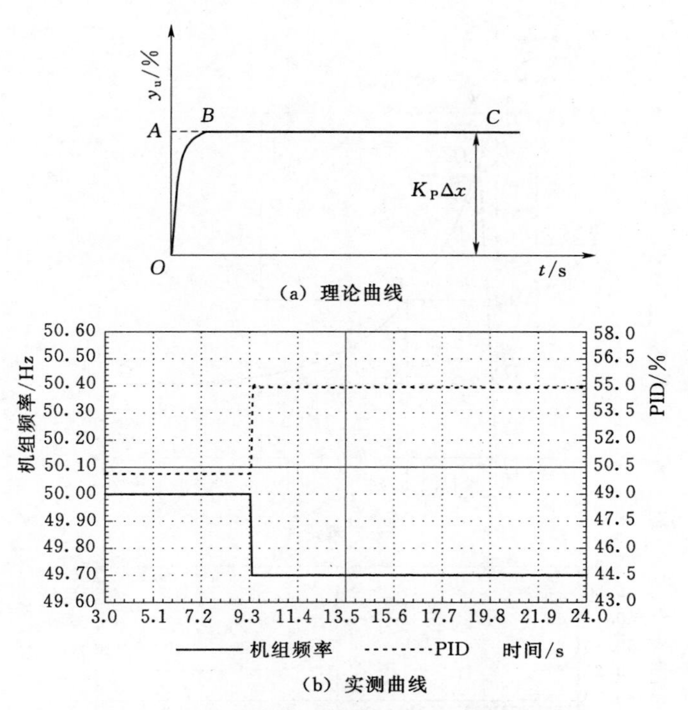

(b) 实测曲线

图 2-20 调节器比例增益输出的过渡过程曲线

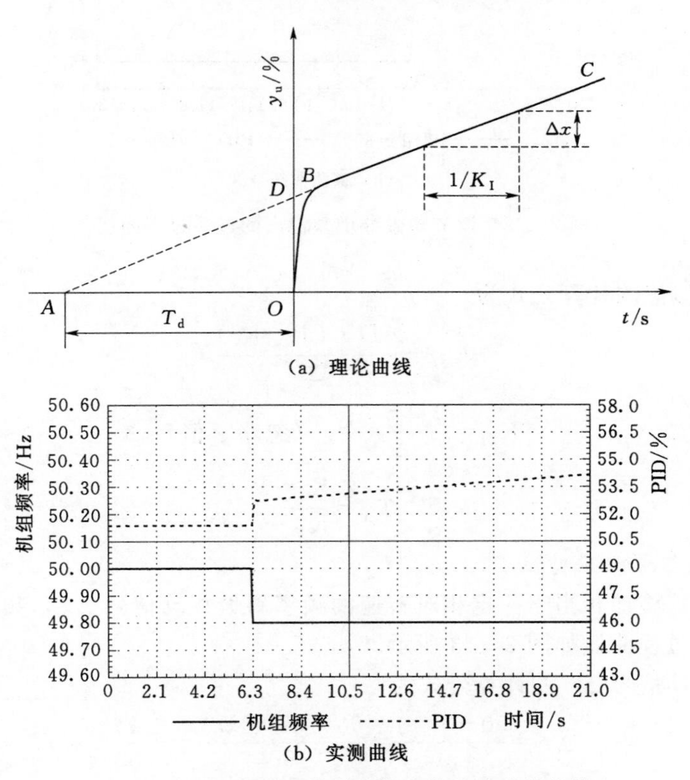

(b) 实测曲线

图 2-21 调节器积分增益输出的过渡过程曲线

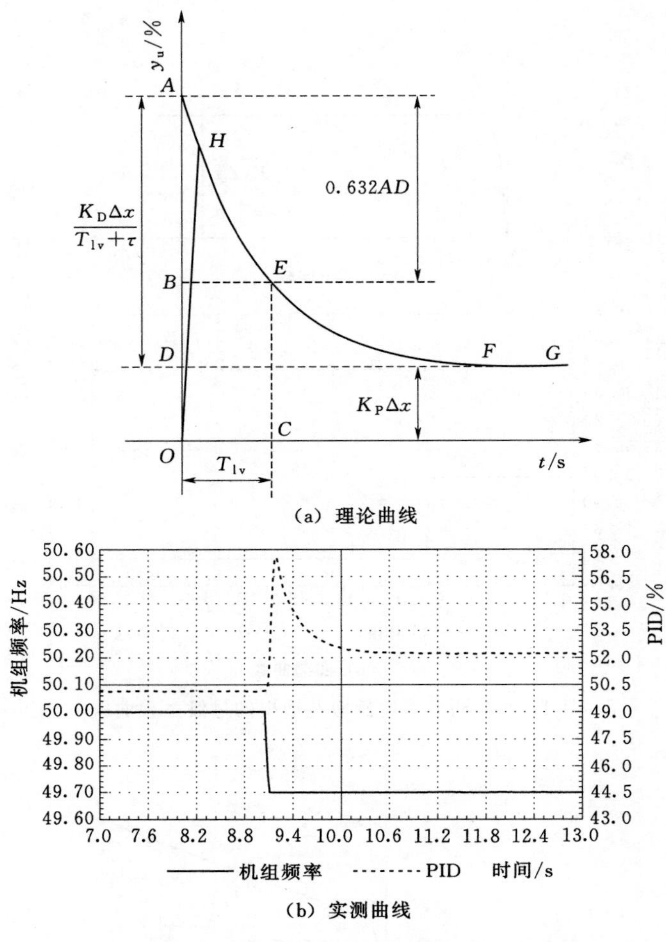

(a) 理论曲线

(b) 实测曲线

图 2－22　调节器微分增益输出的过渡过程曲线

K_D、T_n近似值的计算公式为

$$K_D=\frac{AD\cdot(T_{1v}+\tau)}{\Delta x}$$

或

$$K_D=\frac{AD\cdot T_{1v}}{\Delta x}\quad（忽略\ \tau\ 值）$$

$$T_n=\frac{K_D}{K_P}$$

2. 斜坡扰动信号响应特性

对数字调节器施加相当于一定相对转速的频率斜坡扰动信号 Δx，频率斜坡信号和调节器输出的过渡过程曲线如图 2－23 所示。

频率斜坡扰动信号 Δx 的计算公式为

$$\Delta x=\frac{50-f(t)}{50}=\frac{50-(50\pm kt)}{50}=\pm\frac{kt}{50}$$

式中　k——频率变化斜率，一般取 0.1Hz/s 或 0.2Hz/s；

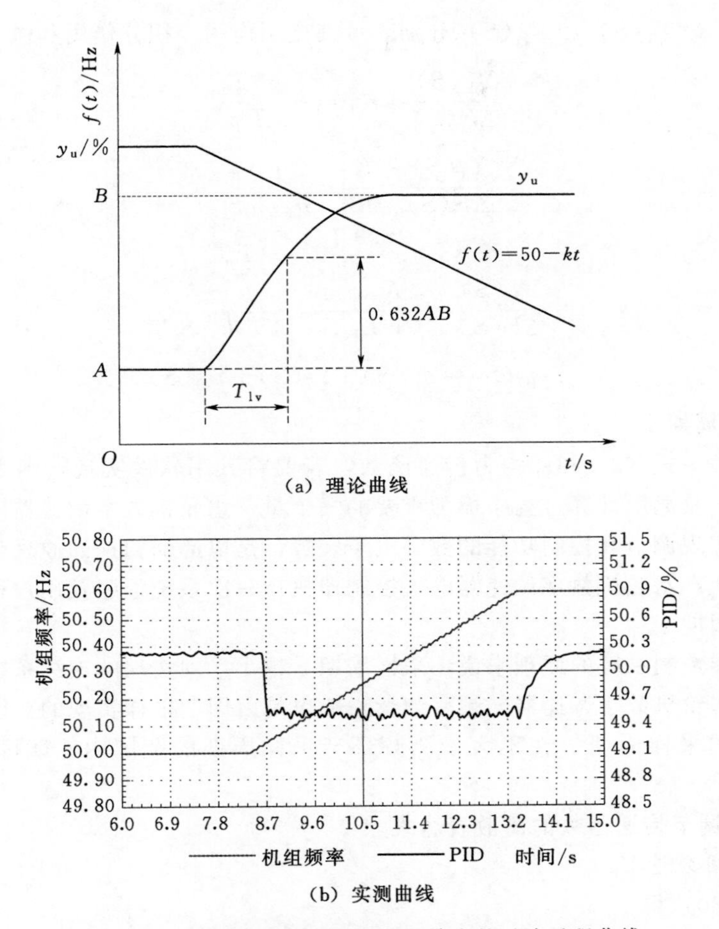

图 2-23 频率斜坡信号和调节器输出的过渡过程曲线

t——时间，s。

由图 2-23 可得

$$K_D = \frac{AB}{k}$$

从频率变化开始时刻起，至 y_u 响应值为目标值的 0.632 为止的历时，即为微分衰减时间常数 T_{1v}。

2.3.2 微机调速器 PID 控制算法

水轮机数字调节器的 PID 调节规律为

$$\frac{Y_{PID}(S)}{\Delta F(S)} = \left(K_P + K_I\frac{1}{S} + \frac{K_D S}{1+T_{1v}S}\right) \tag{2-28}$$

$$\frac{Y_{PID}(S)}{\Delta F(S)} = \left(\frac{T_d + T_n}{b_t T_d} + \frac{1}{b_t T_d}\frac{1}{S} + \frac{\frac{T_n}{b_t}S}{1+T_{1v}S}\right) \tag{2-29}$$

若用 $Y_P(S)$、$Y_I(S)$ 和 $Y_D(S)$ 分别表示其比例作用、积分作用和微分作用分量，则

$$\frac{Y_P(S)}{\Delta F(S)}=K_P=\frac{T_d+T_n}{b_t T_d} \tag{2-30}$$

$$\frac{Y_I(S)}{\Delta F(S)}=\frac{K_I}{S}=\frac{1}{b_t T_d}\frac{1}{S} \tag{2-31}$$

$$\frac{Y_D(S)}{\Delta F(S)}=\frac{K_D S}{1+T_{1v}S}=\frac{\frac{T_n}{b_t}S}{1+T_{1v}S} \tag{2-32}$$

$$Y_{PID}(S)=Y_P(S)+Y_I(S)+Y_D(S) \tag{2-33}$$

2.3.2.1　采样周期 τ

式（2-30）～式（2-33）均为传递函数，若要将其用软件实现，则必须进行离散计算。采样周期 τ 是离散计算过程中极为重要的一个量。水轮机数字调速器电气控制器都是一种借助程序实现调节和控制功能的数字电子装置，是以巡回扫描的原理或定时处理的原理工作的。因此，水轮机数字调速器电气控制器执行一次系统程序及用户程序所占用的时间称之为采样周期 τ。

从一般采样控制系统的原理来说，采样周期 τ 越小，则实现的连续系统控制规律的性能越好。由于水轮机数字调速器的频率测量一般也是由周期采样实现的，所以，一般只要能保证控制器的采样周期 τ 在不大于测频环节采样周期的范围内，就可以得到优良的性能。

2.3.2.2　PID 调节传递函数的离散表达式

1. 比例作用分量 Y_P

由式（2-30）得

$$\left.\begin{aligned}Y_P(k)&=K_P\Delta F(k)\\ Y_P(k-1)&=K_P\Delta F(k-1)\end{aligned}\right\} \tag{2-34}$$

式中　k——采样序号，表示第 k 次采样，此处指正在进行的采样；

$k-1$——采样序号，表示第 k 次采样的上一次采样。

记

$$\Delta Y_P(k)=Y_P(k)-Y_P(k-1) \tag{2-35}$$

得比例作用分量的迭代计算公式为

$$\left.\begin{aligned}Y_P(k)&=\Delta Y_P(k)+Y_P(k-1)\\ \Delta Y_P(k)&=K_P[\Delta F(k)-\Delta F(k-1)]\end{aligned}\right\} \tag{2-36}$$

式（2-36）表明，比例作用分量 $Y_P(k)$ 是与采样周期 τ 无关的。

2. 积分作用分量 Y_I

由式（2-31）得

$$\left.\begin{aligned}Y_I(k)&=\sum_{i=0}^{k}K_I\Delta F(i)\tau\\ Y_I(k-1)&=\sum_{i=0}^{k-1}K_I\Delta F(i)\tau\end{aligned}\right\} \tag{2-37}$$

从几何意义上讲，式（2-37）就是用采样周期为τ、高度为$\Delta F(i)K_I$的长方形面积逼近$\Delta F(t)$与横轴包围的面积。

记
$$\Delta Y_I(k)=Y_I(k)-Y_I(k-1) \tag{2-38}$$
得
$$\left.\begin{aligned}Y_I(k)&=Y_I(k-1)+\Delta Y_I(k)\\ \Delta Y_I(k)&=K_I\Delta F(k)\tau\end{aligned}\right\} \tag{2-39}$$
式（2-39）就是积分作用分量的迭代计算公式。显然，其计算中包含了采样周期τ的因子。

3. 微分作用分量 Y_D

用增量表达式来表述式（2-32）得
$$Y_D(k)+T_{1v}\frac{Y_D(k)-Y_D(k-1)}{\tau}=K_D\frac{\Delta F(k)-\Delta F(k-1)}{\tau} \tag{2-40}$$
整理式（2-40）得微分作用分量的表达式为
$$Y_D(k)=\frac{T_{1v}}{T_{1v}+\tau}Y_D(k-1)+\frac{K_D}{T_{1v}+\tau}[\Delta F(k)-\Delta F(k-1)] \tag{2-41}$$
值得指出的是，式（2-41）是全量表达式，而式（2-35）和式（2-38）是增量表达式。也就是说，比例和积分作用分量，是每个采样周期仅计算其增量，再与相应的上一采样周期的值相加而得。

一般来说，微分环节时间常数T_{1v}可参考下列公式取值：
$$T_{1v}=(6\sim10)\tau \tag{2-42}$$
水轮机数字调速器实际取$T_{1v}=7\tau$。

2.3.2.3 水轮机数字调速器的频率转换系数 K_f

在水轮机数字调速器中，确定机组及电网频率转换系数K_f是在编写 PID 程序前必须进行的工作。以调速器程序采用整数形式为例，K_f的物理概念是：机组（电网）频率$f_g(f_n)$变化 50Hz（按相对量即变化 1.0）时，调速器程序中与其对应的反映这个频率变化的 PID 计算值。K_f值的确定既要考虑频率测量环节的实际分辨率和精度，又要考虑有关标准对水轮机调速器和水轮机调节系统的静态转速死区的要求。

水轮机调速器的转速死区i_x主要受到下列因素的影响：

（1）频率（转速）测量环节的分辨率和精度。

（2）电-机转换装置的死区。

（3）机械液压装置（系统）的死区。

因此，对于水轮机数字调速器来说，应该尽量提高其测频环节对频率（转速）的分辨率和精度。如果 3MHz 的计数时钟对于 50Hz（20ms）周期测量的分辨率可达 1/60000，可近似认为：它对 50Hz 频率测量的分辨率也为 0.00083%。若取$K_f=50000/50\text{Hz}$，则测频环节的分辨率为 0.00099Hz，满足《水轮机电液调节系统及装置技术规程》对于大型电气液压型调速器转速死区$i_x\leqslant0.02\%$（$b_p=4\%$）的规定以及对一次调频的要求。而且，并没有因为取了大的K_f值，而减小了对频率的分辨率。

表 2-2 列出了机组（电网）频率转换系数$K_f=50000$时的机组（电网）频率$f_g(f_n)$、导叶开度y_{ga}、桨叶开度y_{ru}和机组功率的取值或取值范围。开度给定y_C和电气开度限制

L 的取值范围与导叶开度 y_{ga} 相同；功率给定 P_c 的取值范围与机组功率的相同，且在工程应用中常取机组功率相对值范围为 0～1.10。

表 2-2　$K_f=50000$ 时的机组（电网）频率、导叶开度、桨叶开度和机组功率的取值范围

机组（电网）频率			导叶开度		桨叶开度		机组功率	
$f_g(f_n)$/Hz	$x_f(x_{f_n})$/p.u.	$F_g(F_n)$	y_{ga}/p.u.	Y_{ga}	y_{ru}/p.u.	Y_{ru}	p_g/p.u.	P_g
50	1.0	50000	0～1.00	0～50000	0～1.00	0～50000	0～1.10	0～55000

在调速器的程序编制中，PID 计算的积分项表达式为

$$\left.\begin{aligned}\Delta I&=\Delta F+b_p(y_c-Y_{PID})\\ \Delta I&=\Delta F+e_p(P_c-P_g)\end{aligned}\right\}\tag{2-43}$$

2.3.2.4　PID 调节参数的整数化

由于 b_p、b_t、T_d、T_n、K_P、K_I 和 K_D 等 PID 调节参数均可能取小于整数 1 的小数。如果在调速器编程中采用整数计算，则必须对它们进行整数化处理。以 b_p、b_t、T_d、T_n 为例，根据它们各自的取值情况，可以引入 b'_p、b'_t、T'_d、T'_n 等整数化的调节参数进行计算。

调节参数的对应关系为

$$\left.\begin{aligned}b_p&=\frac{b'_p}{100}\\ b_t&=\frac{b'_t}{100}\\ T_d&=T'_d\\ T_n&=\frac{T'_n}{10}\end{aligned}\right\}\tag{2-44}$$

整数化后的 b'_t、T'_d 和 T'_n 表示的 K_P、K_I 和 K_D 的表达式为

$$\left.\begin{aligned}K_P&=\frac{T_d+T_n}{b_tT_d}=\frac{100T'_d+10T'_n}{b'_tT'_d}\\ K_I&=\frac{1}{b_tT_d}=\frac{100}{b'_tT'_d}\\ K_D&=\frac{T_n}{b_t}=\frac{10T'_n}{b'_t}\end{aligned}\right\}\tag{2-45}$$

PID 调节离散表达式中的积分分量 $\Delta Y_I(k)$ 和微分分量 $Y_D(k)$ 均与调速器程序的扫描周期 τ 有关。所以对 τ 和 T_{1v} 整数化得到整数表达的 τ' 为

$$\left.\begin{aligned}\tau&=\tau'/100\\ T_{1v}&=T'_{1v}/100\end{aligned}\right\}\tag{2-46}$$

离散化后的 PID 比例分量和积分分量的表达式为

$$\left.\begin{aligned}Y_P(k)&=Y_P(k-1)+\Delta Y_P(k)\\ \Delta Y_P(k)&=K_P[\Delta F(k)-\Delta F(k-1)]\end{aligned}\right\}\tag{2-47}$$

$$\left.\begin{aligned}Y_I(k)&=Y_I(k-1)+\Delta Y_I(k)\\ \Delta Y_I(k)&=\frac{\tau' K_I}{100}\Delta I\end{aligned}\right\}\tag{2-48}$$

$$Y_D(k)=\frac{T'_{1v}}{T'_{1v}+\tau'}Y_D(k-1)+\frac{100K_D}{T'_{1v}+\tau'}[\Delta F(k)-\Delta F(k-1)]\tag{2-49}$$

可得到编程时采用的表达式为

$$\left.\begin{aligned}Y_P(k)&=Y_P(k-1)+\Delta Y_P(k)\\ \Delta Y_P(k)&=\frac{100T'_d+10T'_n}{b'_t T'_d}[\Delta F(k)-\Delta F(k-1)]\end{aligned}\right\}\tag{2-50}$$

$$\left.\begin{aligned}Y_I(k)&=Y_I(k-1)+\Delta Y_I(k)\\ \Delta Y_I(k)&=\frac{\tau'}{b'_t T'_d}\Delta I\end{aligned}\right\}\tag{2-51}$$

$$Y_D(k)=\frac{T'_{1v}}{T'_{1v}+\tau'}Y_D(k-1)+\frac{1000T'_n}{b'_t}\frac{1}{T'_{1v}+\tau'}[\Delta F(k)-\Delta F(k-1)]\tag{2-52}$$

其中积分输入项 ΔI 为

$$\Delta I=\Delta F(k)+\frac{b'_p}{100}[Y_c(k)-Y_{PID}(k-1)]\tag{2-53}$$

在实际编程中若采用以下表达式

$$\Delta I'=100\Delta I=100\Delta F(k)+b'_p[Y_c(k)-Y_{PID}(k-1)]\tag{2-54}$$

则式（2-51）中的积分增量就成为

$$\Delta Y_I(k)=\frac{\tau'}{100b'_t T'_d}\Delta I'\tag{2-55}$$

为了在整数运算中得到较高精度的运算结果，各分量中应先进行加法、减法和乘法运算，最后进行除法运算。

在进行积分增量 $\Delta Y_I(k)$ 的运算时，应对最后除法运算的余数保留，与上一次余数求代数和后，再与除数比较以决定所得的商是否加 1 或减 1，并得到本次运算的最后余数。这样处理才能保证水轮机数字调速器的静态运算精度。

【例】 取 20ms 的采样周期，$\tau=0.02\text{s}(\tau'=2\text{s})$，取 $T'_{1v}=7\tau$，那么 $T_{1v}=0.14\text{s}$ $(T'_{1v}=14\text{s})$，则

$$\Delta Y_I(k)=\frac{1}{50b'_t T'_d}\{100\Delta F(k)+b'_p[Y_C(k)-Y_{PID}(k-1)]\}$$

$$Y_D(k)=\frac{7}{8}Y_D(k-1)+\frac{62T'_n}{b'_t}[\Delta F(k)-\Delta F(k-1)]$$

在功率调节模式下，$\Delta Y_{\mathrm{I}}(k)$ 也可写为

$$\Delta Y_{\mathrm{I}}(k)=\frac{1}{50b'_{\mathrm{t}}T'_{\mathrm{d}}}\left[100\Delta F(k)+b'_{\mathrm{p}}\frac{\Delta Y}{P}\right]$$

其中
$$\frac{\Delta Y}{P}=Y_{\mathrm{c}}(k)-Y_{\mathrm{PID}}(k-1)\quad（频率和开度调节模式）$$

$$\frac{\Delta Y}{P}=P_{\mathrm{c}}(k)-P_{\mathrm{g}}(k)\quad（频率调节模式）$$

2.4　水轮机调节系统的运行方式及流程

调节系统有自动运行和手动运行两种运行方式。自动运行分为远方自动、现地自动。手动运行也可称为现地手动，现地手动又分为现地电手动和现地机械手动。

运行方式的优先级从高到低依次为：手动运行、现地自动和远方自动。

各种运行方式之间应相互跟踪，因此无论是自动还是手动改变调速器的控制模式均无扰动；采用导叶开度跟踪，则切换运行方式时无波动。频率调节、功率调节、开度调节、水位调节运行模式均可手动或自动转换。在稳定状态下，电液调节装置手动运行、自动运行相互切换时，水轮机主接力器的行程变化不得超过其全行程的2%。

调节系统运行方式流程图如图2-24所示。

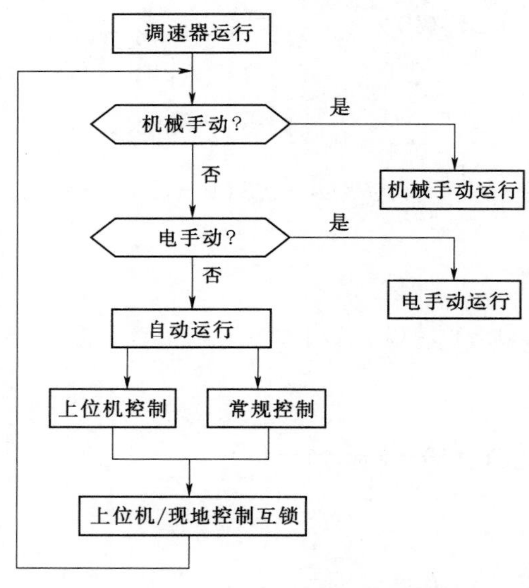

图2-24　调节系统运行方式流程图

2.4.1　机械手动运行方式

机械手动运行方式是手动运行及以手动方式通过水轮机调节装置的有关部件来控制水轮机的运行方式。

无论自动化程度多高，机械纯手动运行方式都是调节系统不可或缺的。机组大修后第一次启动、紧急故障处理、调速器故障容错、试验、黑启动等均需要手动运行方式。增减导叶开度的精度一般为0.3%左右。

要求手动运行方式下，当全厂供电电源消失后，可人为手动操作，启、停机组，增减负荷，并接受紧急停机信号。

2.4.2　电手动运行方式

电手动运行流程如图2-25所示，电手动运行方式的增减导叶开度的精度一般为0.1%接力器全行程，高于机械手动运行方式。电手动并不能取代机械手动。

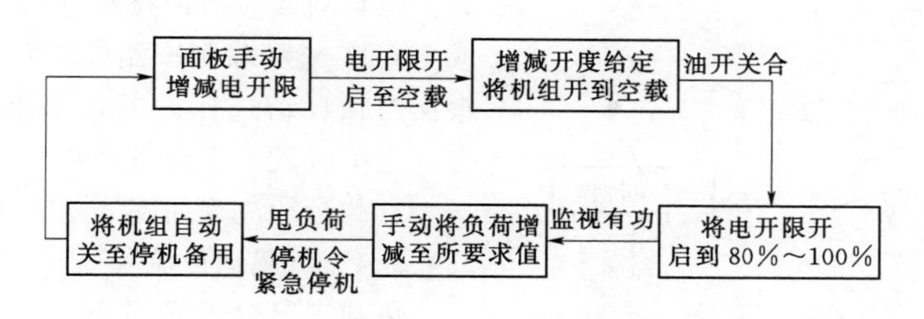

图 2-25 调节系统电手动运行流程图

电手动运行方式一般适用于检查、判断和调整机械液压系统零位，校对导叶开度的零点和满度。当机组转速信号全部故障时，可人为启、停机组，增减负荷；当系统甩负荷时，自动关到最小空载开度并接受紧急停机信号。

2.4.3 自动运行方式

自动运行即由被控参量和给定信号通过水轮机调节装置对水轮机进行自动控制的运行方式。

2.4.3.1 停机备用流程

调速器自动运行运行时，在停机备用工况设置有停机联锁保护功能。停机联锁的动作条件为：无开机令、无油开关令、转速小于 70%。当停机联锁动作时调速器电气输出一个 10%～20%的最大关机信号到机械液压系统，使接力器关闭腔始终保持压力油，确保机组关闭。

停机备用流程如图 2-26 所示。

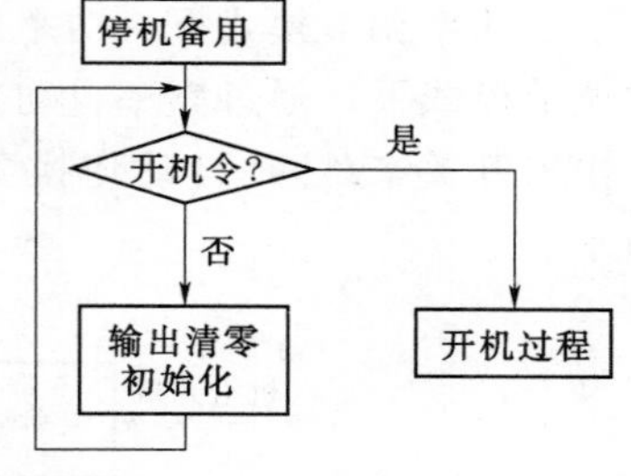

图 2-26 停机备用流程图

2.4.3.2 自动开机流程

机组处于停机等待工况，由中控室发开机令，调速器将接力器开启到 1.2～1.5 倍空载位置，等待机组转速上升，如果这时机频断线，自动将导叶开度关至 0%，进入停机流程。当机组转速上升到 80%～90%时，调速器自动将开度回到空载位置（该空载位置随水头改变而改变），投入 PID 运算，进入空载循环，自动跟踪电网频率。当网频故障或者孤立小电网运行，自动处于不跟踪状态，这时跟踪机内频率给定。

2.4.3.3 空载运行流程

空载开度用线性差值法根据水头输入信号自动修改空载开度给定值和负载出力限制，水头信号可自动输入或人为手动设置。

调速器能控制机组在设定的转速和空载下稳定运行。在自动控制方式下，调速器能控制机组自动跟踪电网频率。当接受同期命令后，调速器应能快速进入同期控制方式。

机组在空载运行时使机组频率按预先设定的频差自动跟踪系统频率或自动跟踪频率给定值（“频率给定”容许调整范围一般为 45～55Hz）。

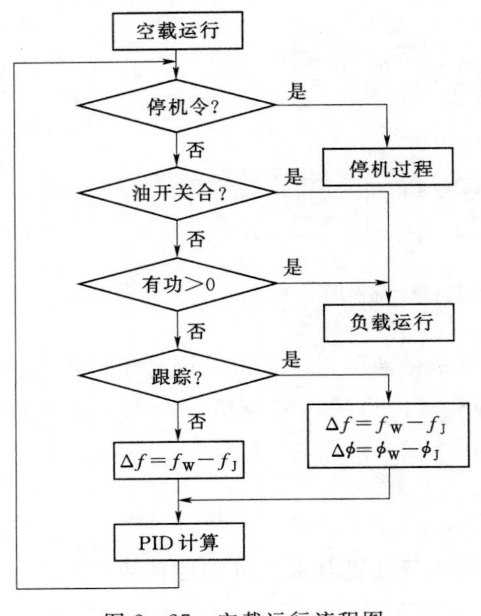

图 2-27　空载运行流程图

Δf—频差；$\Delta\phi$—相位差；f_W—网频；f_J—机频；ϕ_W—网频相位；ϕ_J—机频相位

可自动或人为选择频率跟踪电网频率和/或不跟踪（跟踪频率给定）的状态，调速器根据网频自动选择设置频率跟踪或不跟踪状态（也可以人为手动设置）。

空载运行流程如图 2-27 所示。

2.4.3.4　负载运行流程

负载工况分为负载开度调节、负载频率调节、负载功率调节。

负载运行工况下调速器控制机组出力的大小，电气开限度限制导叶的最大位置，接受电站计算机监控系统的控制信号。

现地（手动或自动）或远方有功调节能满足闭环控制和开环控制来调整负荷。现地/远方具有互锁功能，在远方方式下能够接受电站计算机监控系统发出的负荷增减调节命令，能够通过脉宽调节（调速器开环控制）、数字量、模拟量定值等方式调节有功功率和机组开度。

在功率调节模式下，功率反馈故障自动切换到开度调节模式下运行。在开度调节或功率调节模式下，通过频率自动判断大小电网，当判断为小电网或电网故障（线路开关跳闸而出口开关未跳），自动切换到频率调节模式运行。负载调节模式切换流程如图 2-28 所示。

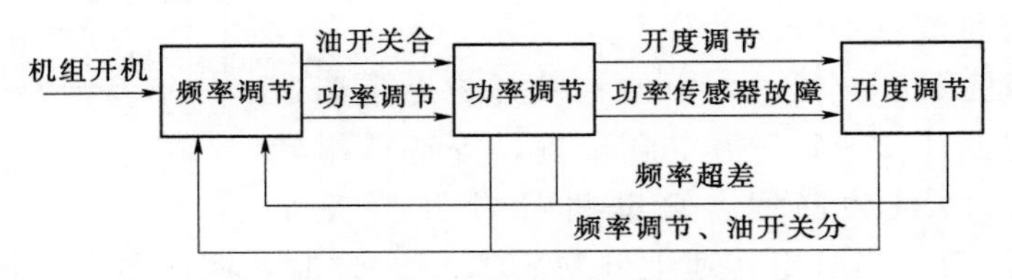

图 2-28　负载调节模式切换流程图

当机组出口开关闭合而电网频率连续上升变化超过整定值时（整定值一般设定为 50.2Hz），可确定机组进入甩负荷或孤立电网工况，调速器自动切换到频率调节模式，迅速将导叶压到空载开度，机组转速稳定在额定转速运行。负载运行流程如图 2-29 所示。

2.4.3.5　自动停机流程

主接力器在机组停机时有 10～15mm 的压紧行程，机组在正常停机状态下由调速器输出相应信号，使主接力器的关腔保持压力油以保证机组的导叶全关。

调速系统在接收停机令后（停机令必须保持到机组转速小于 70%以下），在下列情况下机组应停机。

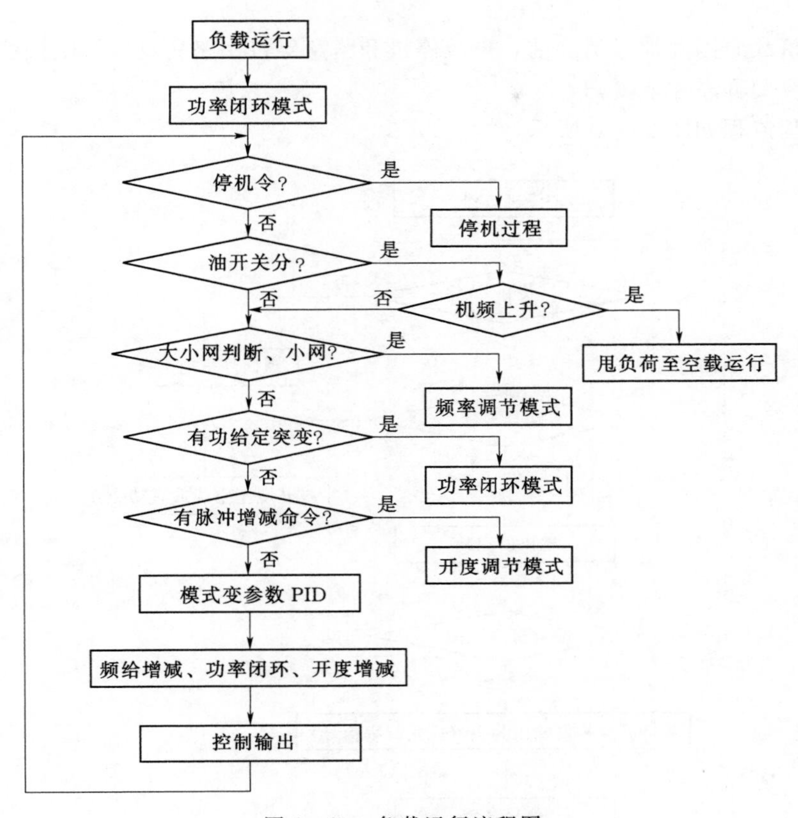

图 2-29 负载运行流程图

1. 正常停机

(1) 一般停机。在电手动或自动运行工况能实现现地或远方操作停机，断路器在零出力跳闸后，接受停机令停机。

(2) 停机连跳。并网运行时可接收停机令。当关至空载开度（并网瞬间值）或机组零出力时，由监控系统控制断路器跳闸后完全关闭导叶。当断路器未跳闸时，保持空载和零出力状态。

2. 紧急停机

机组紧急停机时，外部系统下发紧急停机令或操作员手动操作紧急停机按钮时，紧急停机电磁阀动作，调速器以容许的最大速率（调节保证计算的关机时间）关闭导叶。

机组在事故情况下可由外部回路快速、可靠地动作紧急停机电磁阀，当紧急停机电磁阀动作后，由位置接点输出至指示灯和上送计算机监控系统，并同时由计算机监控系统启动紧急停机流程。

3. 事故配压阀停机

当调速器失灵时，事故配压阀动作，确保机组可靠停机。

4. 机械过速保护装置

设计有机械过速保护装置的调速系统，由机组转速上升值控制机组可靠停机。

5. 闭锁

在找到事故原因并加以消除前，事故停机和紧急停机回路一直保持闭锁状态，只有通过手动操作复归程序才能复归。

停机过程流程如图 2-30 所示。

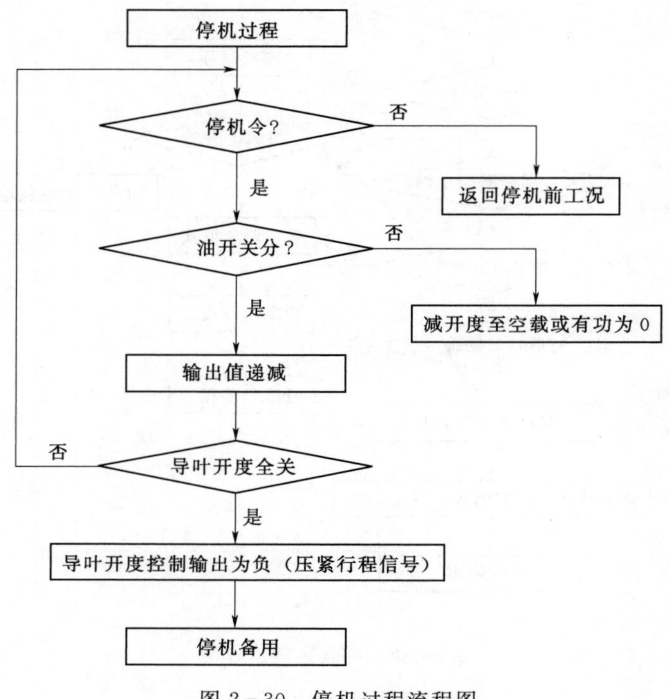

图 2-30　停机过程流程图

2.5　微机调速器的运行工况及调节模式

2.5.1　微机调速器的运行工况

水轮机微机调速器除了承担频率和出力的调整之外，还完成机组的开机、停机等操作，故水轮机调速器的运行工况有如下几种。

1. 停机工况

机组处于停机状态，机组转速为 0，导叶开度为 0。在停机状态下，调速器导叶控制输出为 0，开度限制为 0，功率给定为 0，开度给定为 0，对于采用闭环开机规律的调速器，频率给定为 0。

2. 空载工况

机组转速维持在额定转速附近，发电机出口断路器断开。在空载状态下，调速器对转速进行 PID 闭环控制，此时，开度限制为空载开度限制值，导叶开度为空载开度，开度给定对应于空载开度值，功率给定 $c_p=0$，频率给定 $c_f=50\text{Hz}$。在空载状态下，可按频率

给定进行调节，也可按电网频率值进行调节（称为系统频率跟踪模式），以保证机组频率与系统频率一致，为快速并网创造条件。

3. 发电工况

发电机出口断路器合上，机组向系统输送有功功率。在发电状态下，开度限制为当前水头开度最大值，频率给定 $c_f=50\text{Hz}$，调速器对转速进行 PID 闭环控制，对于带基荷的机组可能引入转速人工失灵区，以避免频繁地控制调节。接受控制命令，按开度给定或功率给定实现对机组所带负荷的调整，并按照永态转差系数的大小实现电网的一次调频和并列运行机组间的有功功率分配。

4. 调相工况

发电机出口断路器合上，导叶关至 0，发电机变为电动机运行。在调相状态下，调速器处于开环控制，开度限制为 0，调速器导叶控制输出为 0，功率给定 $c_p=0$，开度给定 $c_y=0$。

5. 各种常见工况的相互转换

水轮机调速器各个工况之间的转换如图 2-31 所示，有下述七种过程：

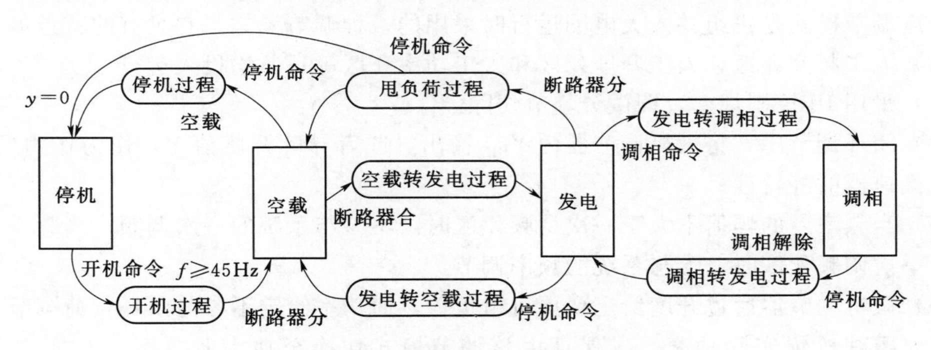

图 2-31　调速器的工作状态与转换

(1) 开机过程，完成从停机状态到空载状态的转变。

(2) 停机过程，完成从发电状态或空载状态向停机状态的转变。若是空载状态，直接执行停机过程；若是发电状态，先执行发电转空载过程，再执行停机过程。

(3) 空载转发电过程，完成从空载状态向发电状态的转变。

(4) 发电转空载过程，完成从发电状态向空载状态的转变。

(5) 甩负荷过程，发电机出口断路器断开，机组进入甩负荷过程，机组关至空载。

(6) 发电转调相过程，完成从发电状态到调相状态的转变。

(7) 调相转发电过程，完成从调相状态到发电状态的转变。

2.5.2　微机调速器的调节模式

微机调速器一般具有频率调节模式、开度调节模式和功率调节模式三种主要调节模式。

三种调节模式应用于不同工况，其各自的调节功能及相互间的转换都由微机调速器来完成。

1. 频率调节模式（FM）

频率调节模式适用于机组空载自动运行，单机带孤立负荷或机组并入小电网运行，机组并入大电网作调频方式运行等情况。

频率调节模式有下列主要特征：

（1）空载工况下人工频率死区，人工开度死区和人工功率死区等环节全部切除。

（2）采用PID调节规律，即微分环节投入。

（3）闭环调节中，将微机调节器内Y_{PID}输出（或者导叶开度值Y）作为反馈值，并构成调速器的静特性；按照永态转差值系数的大小实现电网的一次调频。

（4）微机调速器的功率给定跟踪机组实时功率P，其本身不参与闭环调节。

（5）微机调速器的功率给定c_f或c_y调整导叶开度大小，从而达到调整机组转速或负荷的目的。

（6）频率调节模式主要应用于空载工况、机组并入小电网或孤立电网运行、机组并入大电网时一次调频工况。

2. 开度调节模式（YM）

开度调节模式是机组并入大电网运行时采用的一种调节模式。它具有的特点如下：

（1）人工频率死区，人工开度死区和人工功率死区等环节均投入运行。

（2）采用PI控制规律，即微分环节切除。

（3）闭环调节中，将微机调节器内Y_{PID}输出（或者导叶开度值Y）作为作为反馈值，并构成调速器的静特性。

（4）当频率差的幅值不大于一次调频死区时，不参与系统的一次调频；当频率差的幅值大于一次调频死区时，参与系统的频率调节。

（5）微机调节器通过开度给定变更机组负荷，而功率给定不参与闭环负荷调节，功率给定实时跟踪机组实际功率，以保证由该调节模式切换至功率调节模式时实现无扰动切换。

（6）主要用于机组带基荷的运行工况。

3. 功率调节模式（PM）

功率调节模式是机组并入大电网后采用的一种调节模式，它具有的特点如下：

（1）人工频率死区，人工开度死区和人工功率死区等环节投入运行。

（2）采用PI控制规律，即微分环节切除。

（3）在闭环调节中，调差反馈信号取自机组功率P，并构成调速器的静特性。

（4）当频率差的幅值不大于一次调频时，不参与系统的一次调频；当频率差的幅值大于一次调频时，参与系统的频率调节。

（5）微机调节器通过功率给定变更机组负荷，所以特别适合水电站实施AGC功能。而开度给定不参与负荷调节，开度给定实时跟踪导叶开度值，以保证由该调节模式切换至开度调节模式或频率调节模式时实现无扰动切换。

（6）适合机组带基荷运行。

4. 调节模式间的相互转换关系

三种调节模式间的相互转换过程如图2－32所示。

(1) 机组自动开机后进入空载运行，调速器处于频率调节模式。

(2) 当发电机出口开关闭合时，机组并入电网工作，此时调速器可在三种模式下的任何一种调节模式工作。

若事先设定为频率调节模式，机组并网后，调节模式不变；若事先设定为功率调节模式，则转为功率调节模式；若事先设定为开度调节模式，则转为开度调节模式。

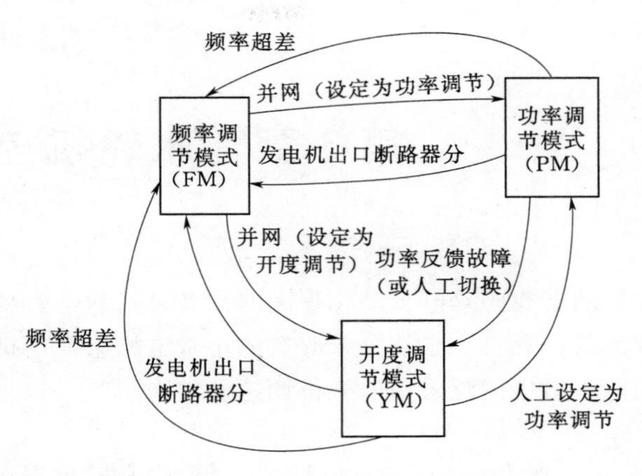

图 2-32　调节模式间的相互转换示意图

(3) 当调速器在功率调节模式下工作时，若检测出机组功率反馈故障，或人工切换命令时，则调速器自动切换至开度调节模式工作。

(4) 调速器工作于“功率调节”或“开度调节”模式时，若电网频率偏离额定值过大（超过人工频率死区整定值），且保持一段时间（如持续1s），调速器自动切换至频率调节模式工作。

(5) 当调速器处于功率调节模式或开度调节模式下带负荷运行时，由于某种故障导致发电机出口开关跳闸，机组甩掉负荷，调速器自动切换至频率调节模式，使机组运行于空载工况。

2.5.3　微机调速器运行工况转换条件实例

某机组运行工况转换条件实测见表2-3。

表2-3　某机组运行工况转换条件实测表

运行工况条件(机频 f)	显示模式	显示屏显示工况	运行参数
出口开关闭合、一次调频投入，$49.95\text{Hz}<f<50.05\text{Hz}$	开度模式	负载工况 一次调频未动作	常规负载参数
出口开关闭合、一次调频投入，$49.0\text{Hz}<f\leqslant49.95\text{Hz}$ 或 $50.05\text{Hz}\leqslant f<51.0\text{Hz}$	开度模式	负载工况 一次调频动作	一次调频参数
出口开关闭合、一次调频退出，$f\leqslant49.7\text{Hz}$ 或 $f\geqslant50.3\text{Hz}$	频率模式	负载工况	负载频率调节参数
出口开关断开	频率模式	空载工况	空载参数

第3章　水轮机控制系统结构

随着我国水电自动化程度的提高，目前，大型和新建的中小型水电机组均已采用微机调速器，只有一小部分未改造的小水电机组采用机械调速器。因此，本章主要介绍大中型水电机组中广泛采用的微机调速器结构。

3.1　微机调速器的总体结构

微机调速器的总体结构一般可看作三个部分，分别为微机调节器、电液转换装置和机械液压系统，如图3-1所示电液转换装置和机械液压系统称为电液随动系统。

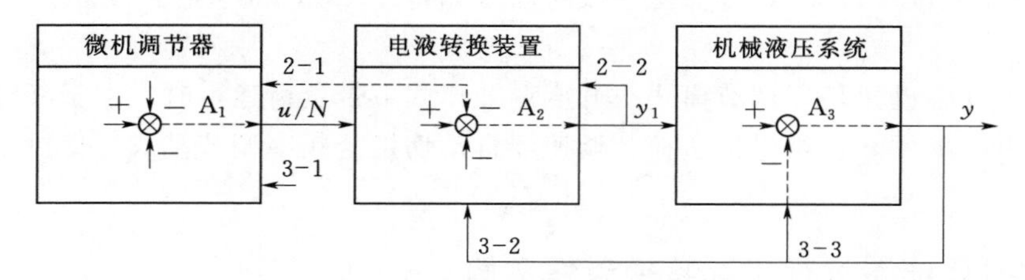

图3-1　微机调速器典型机构图

微机调节器的主要功能是将被调量偏差（频率偏差、功率偏差、开度偏差等）按一定调节规律转换成电气输出信号的一些环节的组合；其系统构成如图3-2所示。

电液转换装置的主要功能是将电气输入信号连续地、线性地通过液压放大而转换成相应方向及流量输出，或者相应位移输出。电液转换装置的输出量有机械位移和流量两种型式。常用的主要有步进电机、伺服电机、比例伺服阀、电磁换向阀等。

机械液压系统主要包括主配压阀、主接力器、油压装置、分段关闭阀组件、紧急停机电磁阀、事故配压阀、手动操作阀、位移传感器等。

3.2　微机调速器的电气结构

微机调速器电气部分硬件由供电单元、微机控制器单元、测频单元、人机交互界面、模拟量输入单元、模拟量（控制量）输出单元、开关量输入单元、开关量输出单元等部分组成。

3.2.1　供电单元

供电单元提供整个装置所需的直流稳压电源，保证系统的可靠供电。回路中要对电源

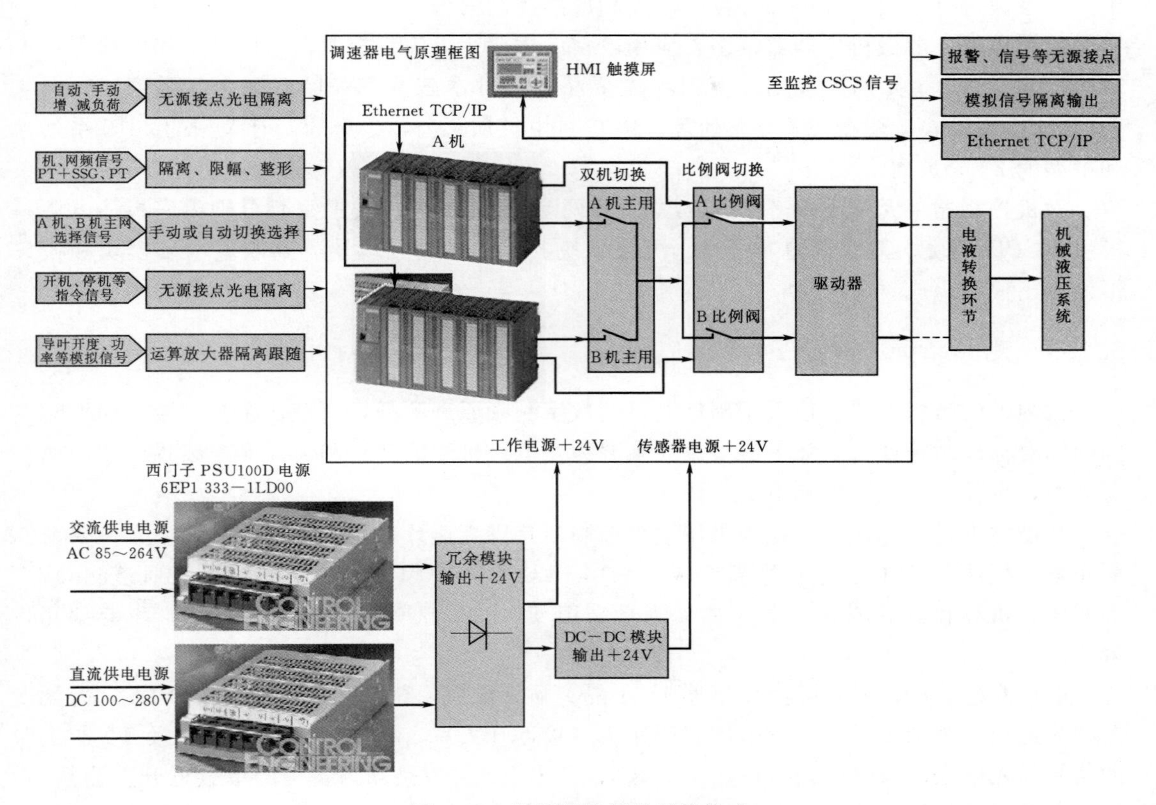

图 3-2 微机调速器的系统构成

引入的瞬变和干扰有很好的抑制和隔离作用。

供电系统主要是将电站供电电能转换为调速器所需的电能，一般为 DC24V、DC5V。其中 DC24V 主要用于向操作回路、PLC、HMI、指示灯、断电器信号、信号回路、比例阀、传感器等元件及装置供电；DC5V 主要用于向频率测量系统供电。

电源装置应同时接入交、直流电源，或同时接入两路直流电源，且能互为备用。其中任意一路电源故障时，应能自动切换并发出报警信号。电源切换引起的水轮机主接力器行程变化不得大于全行程的 2%。在交流与直流供电相互切换时，输出直流电压波动应在 -1%～1%以内。

模拟电源故障消失时，在电源恢复后，调节器的主要调节、控制功能和主要调节参数应保持原有状况。

对于有人值班的电站，当工作电源完全消失时，在并网发电状态，接力器行程应保持当前位置不变，在离网状态，应实行关机保护；当电源或信号恢复时，接力器位移波动不得超过 2%。对于无人值班电站，调节装置可采取关机保护的方法。

3.2.2 微机控制器单元

微机控制器是电气调节器的核心器件，负责对调速系统的运行数据及部分水轮发电机组运行参数进行采集、分析和计算，产生相应的控制信号。

目前市场上的微机控制器很多，应用较多的主要为可编程控制器（PLC）和可编程计算机控制器（PCC）两类控制器。PLC主要品牌有日本三菱FX3U系列、Q系列，德国西门子S7系列，施耐德M340系列等。PCC是由贝加莱公司生产的，有大型的2010系列和中型的2005系列。

微机控制器单元可由单套PLC或A、B两套PLC组成，其中每套分别由底板、电源模块、CPU模块、离散量输入模块、测频模块、模拟量输入模块、离散量输出模块和模拟量输出模块组成。

3.2.3　测频单元

国内外的微机调速器都采用周期测量的数字测频原理测频，以正比于被测频率周期时间间隔对标准时钟计数。频率信号主要来源为发电机机端的TV和齿盘测速装置中的测速头信号，也就是残压测频和齿盘测频。

从硬件上，已经逐渐变化为采用微机控制器自身高速计数测量方式。测频单元主要由测频整形模块和PLC高速计数器组成。采用PLC本体测频方式一般配置为三通道测频，即网频、机频和齿盘测频，电网频率测量采用TV，机组频率测量方式为TV和齿盘冗余式。

电压互感器的信号经隔离变压器1∶1隔离后，限幅、整形成方波后送至PLC。齿盘测频为避免齿盘加工误差，常采用双测速头（接近开关）。齿盘与接近开关T1及T2产生的信号经光电隔离成方波信号后送至PLC，T1及T2可以是互为备用的单接近开关测频，也可以是双接近开关测频。单接近开关测频要求齿盘加工精度非常高，双接近开关测频的原理就是一个齿经T1置位，再经过T2复位，PLC对同一个齿经过T1及T2的宽度进行测量。

3.2.4　人机交互界面

人机交互界面（触摸屏）是一种具有触摸功能的图形显示操作终端，已经在现代微机调速器中普遍应用。

人机交互界面主要由主显示、操作画面和参数设置组成，其中主显示主要用于显示机组和调速器的关键参数，电气调节器PLC运行数据及事件；操作画面主要实现现地操作，调速器运行工况的切换按键、画面切换；参数设置主要用于设置电气调节器的运行参数。

人机交互界面通过与电气调节器PLC、PCC进行通信，读取PLC、PCC的各项运行数据并转换为操作员能识别的信息显示于其屏幕上，同时接收使用者的命令并转化为电气控制器可识别的信息。人机交互界面具有以下特性：

（1）便于运行人员巡检。人机界面具备机组运行参数显示、运行状况显示功能，并有故障报警指示。

（2）便于操作。操作元件或操作画面有相应的文字说明，界面清晰，一目了然，操作方法简便可行，且有防误操作措施。

（3）人机交互界面具有相对独立性。当它出现故障或失效，不会影响到调速系统正常工作，也不会影响到调速系统的基本操作。

3.2.5　模拟量输入、输出单元

模拟量输入单元将来自水轮发电机组的状态参数经适当的预处理后转换为所需的数字量。由传感器、信号调理回路、隔离放大、采样保持回路、A/D转换回路组成。一般主要由接力器开度传感器、主配活塞位移传感器、功率变送器和PLC模拟量输入模块组成。

模拟量输出单元将控制信号经PLC模拟量输出模块输出，模块输出的模拟信号主要为导叶开度控制信号，对于双调节调速器还有桨叶角度控制信号。

3.2.6　开关量输入、输出单元

开关量输入、输出信号是微机调速器最基本的一类信号。

开关量输入信号主要用于接收控制和操作命令，完成对水轮机微机调速器的工作方式的转换和调整。为提高装置的可靠性与抗干扰能力，开关量输入信号一般均经过光电耦进行隔离。输入调速器的开关量信号有：运行方式信号（如自动运行、电手动运行、机械手动运行）、故障复归信号、紧急停机信号、A/B机主用信号、发电机出口断路器位置信号、开机令/停机令操作信号、功率/开度给定增减信号等。微机调速器常见开关量输入见表3-1。

表3-1　　微机调速器常见开关量输入表

信号名称	信号来源	功能
自动运行	电气柜	切换至“自动”
电手动运行	电气柜	切换至“电手动”
机械手动运行	电气柜	切换至“机械手动”
复归故障	电气柜	复归发生的故障
紧急停机信号	机械柜	工作阀位置监视接点
本机主用信号	电气柜	切换至“A机”或“B机”
断路器合	发电机出口断路器辅助接点	指示机组处于“负载”状态
开机令	机组控制系统	命令调节器将机组启动至“空载”
停机令	机组控制系统	命令调节器将机组“停机”
增加令	机组控制系统	命令调节器增加导叶开度
减少令	机组控制系统	命令调节器减少导叶开度

开关量输出信号主要用于输出调速器内部的控制操作和保护报警信号。一般经过光电耦进行隔离后驱动继电器，用继电器接点作为报警和控制信号。在微机调速器中，输出调速器的开关量信号有：故障报警信号，运行方式信号，电液转换器控制信号（如比例阀、伺服电机等投入、退出信号等），一次调频投入/退出信号，一次调频动作信号等。微机调速器常见开关量输出见表3-2。

表 3-2　微机调速器常见开关量输出表

信号名称	信号去向	功能
导叶控制投入	电气柜	投入导叶控制
投导叶比例阀 1	电气柜	投入导叶比例阀 1
导叶切比例阀 1	机械柜	切换驱动模式至比例阀 1
导叶切比例阀 2	机械柜	切换驱动模式至比例阀 2
桨叶控制投入	电气柜	投入桨叶控制
投桨叶比例阀 1	电气柜	投入桨叶比例阀 1
桨叶切比例阀 1	机械柜	切换驱动模式至比例阀 1
桨叶切比例阀 2	机械柜	切换驱动模式至比例阀 2
本机正常	电气柜	本 PLC 运行正常指示
一次调频投入	电气柜	一次调频功能投入指示
一次调频动作	电气柜	一次调频动作指示
本机就绪	电气柜	本 PLC 准备就绪

3.2.7　微机调速器的单机/双机冗余配置

真正的双机冗余系统，应该是双机互相通信、保持状态和参数一致，并能实现部件交叉冗余的系统。目前微机调速器的可靠性已经得到了很大提高，大型水电机组为提高可靠性，多数采用双机配置，常见的形式主要有双微机加单电液转换器（一般为伺服电机或者步进电机）和双微机加双电液转换器（典型结构为比例伺服阀加伺服电机或者双比例阀、比例阀加数字阀）。但是，双机必然导致系统复杂和成本增加。

3.3　微机调速器的电液随动系统

这里简要介绍和分析当前先进的、有代表性的、已经成功地大量应用于工程实际的水轮发电机组微机调速器的电液随动系统。

3.3.1　微机调速器电液随动系统典型结构

电液随动系统的主要部件有电液转换器、主配压阀、机械液压开度限制装置、机械手动装置、紧急停机电磁阀、事故配压阀、分段关闭装置和油压装置等。

图 3-3 为大中型单调整微机调速器电液随动系统典型原理框图，主要包括电液转换装置、机械开度限制/手动装置、紧急停机电磁阀、手动紧急停机阀、主配压阀、事故配压阀和导叶分段关闭装置等。其输入来自微机调节器输出的电气控制信号，实现微机调节器对接力器的控制。

主配压阀的主要结构有带引导阀的机械位移控制型主配压阀和带辅助接力器的机械液

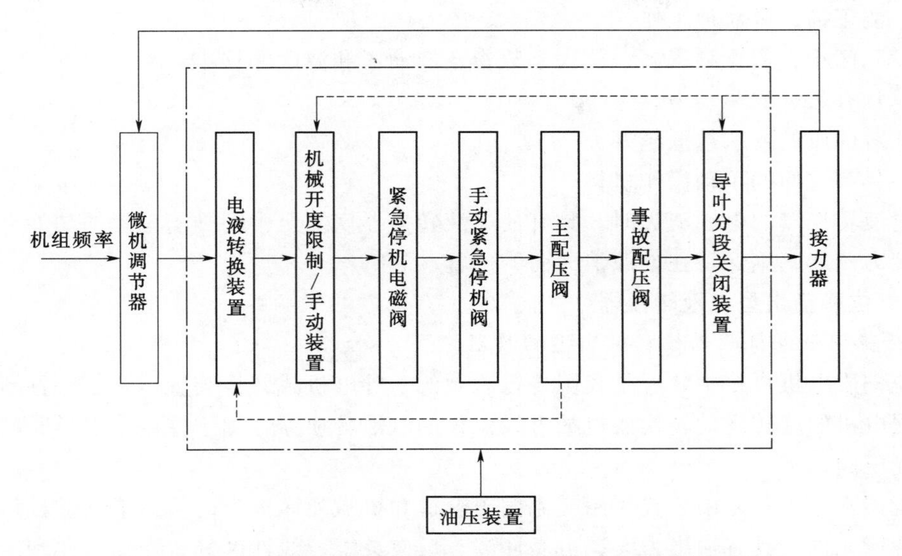

图 3－3 大中型单调整微机调速器电液随动系统典型原理框图

压控制型主配压阀两种。对于带辅助接力器的机械液压控制型主配压阀，必须设置主配压阀活塞至电液转换器的电气或机械反馈。

对于没有取自接力器位移机械反馈的机械液压手动装置，则必须具有主配压阀活塞的自动复中功能。

对于要求具有导叶分段关闭特性的调速器，也必须装设导叶分段关闭装置。根据接力器位移的机械反馈信号，基于机械或者电气部分的原理，在切换拐点使切换阀换位，控制分段关闭阀，以实现导叶的分段关闭。

对于要求有事故配压阀和导叶分段关闭装置的系统，导叶分段关闭装置应在最靠近接力器的油路中。

对于大型机组的调速器，可采用主/辅通道的双电液转换器提高可靠性。

3.3.2 电液转换器

电液转换器是能将电气输入信号连续地、线性地通过液压放大而转变成相应机械位移输出，或相应方向及流量输出的部件，即位移输出型电液转换器（交流伺服电机）和流量输出型电液转换器（比例伺服阀、数字阀等）。大中型机组一般采用交流伺服电机、比例伺服阀作为电液转换装置，数字阀一般应用于小型机组或者作为备用通道。

电液转换器一般与主配压阀接口，机械位移输出型电液转换器与带引导阀的机械位移输入型主配压阀相配合，液压输出型电液转换器则与带辅助接力器的液压控制型主配压阀接口。

电液转换器是电液调速器的重要部件，在很大程度上影响着水轮机调节系统的静态性能、动态性能和可靠性，也是调速器机械液压系统中最受重视、发展最迅速的部件之一。

对电液转换器的主要技术要求包括：

（1）能正确、可靠地工作。

（2）死区小、截止频率高、放大系数稳定、油压和温度漂移小。

（3）具有足够的驱动力。

（4）对油质的要求越低越好。

（5）具有方便的手动操作机构。

当电液转换器的电源消失时，具有使电液转换器恢复至中间平衡位置的功能，使电源消失时接力器能基本保持在电源消失前的位置。

3.3.2.1　位移输出型电液转换器

1. 交流伺服电机驱动位移输出型转换器

交流伺服电机自复中装置是我国自行研制的一种电机式转换装置，它是一种新型的把交流伺服电机的旋转运动转换成机械直线位移的电液转换器，用于控制带引导阀的位移控制型主配压阀。

交流伺服电机自复中装置采用交流伺服电机和机械死区极小的精密滚珠丝杠传动副作为驱动转换元件，具有输出力大、可靠性高、反应灵敏、线性度好、操作方便和结构紧凑等特点。电机与滚珠丝杠通过联轴套相连，螺母与输出杆相连，伺服电机的角位移通过滚珠丝杠/螺母副传动，转换为输出轴的直线位移。

在电源消失时，驱动力矩随之消失，复中弹簧具有使电机式转换器恢复中间平衡位置的功能，从而它控制的主配压阀活塞也就能回到中间平衡位置，接力器保持在原来的稳定位置。它可以在电气自动和机械手动的运行方式间实现无扰动切换，在电源消失或其工作于力矩方式时，其驱动的主配压阀可保持在中间平衡位置。

在机械手动运行方式中，操作手柄通过齿轮啮合传动，带动联轴套旋转，同样可控制输出轴的上下位移，实现手动方式操作调速器。在人工操作力撤销后复中弹簧使输出轴自动回中。电气自动和机械手动之间切换是无扰动的。

小惯量交流伺服电机有较快的动态响应特性，能提高水轮机调节系统的动态性能。

控制模式分为位置、速度、转矩三种（可分别构成位置环、速度环和转矩环），用于水轮机微机调速器，一般工作于位置环模式。

2. 步进电机位移输出型转换器

交流伺服电机自复中装置也可以采用步进电机作为驱动电机，即调速器电液转换单元采用步进电机＋位移转换装置组合结构型式。调速器由可编程输出脉冲信号控制步进电机旋转目标角度，旋转量通过位移转换装置转化为主配压阀先导级（引导阀芯）的直线位移量，再经过主配压阀内部液压放大后，向接力器油腔供油。其中步进电机旋转角度：引导阀芯相对行程＝90°：1；引导阀芯相对行程：主阀芯相对行程＝1：1。

3.3.2.2　方向及流量输出型电液转换器

1. 比例伺服阀

比例伺服阀是方向及流量输出型电液转换器，是一种电液比例（方向）阀，用比例电磁铁与液压元件组合而成，按照输入电气信号的方向和大小相应地实现液流方向和流量控制。

比例伺服阀实质上是一种电气控制的引导阀，在大型数字式调速器中得到广泛的应

用。试验运行结果表明，由比例伺服阀组成的微机调速器具有优秀的静态和动态性能。比例伺服阀的功能是把微机调节器输出的电气控制信号转换为与其成比例的流量输出信号，用于控制带辅助接力器（液压控制型）的主配压阀。

德国 BOSCH 公司制造的比例伺服阀是专门为工业应用设计的产品，具有抗油污能力强、可靠性高等特点，在微机调速器中得到了广泛的应用。

比例伺服阀阀芯有位置传感器，其信号送至自带的综合放大板，与微机调节器的控制信号相比较，实现微机调节器的控制信号对比例伺服阀阀芯位移的闭环比例控制，实际上就实现了微机调节器的控制信号对比例伺服阀输出流量的比例控制。比例伺服阀阀芯的中间位置对应于电气控制信号 12mA。值得着重指出的是，电源消失时，比例伺服阀阀芯处于故障位，控制油口接通排油，对于单腔使用的情况，主配压阀活塞应处于关闭位置，即将接力器全关，这对于我国的实际运行习惯是不匹配的，在系统设计时应加以考虑。

单腔控制（主配压阀辅助接力器为差压型）时，比例伺服阀输出液压信号，送到主配压阀辅助接力器的大腔（其小腔接恒定工作油压）中，与主配压阀阀塞位移电气反馈一起构成微机调节器 D/A 控制信号至主配压阀阀塞位移的比例控制。

双腔控制（主配压阀辅助接力器为等压型）时，比例伺服阀输出液压信号，送到主配压阀辅助接力器的两个控制腔中，与主配压阀阀塞位移电气反馈一起，构成微机调节器 D/A 控制信号至主配压阀阀塞位移的比例控制。

根据被控制的主配压阀阀塞直径来选配合适的比例伺服阀通径和流量，以保证水轮机调节系统有优良的接力器不动时间性能等动态品质。

2. 数字阀

脉冲式数字阀作为电液转换器在中、小型微机调速器中已经广泛应用。数字阀是一种具有两个或三个稳定状态的断续式电磁液压阀，具有机械液压系统结构简单、安装调试方便、可靠性高等优点。

（1）座阀式电磁换向阀。座阀式电磁换向阀是一种二位三通型方向控制阀，在液压系统中大多作为先导控制阀使用。

座阀式电磁换向阀采用钢球与阀座的接触密封，所以也称为电磁换向球阀，可避免滑阀式换向阀的内部泄漏问题。座阀式电磁换向阀在工作过程中受液流作用力影响小，不易产生径向卡紧，故动作可靠，在高油压下也可正常使用，且换向速度比一般电磁换向滑阀快。

座阀式电磁换向阀根据内部左、右两个阀座安置方向的不同，可构成二位三通常开型和二位三通常闭型品种。如果再附加一个换向块板，则可变成二位四通型品种。

（2）湿式（WE 型）电磁换向阀。WE 型电磁换向阀是电磁操作的换向滑阀，也称为电磁换向滑阀，可以控制油流的开启、停止和方向。

（3）电液动换向阀。电液动换向阀是用电磁阀为先导控制主阀（液动阀）的换向阀，有直流电源或交流电源两种可供选择，可以自带手动操作按钮。在主阀（液动阀）两端有可调节的阀芯运动的限位装置，以控制主阀（液动阀）的最大开口。

（4）叠加式液控（Z2S 型）单向阀。在微机调速器中，Z2S 型单向阀与 WE 型电磁换向阀和湿式电液动（WEH 型）换向阀配合使用。

Z2S 型单向阀可以用于关闭一个或两个工作油口，其无泄漏持续时间长、稳定性好。

（5）SV/SL6 型 6X 和 4X 系列液控单向阀。在微机调速器中，与 WE 型电磁换向阀和 WEH 型换向阀配合使用的还有 SV/SL6 型 6X 和 4X 系列液控单向阀，用于带压液压回路部分的隔离，防止管路失效时负荷下落或由于阀芯泄漏而导致误动作。

3.3.3　主配压阀

主配压阀指控制导叶（喷针）或轮叶（折向器/偏流器）接力器运动的配压阀，也称（主）接力器控制阀，简称主配、主控阀。

主配压阀是调速器机械液压系统的功率级放大器，它将电液转换器机械位移或液压控制信号放大成相应方向的、成比例的、满足接力器流量要求的液压信号，控制接力器的开启和关闭。

3.3.3.1　主配压阀的主要参数

（1）搭叠量（λ）。主配压阀中阀盘厚度与控制窗口高度之差的一半（图 3-4），即 $\lambda=(a-b)/2$。$\lambda<0$ 称负搭叠量，$\lambda>0$ 称正搭叠量，$\lambda=0$ 称零搭叠量。

（2）主配压阀活塞的中间位置。接力器不动时的主配压阀所处的位置。

（3）主配压阀活塞的几何中间位置。在几何上，所有搭叠量都相等（即 $\lambda_1=\lambda_2=\lambda_3=\lambda_4=\lambda$）时的主配压阀活塞的位置（图 3-5）。

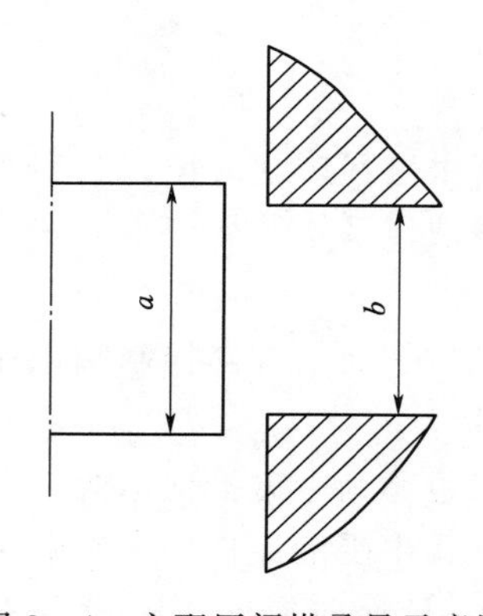

图 3-4　主配压阀搭叠量示意图

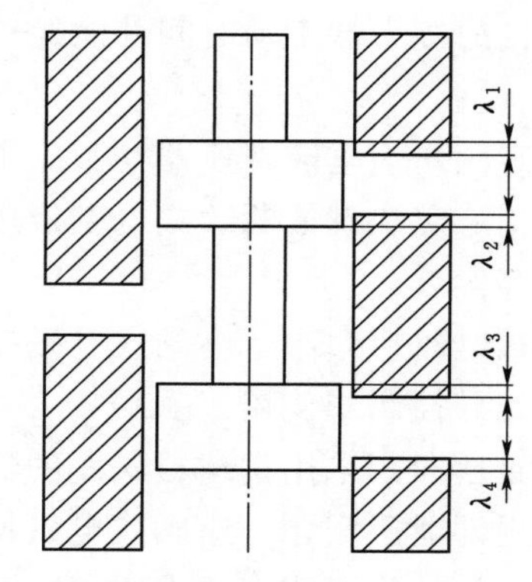

图 3-5　主配压阀活塞的几何中间位置示意图

（4）主配压阀活塞的实际中间位置。接力器带负载时的主配压阀活塞中间位置。

（5）主配压阀活塞行程（S）。主配压阀活塞偏离几何中间位置的位移。

（6）主配压阀活塞最大行程（S_{max}）。在线性条件下，输入信号（转速或中间接力器行程）相对偏差为 1 时的主配压阀活塞行程。

（7）主配压阀活塞相对行程（s）。主配压阀行程 S 与其最大行程 S_{max} 的比值，为

$$s=\frac{S}{S_{max}} \tag{3-1}$$

（8）主配压阀活塞最大工作行程（S_{max0}）。主配压阀按调节保证要求所整定的限制行

程。对于用节流孔整定接力器关闭时间的调速器，指主配压阀结构所限定的行程。

3.3.3.2 主配压阀的技术要求

主配压阀应动作灵活、可靠，能有效地控制油流。

满足调整开关接力器时间的要求。对接力器开关时间的整定应满足水轮机过渡过程调节保证计算结果的要求，在任何情况下导叶动作速度不超出整定后的最大容许值。

开关时间的整定方便可靠，具有锁定功能，一经整定，不会因运行中的振动或人为过失而变动。

主配压阀应具有复中归零设计，确保复归可靠、迅速。

主配压阀主要机械零部件配合精度高，硬度高，耐磨性、热稳定性、疲劳强度和抗腐蚀性均能满足长期稳定运行的要求。

实际运行经验表明，几乎所有厂家的主配压阀都可以长时间（几十年）稳定运行，已经是一个非常成熟的部件，很少出现过发卡和拒动现象。

3.3.3.3 主配压阀开关时间整定

主配压阀上整定接力器最快开关时间的原理有基于限制主配压阀活塞最大行程的方式和基于在主配压阀关闭和开启油腔进行节流的方式两种。大型调速器一般采用限制主配压阀活塞最大行程的方式来整定接力器的最快开关时间。对于要求有两段关机特性的，在主配压阀上整定的是最快区间的关机速率，慢速区间关机速率设置在分段关闭装置上实现。

主配压阀直径系类（主配压阀工作行程）包括：(80±10)mm、(100±15)mm、(150±20)mm、(200±25)mm。

3.3.4 分段关闭装置

分段关闭装置（阀）是指由主接力器的预定位置开始直到全关闭位置（不包括接力器端部的延缓段），使主接力器运动速度改变的装置（阀）。

在水电站的工程实践中，由于受水工结构、引水管道、机组转动惯性等因素的影响，经过调节保证计算，有时会要求导叶在关闭过程中接力器以不同的速率关闭。其关闭特性是按拐点分成关闭速度不同的两段（或多段），导叶分段关闭装置就是用来实现这种特性的。

分段关闭装置由导叶分段关闭阀和接力器拐点开度控制机构组成，后者包括拐点检测和拐点整定机构及控制阀。拐点开度控制机构分为机械式和电气式。机械式一般采用凸轮结构或导向板结构，使控制阀在设定点动作，进行液压回路的切换；电气式由 PLC 控制器根据导叶开度反馈值，在拐点设定值发出控制阀切换信号。机械式布置复杂，可靠性高；电气式布置方便，但失效率高。

导叶接力器采用分段关闭时，应不影响主接力器开启的速率。

分段关闭阀原理可参考图 3-6。

分段关闭阀由节流块、弹簧、控制活塞和调节螺栓等构成，接在主配压阀至接力器的开机油路中。接力器关机时液流方向如图 3-6 所示。主配压阀和事故配压阀整定第一段

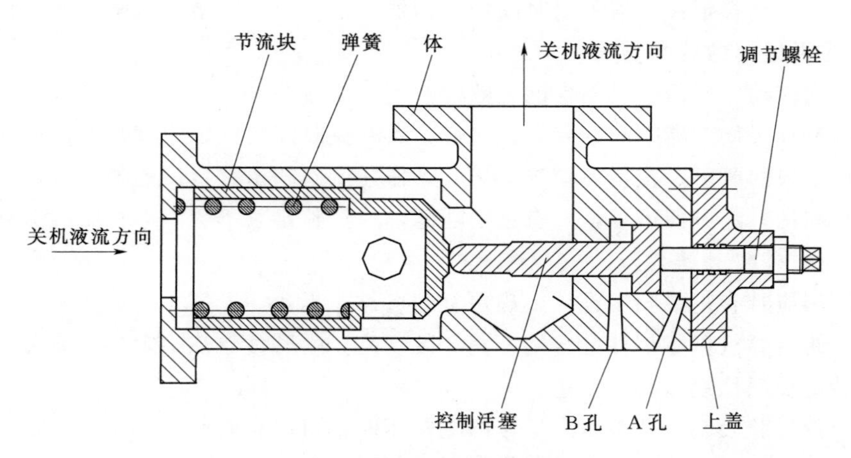

图 3-6　分段关闭阀原理图

关机时间，分段关闭阀限制第二段关机速度。

第一段关闭时，A 孔接压力油，B 孔接排油，活塞控制节流块移动至最左端位置，节流口完全打开，不节流，接力器按照主配压阀整定的第一段速度关闭。当接力器位置移动至拐点时，控制阀动作，B 孔接压力油，A 孔接排油，活塞控制节流块移动至最右端位置，该位置可通过调节螺栓进行限位。节流块在弹簧的作用下向右移动直至与活塞接触为止，形成节流孔，接力器按整定的第二段关闭速度慢关。

当接力器开启时，导叶分段关闭阀油流方向相反，在油流的作用下，节流块运动至最左端，节流口完全打开，导叶分段关闭阀不起作用，接力器按照主配压阀整定的开机速度开启。不影响主接力器开启的速率。

3.3.5　事故配压阀

事故配压阀主要用于水轮发电机组过速保护中，动作方式包括：

(1) 机组转速达到 115%机组额定转速，主配压阀活塞拒动，导叶操作失灵，事故配压阀接受过速保护装置信号动作。

(2) 一般事故配压阀上均串接了事故电磁阀，手动操作事故电磁阀使事故配压阀动作。

(3) 机械过速保护装置达到整定速度动作。

机械过速保护装置一般采用安装于机组主轴上机械式过速开关，是基于离心力与弹簧平衡原理工作的。当转速上升到整定值时，离心力大于弹簧的弹力，重块弹出，使过速检测开关动作，控制阀使事故配压阀换位，切断主配压阀油路，接力器不受主配压阀控制，事故配压阀接通油路直接关机。

当事故配压阀工作于起作用的位置时，由事故配压阀整定接力器第一段关机时间，所以，有事故配压阀的调速器，应保证主配压阀和事故配压阀都能满足第一段关闭要求，要分别进行整定。

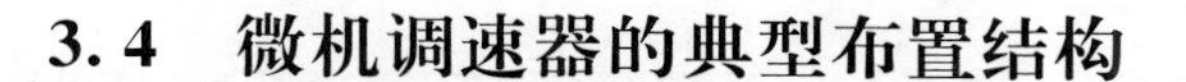

3.4 微机调速器的典型布置结构

微机调速器的整体机构为两大部分，即电器调节系统和机械液压系统。

电器调节系统根据机组的重要程度、电厂为有人值守还是无人值守等进行综合考虑，一般采用单微机和双微机两种配置型式。双微机调速器为交叉全冗余系统，两套可编程微机调节器系统均具有各自独立的电源，通过TCP/IP网络相互通信，保持状态和参数一致，同时一般采取独立的主接力器位移反馈系统。

工程中常见的微机控制器主要有贝加莱X20C、PCC2005、PCC2003系列，施耐德M340，西门子S7-300/400等。

机械液压系统的主要区别在于电液转换器。在常见的调速器中，大型机组调速器机械液压系统主要型式有双比例阀伺服、比例伺服阀+伺服电机、比例伺服阀+步进电机、比例伺服阀+数字阀、单比例伺服阀、单伺服电机、单步进电机；中小型调速器机械系统主要型式有比例阀+数字阀、单步进电机、大波动换向阀+小波动换向阀、数字阀。

3.4.1 单微机控制器+交流伺服电机自复中式控制系统

电器调节系统采用单微机控制器，电液转换器为交流伺服电机，适用于有人值守电站，当调速器并网状态出现故障时，切手动或保持导叶开度不动，并报警。

系统的电液转换器采用交流伺服电机自复中电液转换器，将微机调节器的调节信号转换为与其成比例的机械位移信号并带动引导阀针塞，引导阀的输出油路经过电动紧急停机电磁阀送到带差压式辅助接力器的液压控制型主配压阀（如FC阀）的控制腔，主配压阀的输出油路经过事故配压阀和分段关闭阀控制接力器的开启或关闭。

交流伺服电机自复中机构是由交流伺服电机自复中装置和它驱动的控制阀（引导阀）组成的。其特点是能与液压控制型主配压阀接口，在微机调节器断电时可以使主配压阀活塞保持在中间平衡位置。微机控制器控制的交流伺服电机驱动自复中机构带动控制阀的针塞，控制阀衬套由主配压活塞的反馈机构带动，完成电气信号到液压信号的转换。

交流伺服电机自复中机构采用大螺距、不自锁的滚珠丝杠/螺母副作为传动转换元件，它的传动死区小、效率高。电机与滚珠丝杠通过联轴套相连，螺母与输出杆相连，伺服电机的角位移通过滚珠丝杠/螺母副传动，转换为输出轴的直线位移。控制阀主要由阀芯和衬套组成。阀芯随动于自复中机构的输出轴，衬套随动于主配压阀活塞硬反馈机构。硬反馈机构一端连接主配压阀主活塞，它采集主活塞的左右位移信号；另一端连至控制阀的衬套，于是，主活塞的位移信号按一定的比例反馈为控制阀的衬套位移。

在电源消失或在手动工况时，交流伺服电机的驱动力矩消失，复中弹簧驱动输出轴回到中间平衡位置，从而由它控制的控制阀活塞也能回到中间平衡位置，与主配压阀活塞反馈一起使主配压阀活塞回到中间平衡位置，接力器保持在原来的稳定位置。

纯机械手动时，顺时针旋转手柄，接力器关闭；松开手柄，自动复中，接力器停止运动；逆时针旋转手柄，接力器开启；松开手柄，自动复中，接力器停止运动。

某单微机控制器＋交流伺服电机调速器原理如图 3－7 所示。

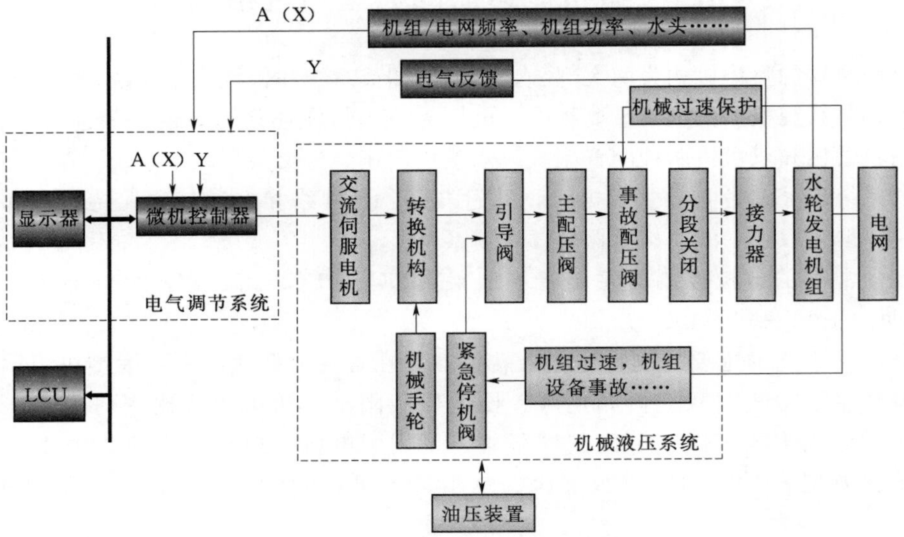

图 3－7　某单微机控制器＋交流伺服电机调速器原理图

3.4.2　双微机控制器＋双比例伺服阀式机械液压系统

电器调节系统采用双微机冗余结构，电液转换器为互为备用的比例伺服阀，适用于有人值守电站及无人值守电站。当调速器其中一套控制器或比例伺服阀出现故障时，无扰切换至另一套，并报警；当两套系统在并网状态均出现故障时，切手动或保持导叶开度不动，并报警。

双微机控制器独立电源、互为冗余设计，系统的电液转换器采用两个同样型号的比例伺服阀 A 和 B，是一个冗余的电液转换器系统结构。有控制器 1＋比例阀 A、控制器 2＋比例阀 A、控制器 1＋比例阀 B、控制器 1＋比例阀 B 四种组合方式。

通过切换阀选择双比例伺服阀 A 和 B 之一的输出控制油路，控制用油经过紧急停机电磁阀切换阀送到带差压式辅助接力器的液压控制型主配压阀的控制腔，主配压阀的输出油路经过事故配压阀控制接力器的开启或关闭。主配压阀可以采用国内设计生产的带差压式辅助接力器的液压控制型主配压阀，也可以选用 GE 公司的 FC 主配压阀。

某双微机控制器＋双比例伺服阀调速器原理如图 3－8 所示。

3.4.3　双微机控制器＋比例伺服阀＋伺服电机式控制系统

电器调节系统采用双微机冗余结构，电液转换器为互为备用的比例伺服阀和伺服电机，适用于有人值守电站及无人值守电站。当调速器其中一套控制器或电液转换器出现故障时，无扰切换至另一套，并报警；当两套系统在并网状态均出现故障时，切手动或保持导叶开度不动，并报警。

双微机控制器独立电源互为冗余设计，系统的电液转换器采用比例伺服阀和伺服电机。有控制器 1＋比例阀、控制器 2＋比例阀、控制器 1＋伺服电机、控制器 2＋伺服电机

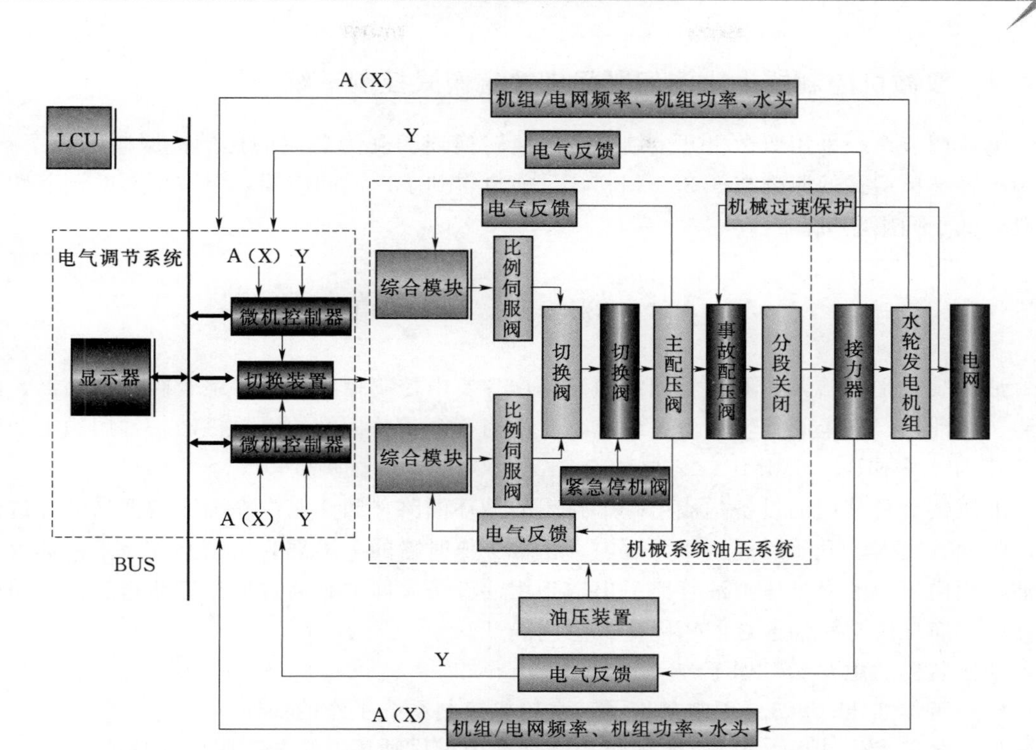

图 3-8 某双微机控制器+双比例伺服阀调速器原理图

四种组合方式。

某双微机控制器+比例伺服阀+伺服电机调速器原理如图 3-9 所示。

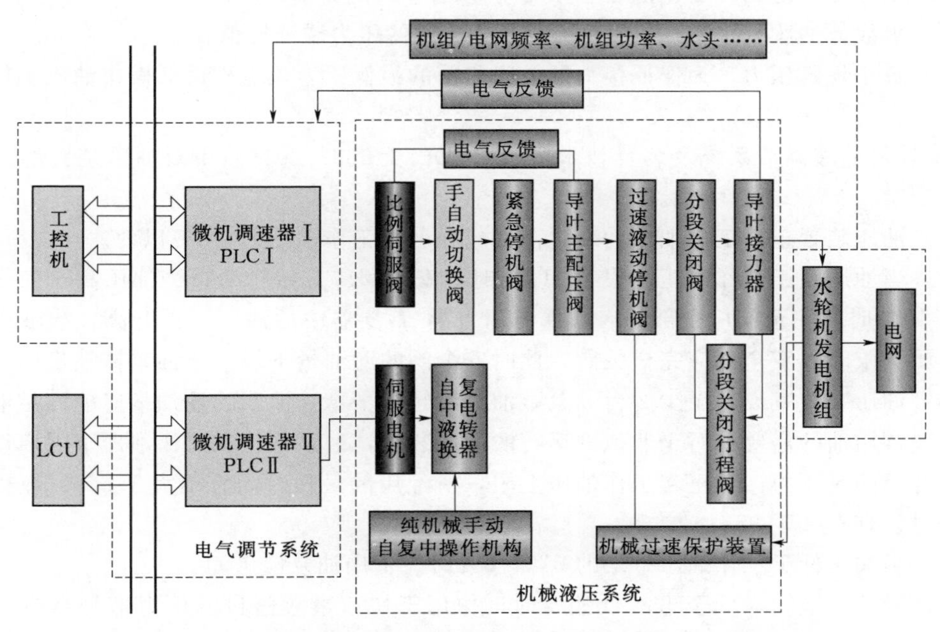

图 3-9 某双微机控制器+比例伺服阀+伺服电机调速器原理图

3.4.4　双微机控制器＋比例伺服阀＋数字阀式控制系统

电器调节系统采用双微机冗余结构，电液转换器为互为备用的比例伺服阀和数字阀。这种布置结构型式的原理与3.3.3相同，目前也得到了广泛的应用，但数字阀的调节性能一般要低于伺服电机。

3.5　油压装置

油压装置是供给调速器压力油源的设备，主要由控制柜、油泵、组合阀、滤油器、压力罐、回油箱、安全阀等辅助设备组成。介质为符合相关标准的汽轮机油。常用额定油压有2.5MPa、4MPa、6.3MPa。

油压装置及其用油设备构成了一个封闭的循环油路，回油箱内净油区的清洁油经过油泵的吸油管吸入，升压后送至压力罐内。正常工作时罐的上半部为压缩空气，下半部为压力油，罐内压力油通过压力油管路引出送到用油设备，回油则通过回油管路送到回油箱的污油区。净油区与污油区之间用隔离式滤网隔开。

油压装置的主要参数如下：

(1) 工作油压（p_0）。正常条件下，水轮机控制系统工作的油压。

(2) 名义工作油压（p_n）。水轮机控制系统内工作油压上限与下限的平均值。

(3) 额定油压（p_r）。系统的工作油压标称值。

(4) 工作油压上限（p_{0max}）。正常工作油压的最大值。

(5) 工作油压下限（p_{0min}）。正常工作油压的最小值。

(6) 工作油压范围。工作油压上限与下限之差。

(7) 事故低油压（p_T）。必须使机组紧急关闭的压力罐油压值。

(8) 最小规定压力。为保证接力器关闭所需的最低压力，也称最低操作油压、最低要求油压。

《水轮机电液调节系统及装置技术规程》(DL/T 563—2016) 中对油压装置的性能要求如下：

(1) 油压装置正常工作油压的变化范围应在名义工作油压的±5%以内。

(2) 当油压高于工作油压上限2%以上时，安全阀应开始排油；当油压高于工作油压上限的10%时，安全阀应全部开启，并使压力罐/蓄能器中的油压不再升高；当油压低于工作油压下限时，安全阀应完全关阀，此时安全阀的漏油量不得大于油泵输油量的1%。

(3) 油压装置宜设置至少2台油泵，油泵运转应平稳，油泵的输油量应能满足电液调节系统正常用油的需要；对于非孤网运行的油压装置，油泵从正常工作油压下限启动开始至压力升至停泵压力，即正常工作油压上限，所经历的最长时间宜不大于60s；在用于孤网运行时，宜不大于35s。

(4) 当油压低于工作油压下限的6%～8%时，备用油泵应启动。

(5) 当油压继续降低至事故低油压时，作用于快速事故停机的压力信号器应立即动作；当主接力器在事故低油压下完全关闭后，压力罐/蓄能器的剩余压力应高于最低操作

油压。

(6) 油压装置各压力信号器动作油压值与整定值的偏差不得超过整定值的±2%。

(7) 压力罐/蓄能器应具有足够的容量，在不启动油泵的情况下，自正常工作油压下限至最低操作油压之前，其可用油体积至少应满足如下要求：对于混流式及定桨式机组的单调整调节装置，为导叶接力器总容积的3倍；对于转桨式机组的双调整调节装置，为导叶接力器总容积的3倍再加轮叶接力器容积的2倍；对于冲击式机组的双调整调节装置，为折向器接力器总容积的3倍再加喷针接力器总容积的2倍；对于带调压阀控制的双调整调节装置，为导叶接力器总容积的3倍再加调压阀接力器容积的4倍。

(8) 压力罐/蓄能器在额定油压下，油位处于正常位置时，关闭各连通阀门，保持8h，油压下降值不得大于额定油压的4%。

(9) 空气安全阀的动作值应为名义工作油压的114%。空气安全阀动作应正确、可靠，无强烈噪声。

(10) 回油箱容积应能容纳电液调节系统所有用油量并至少有10%的裕量。

(11) 自动补气装置动作应正确、可靠，不得出现漏气现象。

(12) 液位信号器动作值与整定值的偏差不得超过±10mm。

第4章 水轮机调节系统功率模式

4.1 概 述

微机调速器一般具有频率模式、开度模式和功率模式三种主要调节模式。当发电机出口开关闭合时，机组并入电网工作，此时调速器可工作在三种调节模式中的任何一种。若事先设定为某一调节模式，则转为对应的调节模式。

当调速器在功率模式下工作时，若检测出机组功率反馈故障，或人工切换命令，则调速器自动切换至“开度调节”模式工作。

当调速器工作于“功率调节”或“开度调节”模式时，若电网频率偏离额定值过大(超过人工频率死区整定值)，且保持一段时间（如持续1s)，调速器自动切换至“频率调节”模式工作。

当调速器处于“功率调节”或“开度调节”模式下带负荷运行时，由于某种故障导致发电机出口开关跳闸，机组甩掉负荷，调速器自动切换至“频率调节”模式，使机组运行于空载工况。

三种调节模式应用于不同工况，其各自的调节功能及相互间的转换都由微机调速器来完成。

功率模式是机组并入大电网后采用的一种调节模式，它具有的特点如下：

(1) 人工频率死区、人工开度死区和人工功率死区等环节投入运行。

(2) 采用PI控制规律，即微分环节切除。

(3) 在闭环调节中，调差反馈信号取自机组功率，并构成调速器的静特性。

(4) 当频率差的幅值不大于一次调频时，不参与系统的一次调频；当频率差的幅值大于一次调频时，参与系统的频率调节。

(5) 微机调节器通过功率给定变更机组负荷，故特别适合水电站实施AGC功能。

(6) 开度给定不参与负荷调节，开度给定实时跟踪导叶开度值，以保证由该调节模式切换至开度调节模式或频率调节模式时实现无扰动切换。

(7) 适合机组带基荷运行。

目前，调速器并入大网带负荷运行，一般主要运行于开度模式和功率模式两种运行模式。开度模式是国内调速器已经长时间应用于实践的主要运行模式，性能成熟，稳定性好；功率模式在国外有长时间的实际应用，我国以前应用较少。2011年以后，国内部分电厂开始逐步尝试应用功率模式。但由于水电机组的非线性问题，尤其是很多机组为长引水系统，导致引水系统过渡过程复杂，直接影响功率模式的调节性能，所以，虽然功率模式目前已经得到了很多的实际应用，但仍然需要进行深入研究，以使功率模式具有更好的

适应性和调节性能。

目前，我国几个主要调速器设备生产厂家在实际工程应用中使用的功率模式，其原理相差不大，只是处理细节上略有差别。在现场试验及调试中，调速器的功率模式一般有两种：第一种被认为是假功率模式，即调速器上有明确的功率模式显示，有功率调节 PID 参数，但经过测试发现，该功率模式只具备增减负荷的功能，程序中实际依托的仍然是开度模式，并入大网负载运行时，当一次调频动作时，也是基于开度模式下的一次调频；第二种功率模式，增减负荷和一次调频功能都是基于功率闭环调节的，此时功率调节是在调速器本体上闭环的，监控系统只负责负荷值的下发和对机组出力进行监视，不进行调节，当超过设定时间而调速器仍不能把功率调整到目标值时，监控系统自动退出 AGC 并下令退出调速器功率模式，调速器接到命令后，自动转入开度模式。

目前，有功率模式的调速器必然存在开度模式，对于故障的容错方法为：当调速器出现故障时，自动切至开度模式，并保持负荷不变。有开度模式的调速器，不一定存在功率模式。

功率模式实现了调节系统本身功率的闭环调节，解放了监控系统，在调节控制方面相比开度模式具有一定的优点：如调节响应速度一般优于监控调节，同时消除一次调频动作期间由于水头不同导致的功率越限或调节量不够的缺陷等。近年来，陆续有机组增加功率模式，进行功率模式改造，尝试推广，但仍需不断完善。本章将结合部分电厂功率模式改造经验，对功率模式原理、试验方法及功率模式与开度模式的比较分析进行详细介绍。

4.2 功率模式的基本原理

功率模式是一种在被控水轮发电机组并入电网后采用的调节模式，功率模式实现了调节系统本身功率的闭环调节，解放了监控系统，监控系统只下发功率目标值，不进行闭环调节。

功率模式下，微机调节器的开度给定不参加自动闭环调节，实时跟踪导叶接力器开度值，确保由功率模式切换至开度模式时，实现无扰切换。

在调节系统闭环调节中，将机组的有功功率作为反馈值。采用 PID 调节规律，微分参数一般设置为 0。

某机组功率模式原理图如图 4-1 所示。

功率模式运行时，一般有两种工况：一种工况为功率调节，接收上位机即监控系统的功率给定指令，一般为模拟量，调速器把接收到的功率给定值与功率反馈值进行比较，当差值超出设定功率调节死区时，构成一个闭环调节系统，进行 PID 运算，通过开启或关闭机组导叶，调节机组有功功率，直到机组有功功率小于设定功率调节死区时，调节结束，其 PID 参数直接影响机组有功功率的调节响应时间、调节速率、调节稳定性；另一种工况为功率模式下一次调频，功率模式下一次调频原理与开度模式下一次调频基本原理是相同的，即水电机组调节系统的被控制系统（水电机组）并入大电网运行（联网运行），当电网频率变化超过水电机组调节系统规定的频率（转速）死区时，水电机组调节系统根据有效频差，按永态差值系数 e_p 自行改变机组功率的调节行为，所不同的是，功率模式

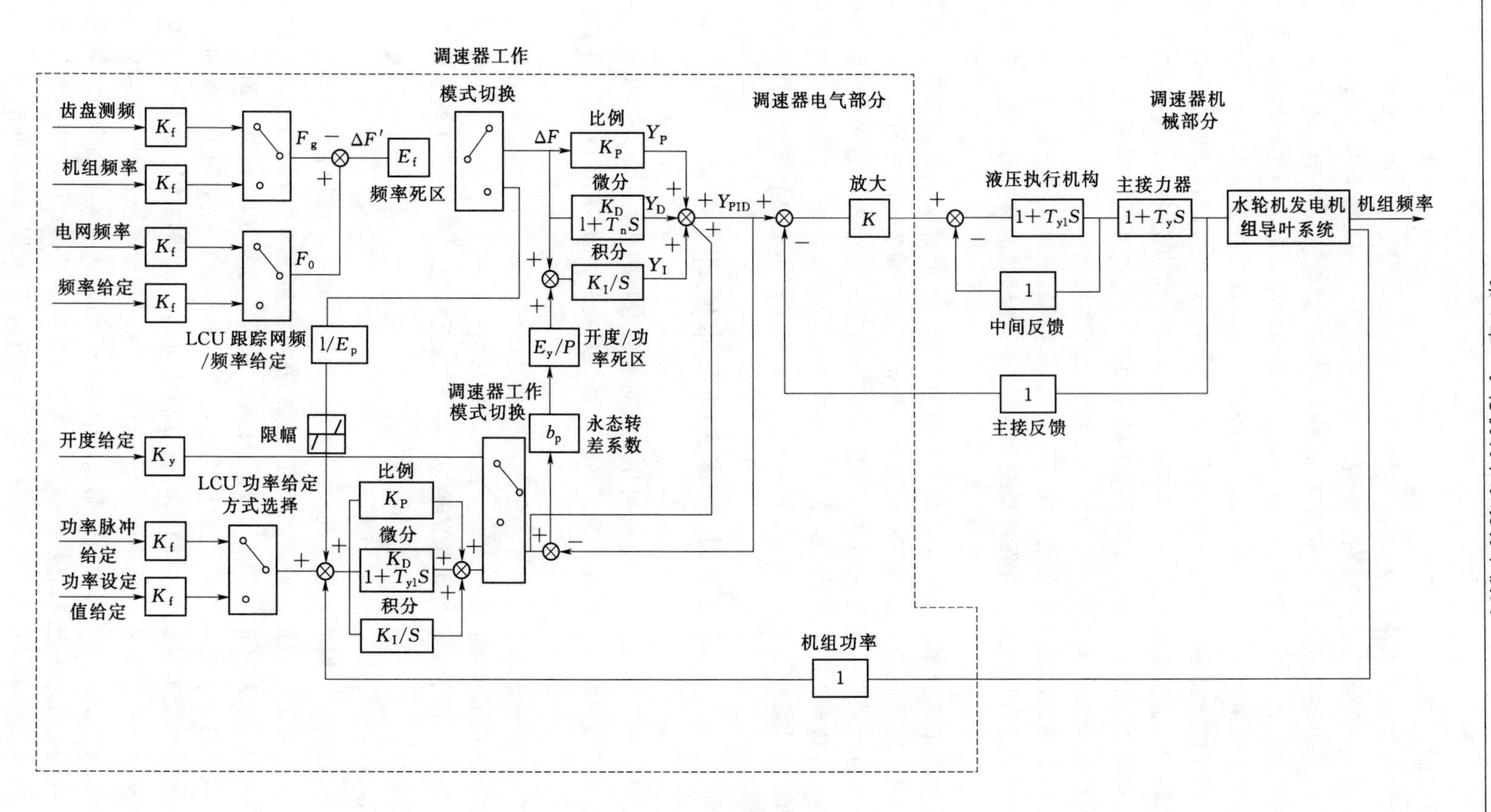

图 4-1　某机组功率模式原理图

下一次调频直接以功率作为调节目标，开度模式下一次调频以开度作为调节目标。

功率模式下水电机组调节系统静态特性是指，当调节系统处于平衡状态，指令信号（包括频率给定、功率给定）恒定时，转速（频率）偏差相对值 x_n 与机组输出有功功率 P 相对值的关系曲线，如图 4-2 所示。

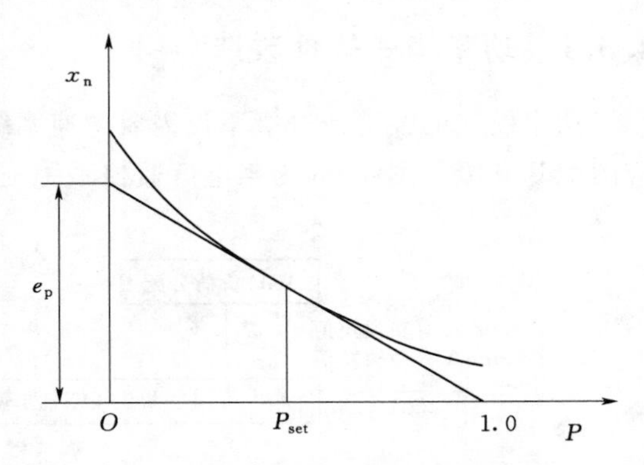

图 4-2 功率模式水电机组调节系统静态特性

在图 4-2 中，某一规定运行点处斜率的负数，即为永态差值系数 e_p。曲线图的横坐标表示的是机组输出的有功功率，此时的永态差值系数则称为调差率或功率差值系数。

应当指出，由于死区、非线性等因素的影响，水电机组调节系统静态特性本质上并非是一条直线，因此，严格意义上讲，曲线图上任意一点的斜率并非为常数。

对于功率模式下水电机组调节系统静态特性的解析关系如下：

用相对值表示为

$$\Delta p=\frac{(50-F_n)-E_f}{50e_p}=-\frac{(1-f_n)-e_f}{e_p}=-\frac{\Delta f-e_f}{e_p} \tag{4-1}$$

用绝对值表示为

$$\Delta P=-P_r\frac{(50-F_n)-E_f}{50e_p} \tag{4-2}$$

其中

$$f_n=\frac{F_n}{50}$$

式中 Δp——对应于频率偏差 Δf（相对量）的机组功率增量（相对量）；

F_n——电网频率，Hz；

f_n——电网频率相对值；

E_f——调速系统频率（转速）死区（绝对量），Hz，$(50-F_n)$ 为正时 E_f 为正，$(50-F_n)$ 为负时 E_f 为负；

e_f——调速系统频率（转速）死区（相对量），$e_f=\frac{E_f}{50}$；

e_p——调速系统（功率）调差系数（速度变动率）；

ΔP——对应于频率偏差 $(50-F_n)$ 的机组功率增量，MW；

P_r——机组额定功率，MW。

4.3 调节系统增加功率模式改造方法

由于我国长期以来一直以开度模式作为主要运行模式，所以大部分已经运行的调节系统不具备功率模式功能，或者即使有功率模式，也需要根据现代电力系统的要求进行升级改造。随着功率模式的逐步应用和推广，很多电厂面临增加功率模式或改造问题，本节对近些年功率模式的改造及升级经验进行总结。

4.3.1　功率模式软件改造

功率模式的改造或升级不仅需要调速系统本身设置功率模式，也需要监控系统进行相应的配套升级。图 4-3 为某电厂监控系统配合功率模式升级后的控制流程图。

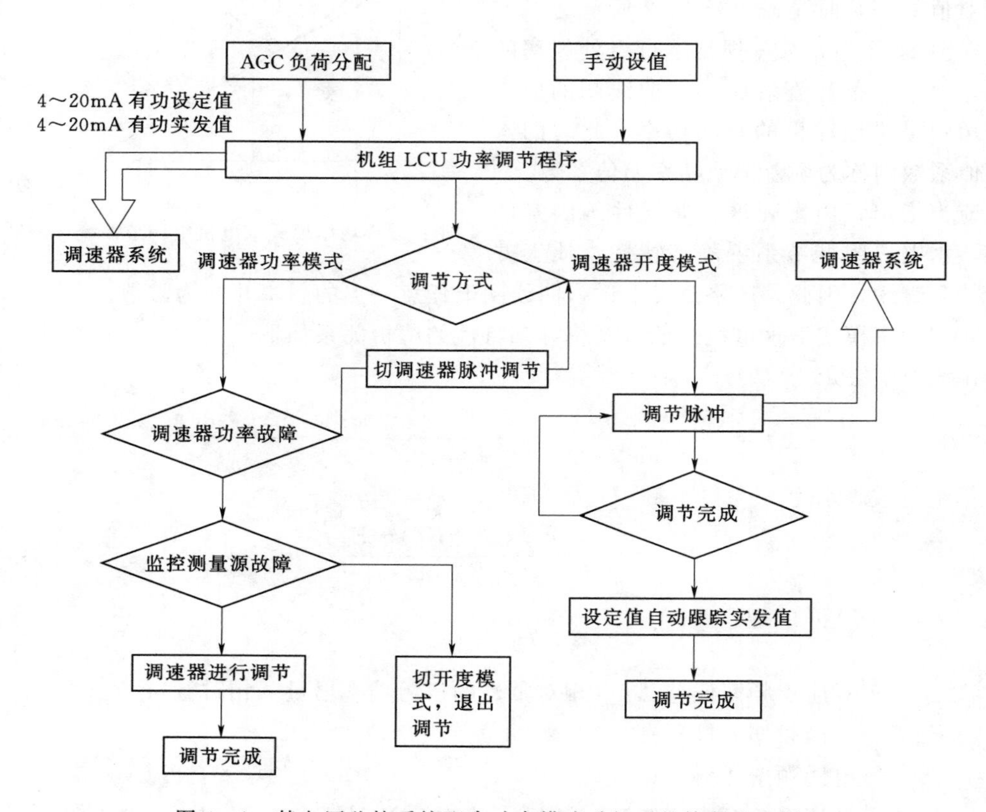

图 4-3　某电厂监控系统配合功率模式升级后的控制流程图

机组功率给定值的来源有两种：一是 AGC 负荷分配值；二是运行人员人工设定值。有功功率的反馈值（也就是实发值）来自于监控系统相同的功率变送器，通过 4～20mA 模拟量信号送给调速器，监控系统功率给定值同样通过 4～20mA 模拟量信号送给调速器。功率模式运行时，由调速器完成有功功率的整个闭环调节，监控系统实时监视调速器的调节过程，当出现调节不到位或超过规定时间调节仍不能完成等情况时，监控系统进行容错处理，判断调速器故障，或者监控系统判断有功功率测量源等故障时，由监控系统发出指令，退出调速器功率模式，切开度模式运行。

功率模式软件改造的主要原则如下：

(1) 调速器启用功率模式仍需保留原开度模式，原开度模式的调节方式保持不变。

(2) 在功率模式下，调速器功率目标值为功率给定与一次调频叠加量，频率偏离死区后，实发功率为功率给定值与一次调频动作量的叠加量，频率回到死区内，实发功率为上

位机下发的给定功率，响应 AGC 的指令变化。

(3) 在监控系统增加调节方式选择功能，运行人员可根据需要选择调节模式为开度模式或功率模式，监控系统根据选择的调节方式发出相应控制信号至调速器系统，调速器系统根据监控命令在功率模式和开度模式间进行切换。

(4) 功率模式运行时，如果功率输入或功率给定输入有故障，调速器自动切换为开度模式运行，监控系统应能根据调速器的模式信号切换相应的控制方式。

(5) 在调速器功率闭环调节模式下，监控系统不再输出调节脉冲信号，由调速器系统根据监控发出的持续的 4～20mA 有功功率设定和有功功率实发信号进行功率闭环调节。

(6) 一次、二次调频（AGC）配合方式为：一次调频动作期间，功率给定值与功率实发值超出功率死区，在没有新的 AGC 指令下发前，二次调频不应动作。机组在执行 AGC 设定值时应该不受一次调频功能的影响，出力变化应该是二者叠加的效果。如果不能实现一次调频和 AGC 调节量叠加，在二者的配合上，应该满足以下条件：机组在执行 AGC 调节任务时不应该受到一次调频功能的干扰；一次调频在 AGC 调节完成后应该正常响应；一次调频在动作过程中如果有新的 AGC 调节命令，应该立即执行 AGC 调节命令；机组的一次调频动作引起的全厂总功率的偏差应该不能被监控系统重新调整回去。

(7) 为保证调节方式切换时不会造成负荷波动，不论调速器是在开度模式还是功率模式，监控系统有功功率设定值和有功功率实发值信号持续输出到调速器系统。

(8) 在调速器系统功率故障或监控自身有功功率测量异常的情况下，调速器与监控调节方式均自动切换为开度调节方式，故障信号消失后调节方式不进行自动切换，由运行人员视情况手动切换。

(9) 一次调频动作时应同步发信到监控系统，调整结束后返回。

(10) 调速器设定功率过调限制功能，并将此事件记录在触摸屏。

(11) 功率模式下应保留原来以开度进行计算的一次调频算法，并增加以功率进行计算的一次调频算法。一次调频调节计算基准频率取 50Hz。

(12) 调速器触摸屏增加调速器掉电重启后调节模式初始化选择功能，增加功率模式一次调频调节方式选择功能。

(13) 调速器功率模式调整负荷时采用 PID 算法，PID 计算最大偏差可取 10%额定功率，以保证调节稳定。

4.3.2 功率模式硬件改造

调节系统为功率模式应增加信号隔离器、继电器、功率变送器、PLC 模块等新的硬件设备，相应增加的信号如下。

1. 调速器增加模拟量开入信号

(1) 功率给定值（由监控系统通过模拟量信号发送，4～20mA）两路：两路功率给定值比较，两路给定值差值小于 3%额定负荷，执行功率调整目标值为两路功率给定平均值；差值大于 3%额定负荷，切换为开度模式运行。

（2）机组实际功率（由监控系统通过模拟量信号发送，4～20mA）由监控 AO 模块送出，经隔离器接入调速器 AI 模块。

2. 调速器增加离散量信号

（1）开入信号：开度调节令（1s 脉冲信号）、功率调节令（1s 脉冲信号）、功率给定确认令（1s 脉冲信号）。

（2）开出信号：调速器开度调节模式、调速器频率调节模式、调速器功率调节模式、调速器功率调节故障（功率给定与功率实发故障）。

（3）监控增加模拟量开出信号：功率给定值（由监控系统通过模拟量信号发送，4～20mA）两路、机组实际功率（由监控系统通过模拟量信号发送，4～20mA）。

（4）监控增加离散量信号。

1）开出信号：开度调节令（1s 脉冲信号）、功率调节令（1s 脉冲信号）、功率给定确认令（1s 脉冲信号）。

2）开入信号：调速器开度调节模式、调速器频率调节模式、调速器功率调节模式、调速器功率调节故障。

4.3.3　功率模式调节参数与传递函数

任何闭环控制系统的首要任务是稳（稳定）、快（快速）、准（准确）地响应命令。调速器系统的运行，应首先考虑系统的稳定性。在稳定的基础上，对其参数进行优化调整，使其快速响应，调节时间短，调节准确，最终达到提高调节性能的目的。

功率模式采用 PID 调节规律，微分参数一般设置为 0。根据功率模式实际运行经验，为使参数具有更好的适应性，实际运行中功率模式一般采取变参数调节，即通过偏差大小分别设置不同的参数，但两组参数的快慢不宜偏差过大，至少不能引起导叶位移曲线出线阶跃。

参数的选取一般通过现场试验确定，选取稳定性好、调节速度适中、反调小的参数作为运行参数。试验方法为频率和功率阶跃扰动。

功率模式下，一般机组并入大电网带负荷运行时，应该有功率调节参数和功率模式下一次调频调节参数两组参数，且不排除两种参数相同的情况，理论上应该分别设置为好，以机组实际调节稳定情况为准。

功率模式下一次调频理论动作量为

$$\Delta P=-P_{\mathrm{r}}\frac{(50-F_{\mathrm{n}})-E_{\mathrm{f}}}{50e_{\mathrm{p}}} \tag{4-3}$$

式中　e_{p}——调差系数；

P_{r}——额定功率。

式（4-3）中，负号表示功率调节与频率变化方向相反。可不减频率死区，同时可抵消功率死区和调速器固有死区对一次调频动作的影响，或根据试验情况适当修改。调整后，人工死区按要求设定为 0.05Hz。

某发电厂 1 号机组调速系统优化后功率模式调节参数见表 4-1，调速系统功率模式原理图如图 4-4 所示。

表 4-1　　某发电厂1号机组调速系统优化后功率模式调节参数表

模式		参数符号	单位	设定值
功率模式	大偏差	K_{P2}	—	0.1
		K_{I2}	$\frac{1}{s}$	0.25
		K_{D2}	s	0
		e_p	—	4%
功率模式	小偏差	K_{P2}	—	0.1
		K_{I2}	$\frac{1}{s}$	0.3
		K_{D2}	s	0
		e_p	—	4%

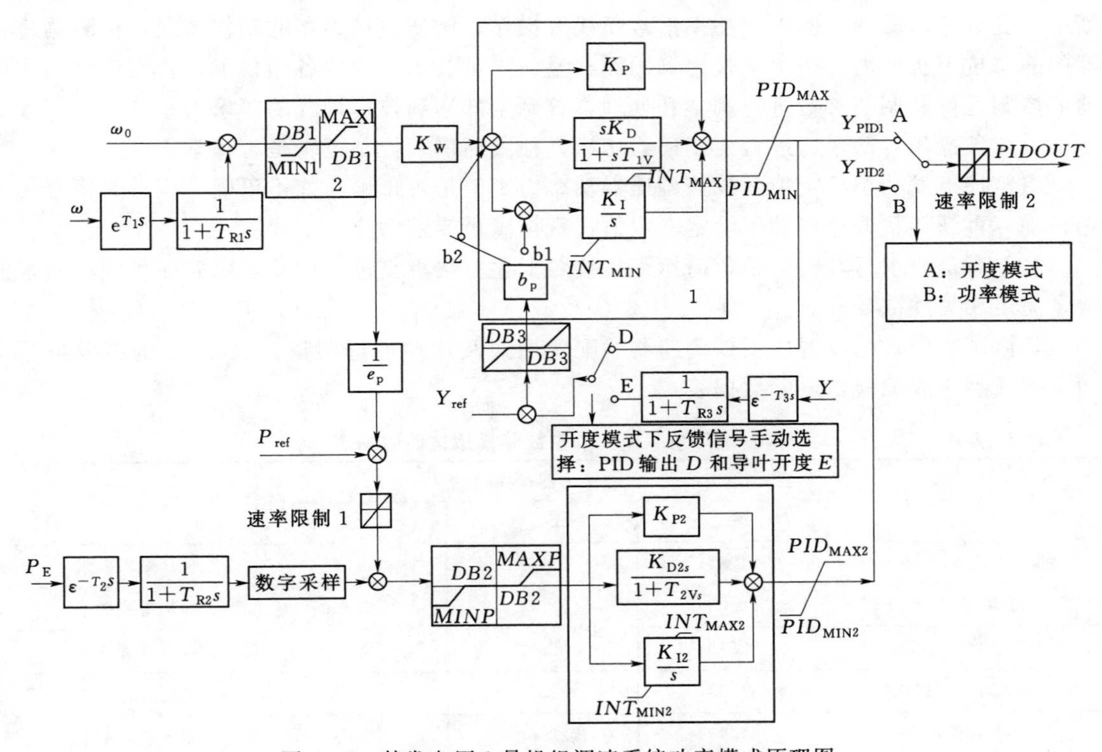

图 4-4　某发电厂1号机组调速系统功率模式原理图

图 4-4 中的功率模式速率限制环节采用了限制最大计算偏差的方法，速率限制环节对调节稳定性起着重要作用，在故障出现或故障判别失败而产生较大计算偏差时，可保证机组控制有功功率的调节速率。

功率模式死区环节一般不超过额定负荷的 3%，一般设置为 1%～2%。若死区设置过大，易造成功率给定值与功率实发值产生较大偏差，多机累计后，导致全厂实发值与设定值偏差较大，可能会超出 AGC 对于全厂功率死区的要求，造成 AGC 退出等情况出现；

若死区设置过小，在动态调节过程中，会由于引水系统水压波动或水锤效应等原因造成反复调节，甚至出现功率的低频振荡。当然功率模式下的功率低频振荡的发生也与 PID 设置有着很大关系。

4.4 功率模式试验

4.4.1 故障模拟试验

试验条件为：蜗壳排水至无水压或与尾水平压，机组处于静态条件下；将调速器切为自动运行方式。

模拟功率模式下调速器的各种干扰信号，对调速器进行手自动切换、运行方式切换、控制模式切换、机组频率断线、电网频率断线、导叶反馈断线、交流电源断电、直流电源断电、交直流电源同时断电、功率信号断线等操作，测试主接力器的动作情况，检测调速器的静态抗干扰能力。机组主接力器的漂移量应满足技术规程的各项要求，否则应对调速器的控制元件和调节参数进行调整和处理，直到全部达到技术规程的要求为止。

由监控操作对调速器进行控制模式切换，检测通信、控制逻辑是否正常。

由监控下发功率给定值，校核调速器功率给定值是否正确，如不正确，应检查信号是否正确，重新调整调速器功率给定率定值，直至满足要求为止。

静态满足要求后，机组带负荷运行，按照上述方法重复进行试验，以确保各项功能正常，满足相关规范要求。

具体试验内容的设置应根据调速器的配置型式及特性进行调整，表 4－2 为某发电厂功率模式静态故障模拟试验数据表。

表 4－2　　某发电厂功率模式静态故障模拟试验数据表

测量项目	主接力器行程/%			备注
	Y_{min}	Y_{max}	ΔY	
机械手动运行 3min	31.93	31.99	0.06	满足规程要求
电手动运行 3min	32.05	32.17	0.12	满足规程要求
自动运行 3min	32.15	32.19	0.04	满足规程要求
手自动运行方式切换	31.98	32.06	0.08	满足规程要求
工作套机切换	31.98	32.00	0.02	满足规程要求
运行模式切换	31.98	32.00	0.02	满足规程要求
电源(交、直流)断电	31.71	32.00	0.29	满足规程要求
机频、网频断线	31.87	32.16	0.29	满足规程要求
主接反馈断线	31.99	32.01	0.02	满足规程要求
功率给定断线	31.83	31.85	0.02	满足规程要求
功率反馈 1(变送器)断线	31.74	31.77	0.03	满足规程要求
功率反馈 2(LCU)断线	31.76	31.79	0.03	满足规程要求

4.4.2 参数选择试验

1. 功率模式负荷调节参数选择试验

将调速器切换为自动运行方式、功率模式运行，机组带30%～50%额定负荷稳定运行。根据调速器调节参数设置方式以及调速器的调节特性，参照同类型调速器的运行经验，有针对性地选择3～5组功率模式调节参数，选择不大于25%的额定负荷作为负荷扰动量，分别进行小偏差、大偏差负荷扰动测试。

测试仪记录机组的转速、接力器行程、有功功率、蜗壳水压等参数的变化过程及量值大小。根据机组各项特性参数的调节规律、调节量值、调节时间及机组的稳定情况，选择一组稳定性好、调节速度快、调节到位、反调小、水压波动小的参数作为功率模式下的负荷调节参数。

图4-5为某机组功率模式负荷调节参数选择试验实测波形图。

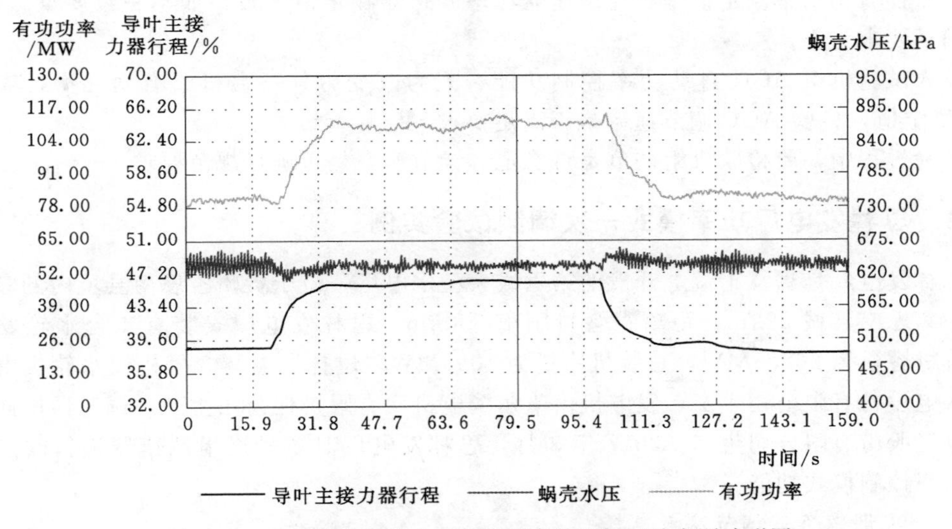

图4-5 某机组功率模式负荷调节参数选择试验实测波形图

2. 功率模式一次调频调节参数选择试验

将调节装置切至手动，断开调节装置机频测量端，将试验用频率信号源接入调节装置机频测量端，由频率信号源输出额定频率信号。然后将调节装置切自动运行方式，投入一次调频功能，机组带60%～90%额定负荷稳定运行。

通过频率信号源在额定频率基础上施加正、负偏差的频率阶跃信号，有效频率偏差绝对值应不小于0.1Hz，记录信号源频率、接力器行程、机组有功功率等信号的变化过程。

以目标功率为依据，根据试验记录数据计算一次调频滞后时间、上升时间、稳定时间等数值指标；根据试验结果分析对比并优化调整一次调频调节参数。

各参数意义如下：

(1) 一次调频滞后时间（一次调频响应时间）。自频率偏差超出一次调频死区开始，至机组有功功率开始向目标功率变化时的时间。

（2）上升时间。自频率偏差超出一次调频死区开始，至机组有功功率达到90%目标值的时间。

（3）稳定时间。自频率偏差超出一次调频死区开始，至功率调节达到稳定，即功率偏差第一次达到调节误差带小于（$-2\%\sim1\%$）P_r所经历的时间。

4.4.3　增减负荷试验

机组并网带机组带30%～50%额定负荷稳定运行，将调速器切为自动运行方式、功率模式运行；投入功率闭环；避开机组振动区，由中控室发出负荷增减指令，录取机组负荷增减过程曲线。

机组并网带零负荷，投入功率闭环。由中控室发出带满负荷指令，录取机组并网带初始负荷至满负荷的全程升负荷过程曲线；由中控室发出带零负荷指令，录取机组并网带满负荷至零负荷的全程降负荷过程曲线；同时验证监控下发功率值是否与调速器功率给定值一致，监控有功功率测定值是否与调速器功率变送器测定值一致，如不一致要重新调整，直至满足要求为止。

投入试验机组AGC自动功率控制功能，人为改变另外一台机组有功功率，或更改AGC给定值，检验AGC调节速率是否满足要求。

试验过程中，要检验机组调节是否稳定，调节速率是否满足规范要求。

4.4.4　思林发电厂功率模式一次调频试验实例

思林发电厂是乌江干流上开发的第六级大型水电厂，位于贵州省思南县境内的乌江下游，距离思南县城22km，距离省会贵阳市350km。思林发电厂安装有4台水轮发电机组，单机容量为262.5MW，总装机容量为1050MW。思林发电厂3号机组水轮机由上海希科水电设备有限公司生产，发电机由哈尔滨电机厂有限责任公司生产，调速器由武汉能事达电气股份有限公司生产。2017年3月，思林发电厂对3号机组调速器进行改造，增加了功率控制模式功能。

1. 一次调频负荷调节参数选择

机组开机并网带负荷，将调速器切为功率模式、自动运行方式。根据当时水头下的带负荷情况，将机组负荷调到70MW。投入一次调频功能，并设置$e_p=4.0\%$，人工频率死区$\Delta f_{RA}=0.050$Hz，一次调频复归频率（50 ± 0.040）Hz。

根据机组带负荷的实际情况，依据经验选择以下一次调频调节参数：

（1）第1组，$K_{P0}=2.0$、$K_{I0}=8.0$/s、$K_{D0}=0.0$s和$K_{P1}=2.0$、$K_{I1}=5.0$/s、$K_{D1}=0.0$s。

（2）第2组，$K_{P0}=2.0$、$K_{I0}=8.0$/s、$K_{D0}=0.0$s和$K_{P1}=2.0$、$K_{I1}=8.0$/s、$K_{D1}=0.0$s。

（3）第3组，$K_{P0}=3.0$、$K_{I0}=8.0$/s、$K_{D0}=0.0$s和$K_{P1}=3.0$、$K_{I1}=8.0$/s、$K_{D1}=0.0$s。

（4）第4组，$K_{P0}=4.0$、$K_{I0}=7.0$/s、$K_{D0}=0.0$s和$K_{P1}=4.0$、$K_{I1}=8.0$/s、$K_{D1}=0.0$s。

(5) 第5组，$K_{P0}=4.0$、$K_{I0}=7.0/s$、$K_{D0}=0.0s$ 和 $K_{P1}=4.0$、$K_{I1}=10.0/s$、$K_{D1}=0.0s$。

一次调频负荷调节参数测试结果见表4-3，功率模式一次调频调节参数选择如图4-6所示。

表4-3　一次调频负荷调节参数测试结果

调节参数	响应时间	稳定时间	调节稳定性	有功功率反调	超调量
第1组	偏大	偏大	波动较小	反调小	无超调
第2组	偏大	偏大	波动较小	反调小	无超调
第3组	偏大	适中	波动较小	反调小	无超调
第4组	适中	适中	波动较小	反调小	无超调
第5组	适中	偏大	波动较大	反调大	有超调

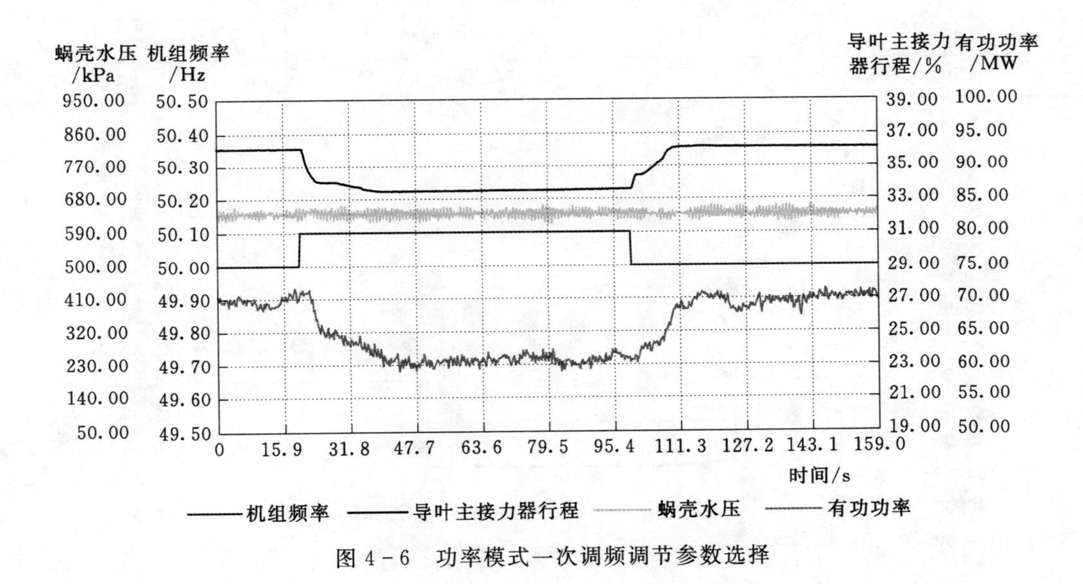

图4-6　功率模式一次调频调节参数选择

根据测试结果，在满足一次调频响应时间和稳定时间的前提下，选择调节稳定性好、反调小、无超调的调节参数，即第4组参数 $K_{P0}=4.0$、$K_{I0}=7.0/s$、$K_{D0}=0.0s$ 和 $K_{P1}=4.0$、$K_{I1}=8.0/s$、$K_{D1}=0.0s$ 作为该调速器功率模式时的一次调频运行参数。

2. 一次调频负荷调节时间测试

机组并网带负荷，将调速器切换为功率模式、自动运行方式。投入一次调频功能，并设置人工频率死区 $\Delta f_{RA}=0.050Hz$，一次调频复归频率 $(50\pm0.040)Hz$。将调速器调节参数设置为 $L=100.0\%$、$e_p=4.0\%$、$K_{P0}=4.0$、$K_{I0}=7.0/s$、$K_{D0}=0.0s$ 和 $K_{P1}=4.0$、$K_{I1}=8.0/s$、$K_{D1}=0.0s$；并将机组负荷调到70MW。待机组运行稳定后，分别向调速器测频回路发出49.850Hz、49.900Hz、50.100Hz、50.150Hz的频率信号，分别录取机组主接力器及有功负荷的变化曲线，测试机组主接力器及有功负荷的响应情况以及稳定情况。同理，调速器调节参数不变，将机组负荷调到190MW，分别向调速器测频回路发出 49.850Hz、49.900Hz、50.100Hz、50.150Hz 频率信号，分别录取机组主接力器及有功负荷的变化曲线，测试机组主接力器及有功负荷的响应情况以及稳定情况。测试结果如表 4-4 及图 4-7、图 4-8 所示。

表 4-4　　一次调频负荷调节时间测试数据表

机组负荷/MW	发频值/Hz	响应时间/s	稳定时间/s
70	49.850	1.96	33.83
	49.900	2.38	29.87
	50.100	2.21	24.09
	50.150	1.70	21.29
190	49.850	3.80	17.82
	49.900	3.63	17.49
	50.100	3.96	20.30
	50.150	3.47	32.01
平均值	—	2.89	24.59

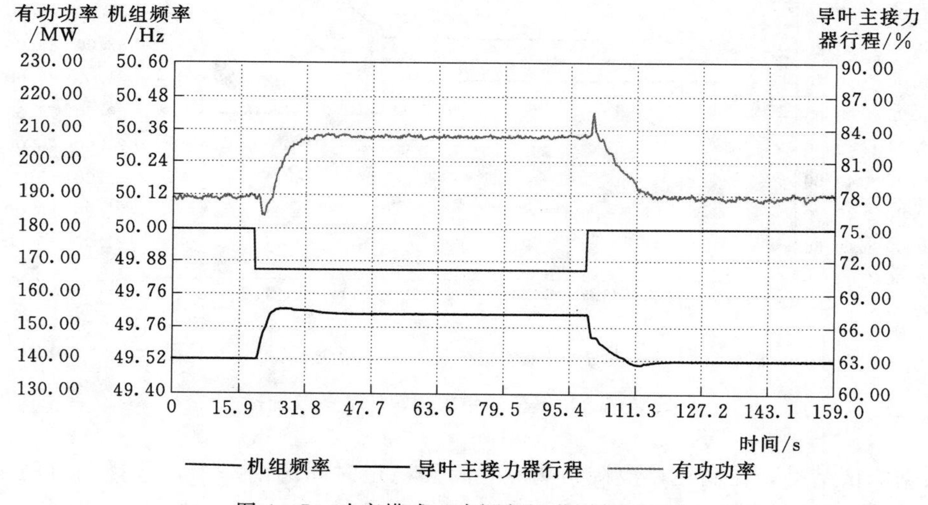

图 4-7　功率模式一次调频调节时间测试 1

调速器功率模式时，负荷响应滞后时间平均值为 2.89s，负荷调节稳定时间平均值为 24.59s。由于上游水位接近死水位，对于高开度下的负荷响应时间影响较大，高负荷条件下的响应时间超出一次调频规程的要求，但负荷响应时间平均值满足一次调频规程要求。

3. 一次调频跟踪电网响应测试

机组并网带负荷，将机组负荷调到 190MW，一次调频补偿频率 $f_E=0.020$Hz，一次调频复归频率 (50±0.010)Hz，调速器其他参数不变。实测机组主接力器行程及有功负荷响应电网频率的变化过程及规律。

测试结果如图 4-9 所示，从测试结果可知，在功率模式时，当电网频率超过设定的

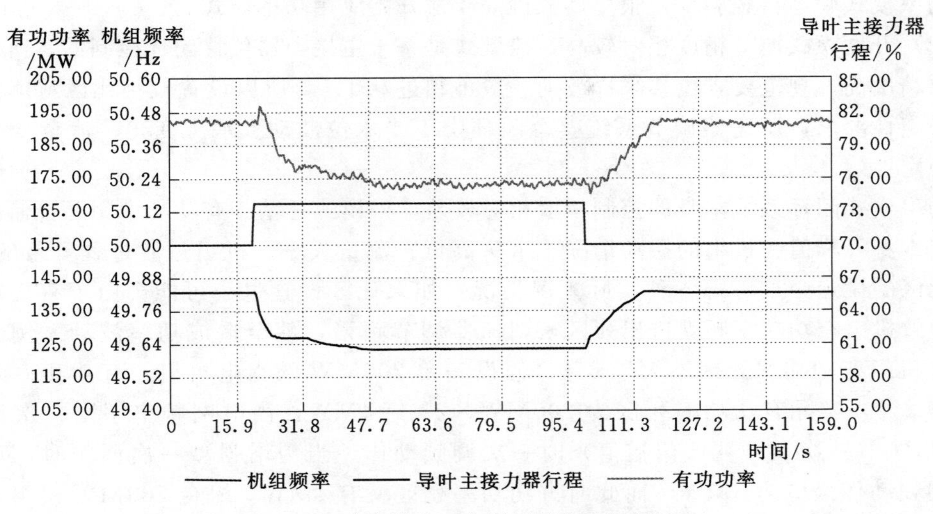

图 4-8 功率模式一次调频调节时间测试 2

频率死区时，机组的主接力器行程及有功负荷就随频率发生相应的变化，而且变化过程及变化规律都是符合一次调频要求的。

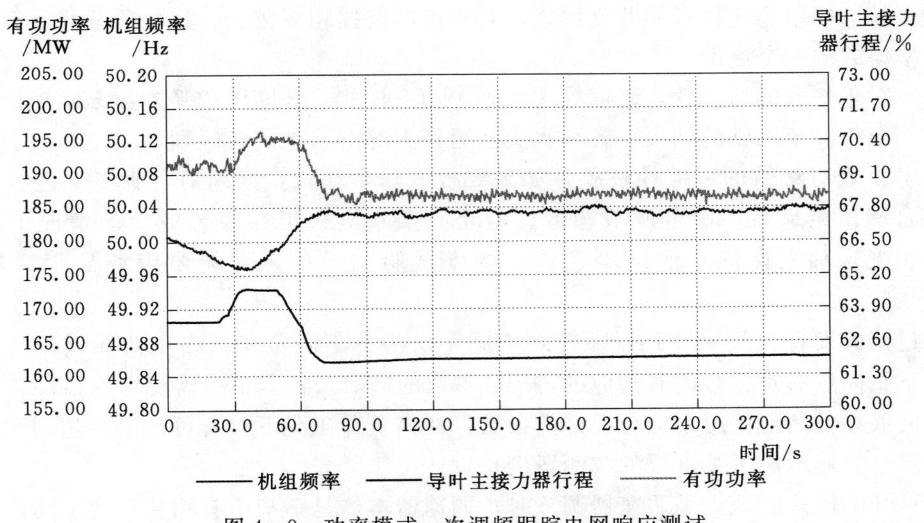

图 4-9 功率模式一次调频跟踪电网响应测试

4.5 调节系统功率模式和开度模式比较分析

4.5.1 功率模式和开度模式优缺点

(1) 开度模式在我国已经有较长时间的运行历史和经验，技术成熟，安全性、稳定性好。

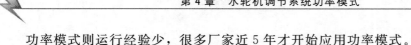

功率模式则运行经验少，很多厂家近5年才开始应用功率模式。

(2) 开度模式调节精度相对较高，该模式是基于主接力器位移闭环控制的，所用位移传感器精度高，规范要求位移采样波动一般不超过0.1%，所以设置较小死区就能满足系统的稳定性要求，调速器调节系统整个闭环中不受水位波动、水头变化、流量变化的影响，稳定性好。

功率模式闭环系统本身的控制精度相对较差，该模式是基于有功功率闭环控制的，有功功率本身峰峰值受机组的振动情况、水头高低、流量大小、机组过渡过程等量的影响，功率死区的设定必须考虑各种实际工况情况，如果死区设置过小可能会由于有功功率脉动，导致机组有功功率频繁进出死区，调速器调节频繁，甚至造成功率波动。例如：目前水电机组有功功率死区不大于3%，假设一台200MW的水电机组，有功功率死区设定值为2%，实际有功功率死区为200MW×2%=4MW，当电网频率超出一次调频死区0.05Hz（一次调频死区门槛值）时一次调频动作，当为增强型一次调频时，理论上一次调频动作量应为5MW，而此时有功功率死区就有4MW，一台200MW机组，即使在高效稳定区域，有功功率峰峰值也会超过1MW，实际调节效果不好，随机性大，在实测时发现此种情况在某些负荷点或者工况点可能会造成有功功率小幅波动，收敛较慢。

(3) 功率模式下的调速器相对开度模式要调节频繁，容易造成超调，在某些工况下，调节时间长，机组稳定性不如开度模式，对机组的磨损相对较大，这也是某些电厂不愿意投入功率模式的一个原因。

(4) 对于参数的适应性，开度模式要好于功率模式，开度模式受参数影响较小，同一台机组，根据多年测试的结果，各种水头及运行工况下，稳定性区别不大。

功率模式对参数的适应性较差，如果要投入功率模式，必须对各种工况进行详细测试，综合测试结果后，确定调节参数。但是大型水电机组在库容较大的情况下，要测试各种工况，加之具备其他试验条件、调度试验安排等，可能要跟踪最少一年以上时间。

经过试验发现：同一组PID参数对于同一水头下不同负荷（高负荷和低负荷）和不同水头下相同负荷是很难同时适应的，PID参数的选取及控制策略需要考虑各种工况的适应性。例如在低负荷工况下运行很好的参数，在高负荷工况下就有可能出现超调和波动较大的情况（文后给出了某电厂的实测案例）。

(5) 开度模式的缺点是调速器调节时，调速器本体是不知道有功功率大小的，只按照开度进行调节，在开度模式下一次调频也是按照开度进行调节的，所以有功功率动作量大小是受机组实际运行水头及效率影响的。

功率模式下，有功功率的大小是在调速器功率调节闭环中参与计算的，功率模式下一次调频是按照有功功率调节的，所以功率模式下一次调频不管在任何工作水头下，动作量理论上是不变的。

(6) 功率模式下一次调频参数在一般情况下，调节速度不宜过快，否则容易引起超调，功率波动大，稳定时间长。

(7) 开度模式调速器本身计算闭环中不受水流惯性及脉动特性的影响，但功率模式调

速器本身计算闭环中涵盖了水流惯性和脉动特性的影响。

总之，为解决参数的适应性问题，功率模式应采取变参数，但目前的变参数一般只是针对负荷变化量的大小进行变参数，尚未见到针对其他因素（如运行水头变化、水流惯性时间常数的变化、水流脉动特性的变化等）进行参数调节的。

4.5.2 功率模式试验实测数据对比分析

对某电厂3号机组功率模式试验实测数据进行对比分析，所有试验结果调速器参数设置均相同，功率调节参数为 $K_{P0}=2.0$、$K_{I0}=8.0/s$、$K_{D0}=0.0/s$ 和 $K_{P1}=4.0$、$K_{I1}=8.0/s$、$K_{D1}=0.0/s$，一次调频调节参数为 $K_{P0}=4.0$、$K_{I0}=7.0/s$、$K_{D0}=0.0s$ 和 $K_{P1}=40.0$、$K_{I1}=8.0/s$、$K_{D1}=0.0s$。

试验数据分别来自于两个水头：

（1）上游水位为 $\nabla_{上}=431.50m$，下游水位为 $\nabla_{下}=366.50m$，电站水头为 $H_g=65.00m$。

（2）上游水位为 $\nabla_{上}=437.00m$，下游水位为 $\nabla_{下}=365.00m$，电站水头为 $H_g=72.00m$。

1. 不同水头下功率模型下负荷阶跃试验比对

当电站水头为 $H_g=65.00m$ 时，测试结果如图4-10所示。从试验结果来看，在该水头下，机组调节稳定。

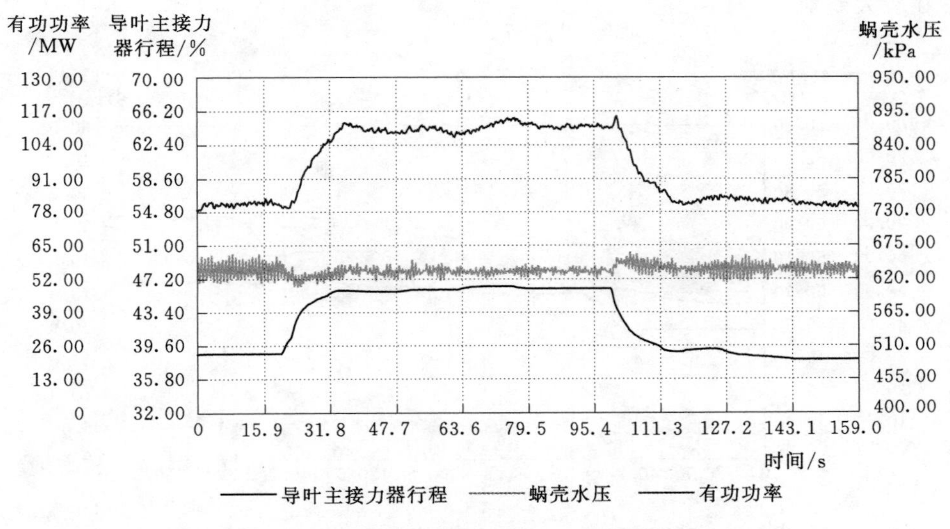

图4-10 负荷扰动试验（65.00m水头）

当电站水头为 $H_g=72.00m$ 时，测试结果如图4-11所示。从试验结果来看，机组有功功率存在较大超调，调节稳定性相对较差。

通过对比试验可知，功率模式受水流惯性及水锤效应的影响较大，但是目前尚未见到实际运行的调速器对水头影响的考虑。

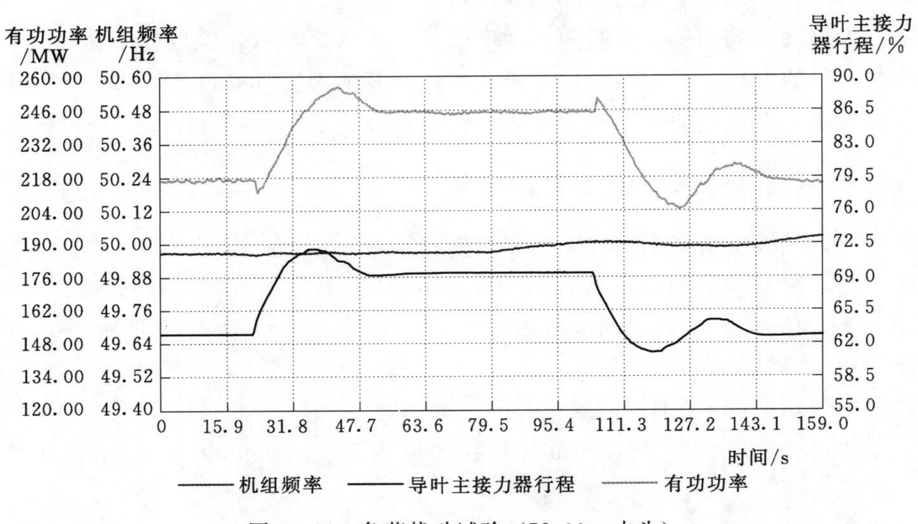

图 4-11　负荷扰动试验（72.00m 水头）

2. 相同水头下高负荷段和低负荷段负荷调节性能比对

同一机组在相同参数下，机组带不同负荷，所表现出来的调节性能也存在较大差异，从试验结果可知，低负荷段（图 4-12）调节性能好，运行稳定，高负荷段（图 4-13）出现较大超调现象。这是由于机组带不同负荷时，机组的流量不同，使得水流惯性及水锤效应存在较大差别。

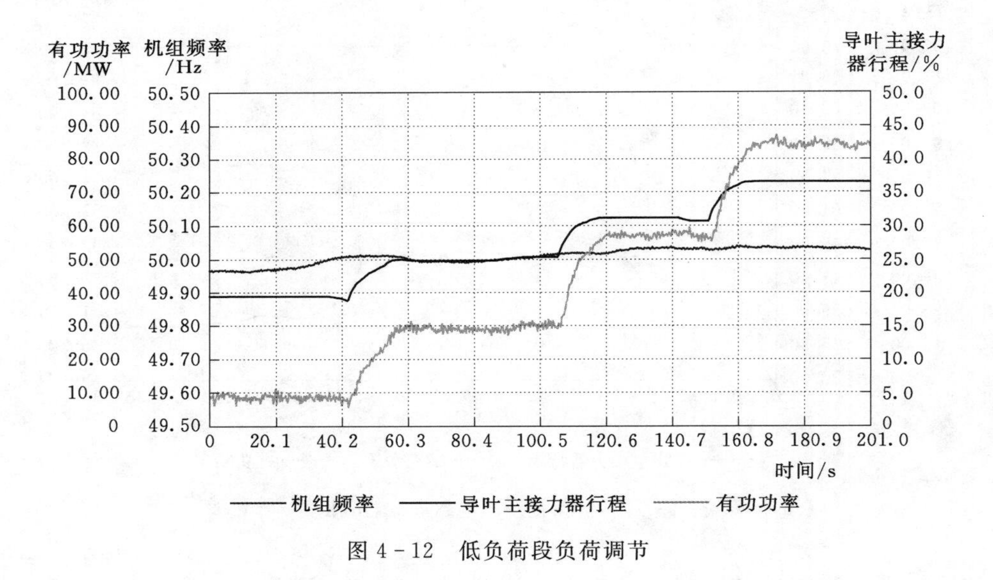

图 4-12　低负荷段负荷调节

3. 不同水头下一次调频频率扰动试验对比

当电站水头为 H_g=65.00m 时，进行 0.15Hz 一次调频频率扰动试验，测试结果如图 4-14、图 4-15 所示。从试验结果来看，在该水头下，机组调节稳定。

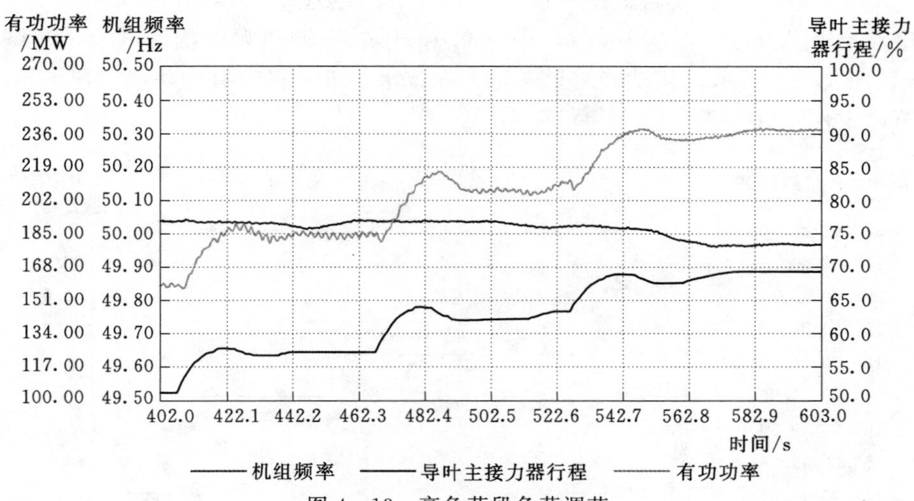

图 4-13 高负荷段负荷调节

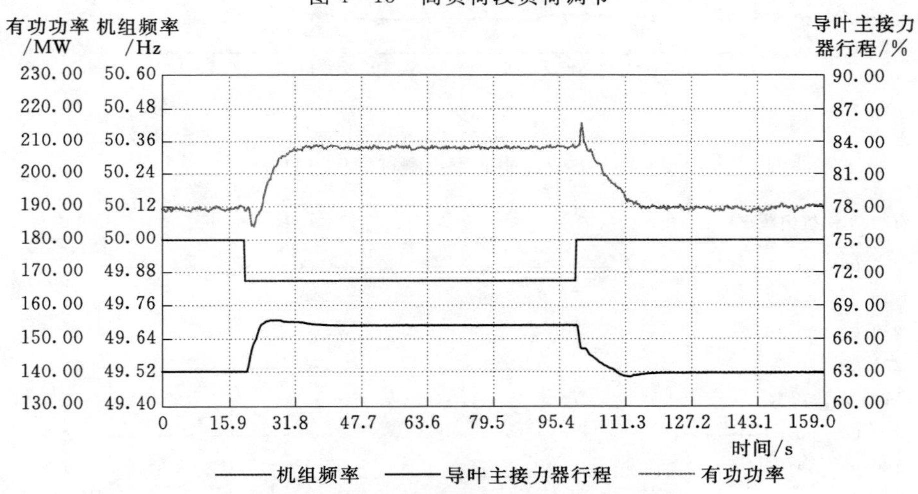

图 4-14 65.00m 水头测试（49.85Hz）

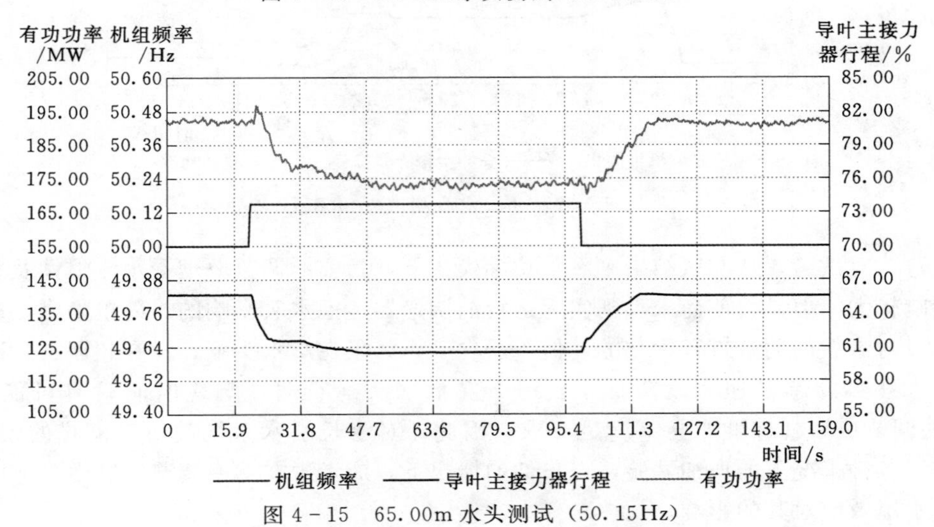

图 4-15 65.00m 水头测试（50.15Hz）

当电站水头为 $H_g=72.00$m 时，进行 0.15Hz 一次调频频率扰动试验，测试结果如图 4-16、图 4-17 所示。从试验结果来看，在该水头下，机组有功功率出现了超调现象，机组调节稳定性不好。

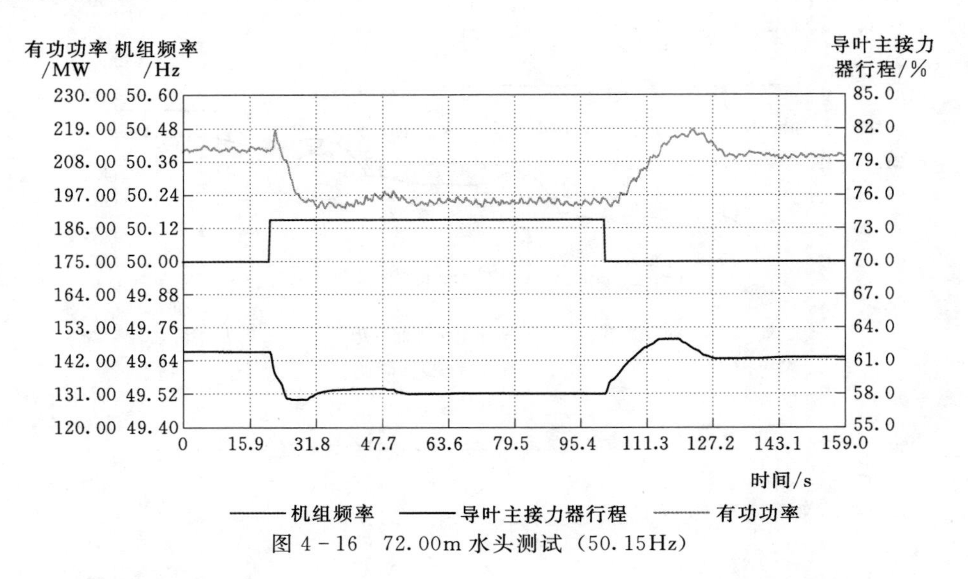

图 4-16　72.00m 水头测试（50.15Hz）

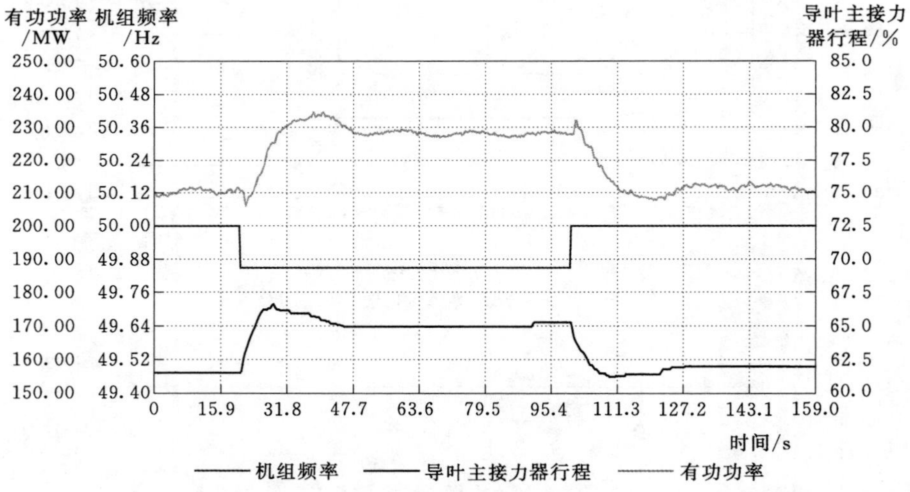

图 4-17　72.00m 水头测试（49.85Hz）

通过比对试验，从测试结果来看，功率模式下，目前的调节原理受水流惯性及水锤效应的影响较大，但是目前尚未见到实际运行的调速器考虑水头影响的。简单来讲，超调是可以通过对参数的调节进行优化的，但矛盾在于，如果在高水头下，没有超调了，调节性能好了，参数的调节速率就降低了，那么在低水头运行时，响应时间就有可能超标，AGC 的调节速率就有可能会不满足要求。因此，对于长引水系统，功率模式的投运前，应该进行各种工况下的详细试验，有条件的情况下，应考虑在功率调节运算中，考虑水流惯性及水锤效应对其的影响。

第5章 水轮机调节系统入网调整试验方法

5.1 概　　述

电网的安全稳定运行作为经济发展、社会稳定的重要基础，一直受到各国的高度关注。特别是随着经济的发展、人民生活水平的提高，人们对电力的需求和依赖性越来越强，对供电稳定性的要求也越来越高。

随着现代电力系统电源容量不断增大，发电机组对电力系统稳定的影响日益增强。电源和电网是相互作用不可分割的整体，许多电力系统事故都是由于电源和电网缺乏协调导致的。

随着电网特高压输电工程的建成投入、发电厂单机容量的不断增加以及联网区域的进一步扩大，电网安全稳定问题日趋复杂。局部电网的某些问题若处理不当，其影响将波及邻近的广大地域，并可能诱发恶性连锁反应，最终酿成大面积停电或电网解列的重大系统事故。

近年来我国电网多次出现由于水电机组调速系统的缺陷引发的功率波动、功率超调、甩负荷、过负荷等现象，电源控制系统动态品质对电网运行的影响等问题也日益突出，据统计，我国电网多次出现电源侧调速系统引起电力系统低频振荡事件，在《南方电网近年来的功率振荡事件分析》（苏寅生，南方电网技术，2013）一文中指出，在2008—2012年出现的15次功率振荡事件中，有8次由调速系统的问题引起，达60%。水电机组的调节系统是水电机组动态品质的核心设备，其关键性指标直接关乎电网的安全、稳定、供电质量等，因此有必要以电网安全、稳定、供电质量为出发点，研究水电机组调节系统入网技术条件及入网安全检测方法。

本章以提高电网安全、稳定、供电质量为出发点，通过多年调速器入网试验、调速器特性试验、一次调频试验和建模测试经验的总结，结合机网协调工作及相关规范，详细说明调节系统入网检测方法，重点介绍电站现场调试试验。

5.2 调整试验的内容及相关规定

5.2.1 试验的分类及内容

调整试验分为型式试验、出厂试验和电站调试三类。型式试验是为了验证产品能否满足技术规范的全部要求所进行的试验。新产品只有通过型式试验，才能正式投入生产。出厂试验一般指电液调节装置各部分安装完毕，具备充油、充气、通电条件，液压系统工作介质及电源符合相关规范规定后，设备厂家进行的设备初步检测及调试。电站调试一般分为两个阶段：第一阶段是静态调试，即机组充水前调试；第二阶段是动态调试，即机组充水后调试。电站调试的过程及入网检测的过程按照试验条件及阶段，一般分为静态试验、空载试验、带负荷试验。

1. 静态试验

（1）测频回路校准试验。

（2）接力器开关时间调整试验。

（3）调节系统静态特性试验。

（4）运行方式及模式模拟切换试验。

（5）静态故障模拟试验。

（6）频率死区测试。

2. 空载试验

（1）手动空载频率摆动试验。

（2）空载参数选择试验。

（3）空载故障模拟试验。

（4）自动开机至空载试验。

3. 带负荷试验

（1）负载运行方式及模式切换试验。

（2）负载故障模拟试验。

（3）负载参数选择试验。

（4）甩负荷试验。

5.2.2　试验前应具备的条件

电液调节装置各部分安装完毕，充油、充气、通电，液压系统工作介质及电源符合相关规范规定后，设备厂家进行设备初步检测及调试，油压装置调整试验完毕，已经投入自动运行。

在进行机组充水后的试验时，被控制机组及其控制回路、励磁装置和有关辅助设备均安装、调试完毕，并完成了规定的检查与模拟试验，具备开机条件。

5.2.3　检测试验参考的规范

（1）《水轮机控制系统技术条件》（GB/T 9652.1—2007）。

（2）《水轮机控制系统试验》（GB/T 9652.2—2007）。

（3）《水轮机电液调节系统及装置技术规程》（DL/T 563—2016）。

（4）《水轮机调节系统及装置运行与检修规程》（DL/T 792—2013）。

（5）《水轮机调速系统测试与实时仿真装置技术规程》（DL/T 1120—2018）。

（6）《水轮机调节系统并网运行技术导则》（DL/T 1245—2013）。

（7）《水轮发电机组启动试验规程》（DL/T 507—2014）。

5.2.4 水轮机调节系统重要试验内容及周期

依据《水轮机调节系统及装置运行与检修规程》(DL/T 792—2013)中的规定及检修经验，重要试验应参照以下周期进行：

(1) 一年进行一次试验项目。测频检测试验；位移传感器调整试验；接力器开启时间与关闭规律检测试验；故障模拟试验；操作回路动作试验；油泵运转及检查；安全阀及阀组试验；油压装置各油压、油位信号整定校验；油压装置自动运行模拟试验。

(2) 相应功能改变后进行试验项目。控制模式切换；静特性试验；协联关系试验；导叶（喷针）间同步试验；空载试验；甩负荷试验；接力器不动时间测试；带负荷连续运行72h；接力器压力和密封试验；一次调频试验，AGC调节试验；黑启动及孤立运行试验；模型参数测试。

(3) A/B级检修后试验项目。控制模式切换；静特性试验；协联关系试验；导叶（喷针）间同步试验；空载试验；甩负荷试验；接力器不动时间测试；带负荷连续运行72h；接力器压力和密封试验；AGC调节试验；黑启动及孤立运行试验。

5.3 静 态 试 验

5.3.1 试验条件

电液调节装置各部分安装完毕，充油、充气、通电，液压系统工作介质及电源符合相关规范规定后，设备厂家进行设备初步检测及调试，油压装置调整试验完毕，已经投入自动运行。

转轮室排水至无水压，或与尾水平压，机组处于静态条件下。

5.3.2 测频回路校准试验

通过高精度频率发生器，对频率信号整形电路的各路频率输入通道分别输入与实际电压互感器（TV）信号电压相当的频率信号（包括系统TV、发电机机端TV），以及反映机组大轴转速的齿盘探头脉冲信号，逐一改变信号频率，记录频率测量值与输入值。

一般情况下，发频值45～75Hz每5Hz一个步长；49.50～50.50Hz每0.05Hz一个步长。记录表见表5-1。

表5-1 测频回路校准记录表 单位：Hz

发频值	实测值		发频值	实测值	
	下限值	上限值		下限值	上限值
45			49.50		
50			49.55		
55			49.60		
……			……		
75			50.50		

频率测量分辨率，对于大型调节装置及重要电站的中小型调节装置，应小于 0.003Hz；对于一般中小型调节装置，应小于 0.005Hz；对于特小型调节装置，应小于 0.01Hz。

5.3.3　接力器开关时间调整

1. 试验方法

接力器的开启及关闭时间一般分为：手动运行方式下最快开启和关闭时间；自动方式下向电液调节装置突加全开、全关的控制信号，即自动开启和关闭时间；快速事故停机阀（紧急停机电磁阀）动作关机时间；事故配压阀动作关机时间。

所有情况下测得的开关机时间应一致，误差宜在 0.5s 以内，且满足调节保证计算设计要求和机组运行的要求。

对于直线开启和关闭，取接力器在 25％～75％之间运动时间的两倍作为接力器的开启和关闭时间，以排除接力器两端的缓冲段对测量时间的影响。

当接力器具有分段关闭装置时，应在直线关闭时间调整完毕后再投入分段关闭装置，按调节保证计算设计要求调整接力器全行程关闭时间和拐点位置，调整后用自动记录仪记录接力器开、关过程曲线。

对于不同结构的主配压阀、事故配压阀，可通过调整阀芯行程的限位或改变节流孔大小来调整接力器的开启及关闭时间。

主配压阀上通过调整开启和关闭方向限位螺母来整定开机和关机时间。对于要求分段关闭的机组，首先在主配压阀上通过调整关闭方向限位螺母来整定第一段关机时间，即在主配压阀上整定的是最快区间的关机速率，调整好快速关闭时间后，再调整慢速关机时间（第二段关机时间），慢速区间关机速率设置在分段关闭装置上实现。

当事故配压阀工作于起作用的位置时，由事故配压阀整定接力器第一段关机时间，所以，有事故配压阀的调速器应保证主配压阀和事故配压阀都能满足第一段关闭要求，要分别进行整定。

2. 接力器开启和关闭实测

机组处于停机状态，水轮机进水口工作闸门关闭，工作闸门操作油源关闭，蜗壳无水压或与尾水平压。调速器操作油源全开，主接力器锁锭拔出。将调速器切为机械手动运行方式，手动操作调速器，使水轮机活动导叶由全关动作到全开，测试活动导叶的全开时间，测试结果如图 5－1 所示。由测试结果可知，活动导叶的全开时间为 23.10s，设计关机时间为 23s，符合规程及设计的要求。

将调速器切为机械手动运行方式，手动操作调速器，使水轮机活动导叶动作到全开，人为动作调速器的紧急停机电磁阀，测试调速器的紧急关机时间，设计关机时间为 12s，其中第一段关机时间为 3s，第二段关机时间为 9s，分段拐点为 74％开度。测试结果如图 5－2 所示。由测试结果可知，活动导叶设置为分段关闭，其中第一段关闭时间为 2.57s，第二段关闭时间为 9.40s，两段关闭总时间为 11.97s，实测拐点开度为 73.77％。紧急停机电磁阀的紧急关机过程及关机时间符合规程及设计的要求。

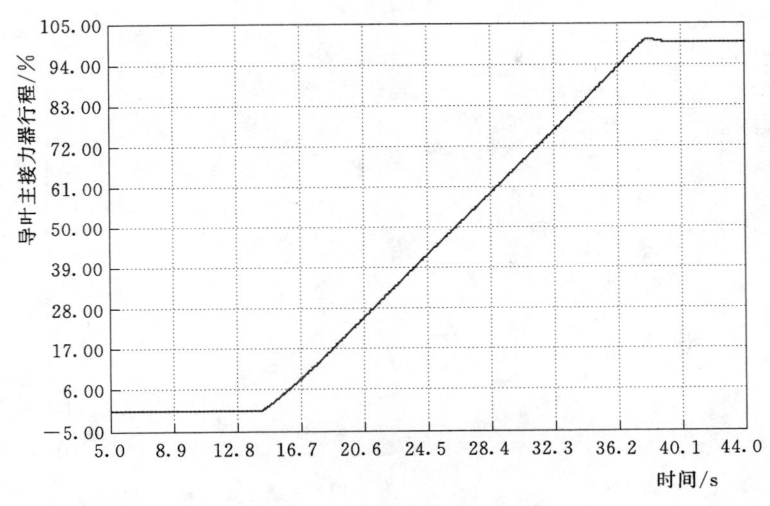

图 5-1 活动导叶全开时间测试

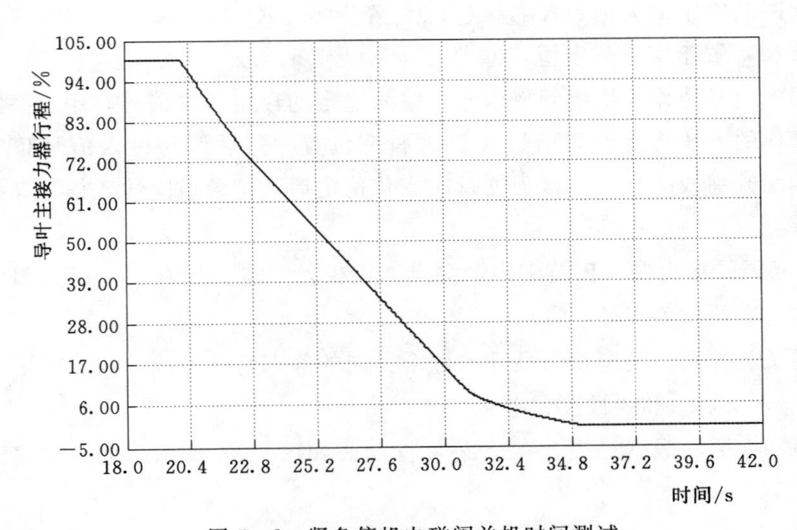

图 5-2 紧急停机电磁阀关机时间测试

将调速器切换为机械手动运行方式，手动操作调速器，使水轮机活动导叶动作到全开，人为动作机组的事故配压阀，测试机组的事故停机时间，测试结果如图 5-3 所示。由测试结果可知，活动导叶设置为分段关闭，其中第一段关闭时间为 2.55s，第二段关闭时间为 9.43s，两段关闭总时间为 11.98s，实测拐点开度为 74.26%。事故配压阀的关机过程及关机时间符合规程及设计的要求。

5.3.4 调节系统静态特性试验

调节系统处于模拟的并网发电状态，开环增益置于整定值，人工频率/转速死区 E_f

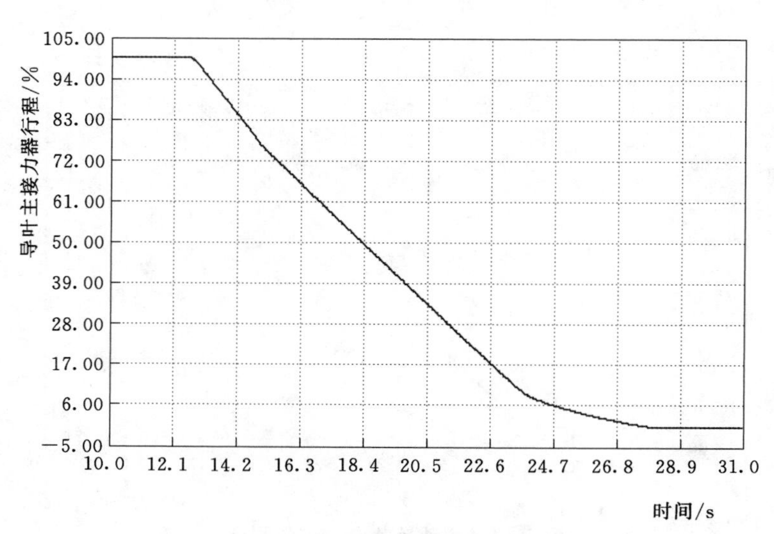

图5-3　事故配压阀关机时间测试

置于零，开度限制置于最大值，K_D（或 T_n）置于零，K_I 置于最大值（或 T_d 置于最小值），K_P（或 b_t）置于实际整定值，b_p 置于4%（或6%）。

由外接频率信号源作为机组频率信号。输入稳定的额定频率信号，用功率给定或开度给定或手动操作的方法将接力器调整到50%行程位置。然后调整输入信号频率值，使之按一个方向逐次升高或降低，在接力器每次变化稳定后，记录该次输入信号频率值及相应的接力器行程。

在5%～95%的接力器行程范围内，测点不得少于8点。如有1/4以上测点不在曲线上或测点反向，则此试验无效。

根据上述试验数据，绘制接力器开关两个方向的静态特性曲线，用作图法或一元线性回归法求出转速死区 i_x 和线性度误差 ε。

某电厂静特性测试数据见表5-2，静特性曲线如图5-4所示，静特性实测数据见表5-3。

表5-2　　测试数据

频率/Hz	48.50	48.70	48.90	49.10	49.30	49.50	49.70	49.90	50.10	50.30	50.50	50.70	50.90	51.10	51.30	51.50
关方向导叶主接力器行程/%	99.61	93.76	86.70	80.15	73.47	66.82	60.20	53.43	46.59	40.04	33.37	26.78	20.15	13.29	6.75	−0.01
开方向导叶主接力器行程/%	99.69	93.07	86.62	79.79	73.16	66.50	60.03	53.15	46.45	39.95	33.19	26.58	19.94	13.25	6.60	−0.01

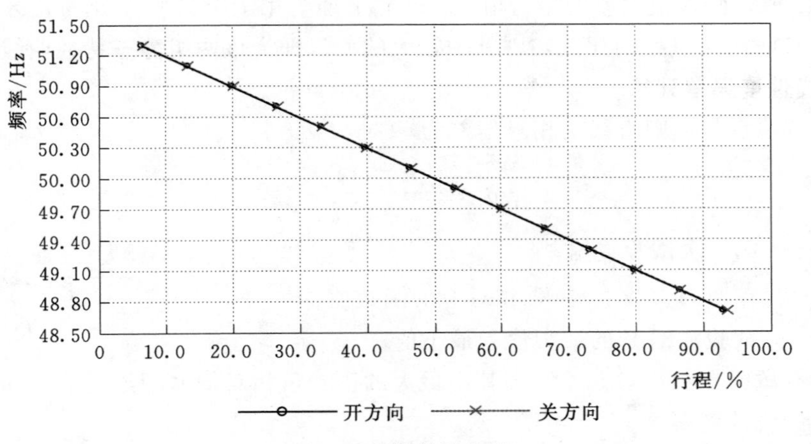

图 5-4 静特性曲线

表 5-3 **静特性实测数据**

测试项目	第一次实测		第二次实测		第三次实测		平均值
	关方向	开方向	关方向	开方向	关方向	开方向	
永态转差系数	6.00	6.00	6.01	6.00	6.00	6.00	6.00
非线性度	0.32	0.32	0.37	0.37	0.39	0.39	0.36
转速死区	0.0165		0.0156		0.0129		0.0150

除了作图法、最小二乘法，还可采用一元线性回归分析法对电液调节装置、随动装置以及其他环节和装置的静态特性试验结果进行数据处理，求出其死区、不准确度和线性度误差。

5.3.4.1 回归直线方程的参数计算

根据一元线性回归理论，某直线与全部观测数据 X_i（$i=1, 2, \cdots, n$）的离差平方和比其他任何直线与全部观测数据的离差平方和都小，则该直线就是代表 Y 与 X 之间关系最为合理的一条直线，并称之为 X 和 Y 之间的回归直线，其直线方程为

$$\hat{Y}=a+bX \tag{5-1}$$

其中
$$a=\frac{1}{n}\sum_{i=1}^{n}Y_i-b\frac{1}{n}\sum_{i=1}^{n}X_i$$

$$b=\frac{\sum\limits_{i=1}^{n}X_iY_i-\frac{1}{n}\left(\sum\limits_{i=1}^{n}X_i\right)\left(\sum\limits_{i=1}^{n}Y_i\right)}{\sum\limits_{i=1}^{n}X_i^2-\frac{1}{n}\left(\sum\limits_{i=1}^{n}X_i\right)^2}$$

式中 X_i，Y_i——第 i 个试验点测得的两个数据；

n——该组试验中试验点的个数。

5.3.4.2 死区计算

为计算死区，应在同一试验条件下进行正向和反向两组静态特性试验，然后用上述的方法求出两条相应的回归直线方程，$\hat{Y}_1=f_1(X)$ 和 $\hat{Y}_2=f_2(X)$，然后求出同一 X_i 值对

应的 $\hat{Y}_1$ 和 $\hat{Y}_2$ 值，则两值之差的绝对值 $|\hat{Y}_1-\hat{Y}_2|$ 即为第 i 个试验点处的死区。求出规定范围内回归直线两端点处的死区，则其中较大的死区即为该两组静态特性曲线的死区。

5.3.4.3　线性度误差计算

第 i 个试验点与回归直线的相对偏差为

$$\delta_i=\frac{\hat{Y}_i-Y_i}{Y_{max}-Y_{min}} \tag{5-2}$$

式中　Y_i——第 i 次试验数据；

$\hat{Y}_i$——在回归直线上与 X_i 相对应的函数值；

Y_{max}，Y_{min}——试验数据 Y 的最大值和最小值。

求出所有试验点的相对偏差，则其中最大的正、负相对偏差的绝对值之和，即为该静态特性曲线的线性度误差 ε。

5.3.4.4　应用注意事项

当采用本方法计算电液调节装置的转速死区 i_x 和其静态特性的线性度误差 ε 时，横坐标为接力器行程，纵坐标为输入频率（或转速）。试验应在 10%～90%的接力器行程范围内进行。按第 2 部分求得的死区转化为频率（或转速）相对值，即为电液调节装置的转速死区 i_x。如将横坐标与纵坐标所表示的物理量互换，即可求出随动装置的不准确度 i_a。

5.3.4.5　应用举例

测得某电液调节装置接力器的开启和关闭两个方向的静态特性试验数据，见表 5-4，其接力器最大行程为 800mm，试用一元线性回归分析法求其转速死区 i_x 和线性度误差 ε。

表 5-4　实例的试验数据

序号 i	开启方向		关闭方向	
	接力器位移 X_t/mm	输入频率 Y_t/Hz	接力器位移 X_t/mm	输入频率 Y_t/Hz
1	204.5	50.8	708.0	49.0
2	261.0	50.6	654.0	49.2
3	312.5	50.4	604.5	49.4
4	365.0	50.2	536.0	49.6
5	421.0	50.0	477.0	49.8
6	472.5	49.8	422.5	50.0
7	532.5	49.6	368.5	50.2
8	601.0	49.4	315.0	50.4
9	651.0	49.2	263.5	50.6
10	703.0	49.0	207.0	50.8

1. 根据试验数据求回归直线方程

根据开启方向的试验数据计算得

$$\sum_{i=1}^{n}X_i=4524$$

$$\frac{1}{n}\sum_{i=1}^{n}X_i = 452.4$$

$$\sum_{i=1}^{n}X_i^2 = 2304087$$

$$\sum_{i=1}^{n}Y_i = 499$$

$$\frac{1}{n}\sum_{i=1}^{n}Y_i = 49.9$$

$$\sum_{i=1}^{n}X_iY_i = 224826.3$$

将上述结果代入各公式即可求得

$$b = -0.00357884,\ a = 51.51907$$

故开启方向试验数据的回归直线方程为

$$\hat{Y} = 51.51907 - 0.00357884X \tag{5-3}$$

用同样方法可得关闭方向试验数据的回归直线方程为

$$\hat{Y} = 51.52463 - 0.00356591X \tag{5-4}$$

2. 转速死区 i_x 的计算

分别求出接力器行程为 10% 和 90% 时的死区。

当接力器行程为 10% 时（即 $X=80\text{mm}$），将 X 值代入式（5-3）和式（5-4），得

$$\hat{Y}_1 = 51.232766\ (\text{Hz})$$

$$\hat{Y}_2 = 51.239358\ (\text{Hz})$$

故该点死区为

$$|\hat{Y}_1 - \hat{Y}_2| = 0.006592\ (\text{Hz})$$

同理求出当接力器行程为 90% 时（即 $X=720\text{mm}$）的死区为

$$|\hat{Y}_1 - \hat{Y}_2| = 0.014848\ (\text{Hz})$$

取其中较大者（即 0.014848Hz），转化为频率相对值，则该电液调节装置的转速死区为

$$i_x = \frac{0.014848}{50} \times 100\% = 0.029696\% \approx 0.03\%$$

3. 线性度误差 ε 的计算

以开启方向的试验数据为例，将各 X_t 值代入开启方向试验数据的回归直线方程，分别求出相应的 $\hat{Y}_i$ 值。另由试验数据可知

$$Y_{max} - Y_{min} = 50.8 - 49.0 = 1.8\ (\text{Hz})$$

将各 $\hat{Y}_i$ 及相应的 Y_i 代入式（5-2），求出各试验点的 Y_i 与回归直线的相对偏差 δ_i。

在所有 δ_i 中找出最大的正值 $\delta_5 = 1.56038\%$ 及最大的负值 $\delta_8 = -1.76604\%$。

从而求得该静态特性的线性度误差为

$$\varepsilon = |\delta_5| + |\delta_8| = 3.32642\% \approx 3.33\%$$

5.3.5　运行方式及模式模拟切换试验

调节系统模拟并网态，调速器在机械手动、电手动、自动方式下分别运行 3min，检查主接力器行程的漂移情况。使调速器在机械手动、电手动、自动之间任意切换，检查主接力器行程的漂移情况。使调速器在开度、频率、功率等模式之间任意切换，检查主接力器行程的漂移情况。具有多套控制系统（如 PLC、电液转换器等）的，应进行各套系统切换试验，检查主接力器行程的漂移情况。主接力器行程的漂移量应满足规程要求：接力器在机械手动稳定位置时 30min 内位移漂移量应不大于 1%；在输入转速信号恒定的条件下接力器摆动值 Δy，对大型电液调节装置不得超 0.2%，对中小型电液调节装置不得超 0.3%；相互切换时，水轮机主接力器的行程变化不得超过其全行程的 2%。静态模拟切换试验数据见表 5-5。

表 5-5　　　静态模拟切换试验数据表

试验项目	主接力器行程/%			是否满足要求
	Y_{min}	Y_{max}	ΔY	
机械手动运行 3min				
电手动运行 3min				
自动运行 3min				
运行方式切换				
控制模式切换				
工作套机切换				
电液转换器切换				

5.3.6　静态故障模拟试验

调节系统模拟并网态，模拟调速器的交流电源、直流电源分别断电，两个电源同时断电，检查主接力器行程的漂移情况。模拟调速器的机频断线（图 5-5）、主接反馈断线、辅接反馈断线、功率反馈断线，检查主接力器行程的漂移情况，并满足如下要求：

（1）水轮机调节系统应能诊断机组频率测量故障，对于采用多通道测频方式的调速器，当主用测频通道信号故障时，应自动切换至备用测频通道稳定运行，切换过程中水轮机主接力器的位移变化不得超过其全行程的±1%，同时发出报警信息。当主、备通道机频信号全部消失时，在并网发电状态，应保持当前负荷，同时发出报警信息。

（2）水轮机调节系统应能诊断位移反馈信号故障，对于采用多通道位移反馈的调速器，当主用通道信号故障时，应自动切换至备用位移反馈信号稳定运行，切换过程中水轮机主接力器的位移变化不得超过其全行程的±1%，同时发出报警信息。

（3）当主、备通道位移反馈信号全部消失时，在并网发电状态，应保持当前负荷，同时发出报警信息。

（4）采用功率调节模式的调速器应能自动诊断有功信号故障，有功信号故障时应自行切换至开度调节模式运行，并保持当前负荷，切换过程中水轮机主接力器的位移变化不得超过其全行程的±1%，同时发出报警信息。

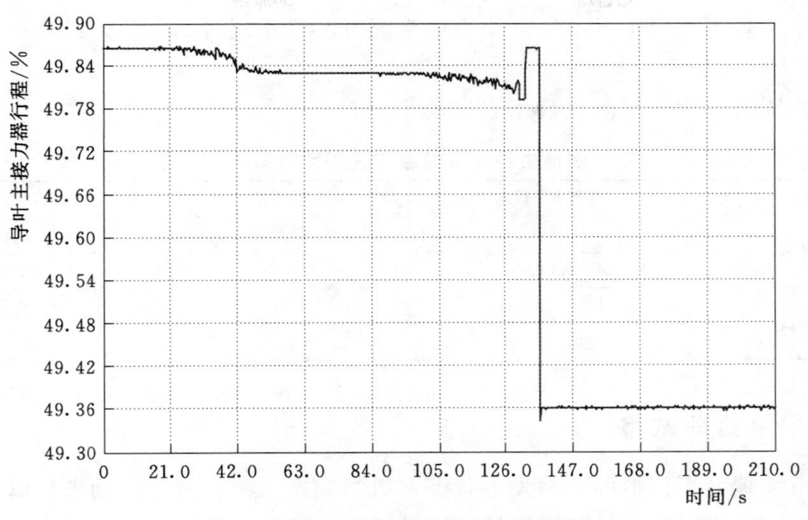

图 5-5 静态故障模拟试验——机频断线

(5) 工作电源和备用电源相互切换，以及主、备电源全部消失与恢复前后，水轮机主接力器的位移变化不得超过其全行程的±1%。

(6) 具有多微机调节器的调速器应能自动诊断微机调节器故障，调节器之间应能自动容错，主、备调节器切换时水轮机主接力器的位移变化不得超过其全行程的±1%，同时发出报警信息。

5.3.7 频率死区测试

频率死区测试可以采取静特性法和阶跃频率信号法。静特性法参见 5.3.4，本节主要介绍阶跃频率信号法。

电液调节装置处于模拟的并网发电状态，开环增益置于整定值，人工频率/转速死区 E_f 置于零，开度限制置于最大值，K_D（或 T_n）置于零，K_P、K_I（或 b_t、T_d）置于实际整定值，$b_p=4\%$。

输入稳定的额定频率信号，用“功率给定”或“开度给定”或手动操作的方法，将接力器调整至试验行程位置，一般根据机组负载态接力器运行范围选取两个行程作为试验位置。在额定频率的基础上，用正、负阶跃频率信号对电液调节装置进行阶跃扰动。

开始选取的阶跃信号幅值应小于被试电液调节装置可能最小转速死区的一半，在此信号作用下，接力器不产生运动；逐次增大阶跃信号幅值进行扰动，当信号幅值增至某值，接力器开始产生与此信号相对应的运动时，在该信号下重复 3 次正、负扰动，要求接力器的运动方向每次均与该信号的正、负正确对应，否则还应继续增大信号幅值，直至出现满足要求的最小信号；用同样的方法求出接力器在另一行程位置时满足要求的最小信号。

所得信号中的最大值的两倍即为该电液调节装置的转速死区。

试验中，每次扰动应在前次扰动引起的接力器运动稳定之后进行，阶跃频率信号和接力器行程信号应由自动记录仪记录。

一般应满足如下要求：以永态转差系数 b_p 为基数，大型电液调节装置不超过 0.5% b_p，

中型电液调节装置不超过1.5% b_p，小型电液调节装置不超过2.5% b_p，特小型电液调节装置不超过5% b_p。

调速系统固有频率死区测试数据表见表5-6。

表5-6　　调速系统固有频率死区测试数据表

测试顺序	发频值/Hz	35%开度	65%开度
向上测试	50.010	动作	动作
	50.008	不动作	不动作
向下测试	49.994	动作	动作
	49.996	不动作	不动作

5.3.8　模拟甩负荷试验

电液调节装置处于模拟的并网发电状态，机组频率为额定值，分别进行以下试验：

（1）人为断开调节系统断路器信号，同时通过频率发生器迅速增加频率至60～70Hz，然后缓慢降低机组频率至额定值，接力器应按调节保证计算要求的关闭规律与关闭时间关闭。

（2）油压装置切手动，通过对压力罐手动排气或排油与排气相结合的方法，使油压逐渐降至事故低油压，此时应触发监控系统或保护装置的事故停机流程，进而作用于电液调节装置的快速事故停机电磁阀，接力器按调节保证计算要求的关闭规律与关闭时间关闭。

机组模拟甩负荷实测如图5-6所示。

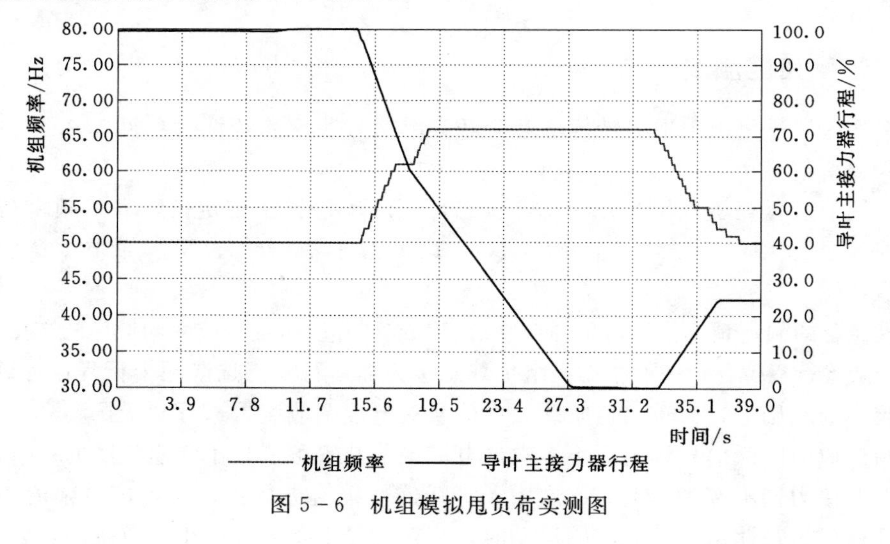

图5-6　机组模拟甩负荷实测图

5.4　空　载　试　验

5.4.1　试验条件

被控制机组及其控制回路、励磁装置和有关辅助设备均安装、调试完毕，并完成了规定的检查与模拟试验，具备开机条件。

机组已经进行首次手动开机，运行稳定，并进行过速试验，各种保护已经按照设计要求进行试验，励磁等辅助设备已经投入自动运行。机组开机并在空载工况稳定运行。

5.4.2 手动空载频率摆动试验

机组空载运行并稳定于额定转速后，励磁装置投入并置于自动运行方式，用自动记录仪测定机组手动空载工况下任意 3min 转速波动的峰峰值，重复测定 3 次，取平均值。

水轮机电液调节系统手动空载转速摆动规定值见表 5-7。

表 5-7　　水轮机电液调节系统手动空载转速摆动规定值　　%

机组型式	调节系统		
	大型	中型	小型、特小型
冲击式	±0.25	±0.25	±0.3
混流式	±0.2	±0.25	±0.35
轴流转桨或斜流式	±0.25	±0.35	±0.4
定桨式	±0.33	±0.35	±0.37
贯流式	±0.35	±0.4	±0.4
可逆混流式机组	±0.25	0.35	±0.4

若手动空载工况下接力器 30min 内位置漂移超出 1%，则本次试验结果无效，应对电液随动系统的平衡位置重新进行调整后，再行试验。

以某机组手动空载摆动测试为例：确认机组在空载工况稳定运行，空载开度为 15.00%。将调速器切为“手动”运行方式，并设置开度限制 $L=35.0\%$，永态转差系数 $b_p=0.0\%$。测量调速器在 3min 时间内频率摆动的最大值和最小值。连续测量 3 次，测试结果见表 5-8 及图 5-7。

表 5-8　　手动空载频率摆动试验数据表

运行方式	测次	实测 f_{min}/Hz	实测 f_{max}/Hz	实际差值 Δf/Hz	相对偏差/%	平均偏差/%
手动	1	49.935	49.998	0.063	0.126	0.126
	2	49.912	49.988	0.076	0.152	
	3	49.932	49.982	0.050	0.100	

试验结果表明：当调速器在“手动”运行方式时，其频率摆动值未超出±0.20%的规程规定值。

5.4.3 空载参数选择试验

1. 试验方法

手动空载运行状态下，将“频率给定 f_C”置于额定频率 50Hz，根据经验或调节保证计算理论推荐值预置一组调节参数，再将电液调节装置切至自动，使机组转速稳定于额定转速附近的稳态转速带。

在不同的调节参数组合下，观察能使机组稳定的调节参数范围。选择若干组有代表性

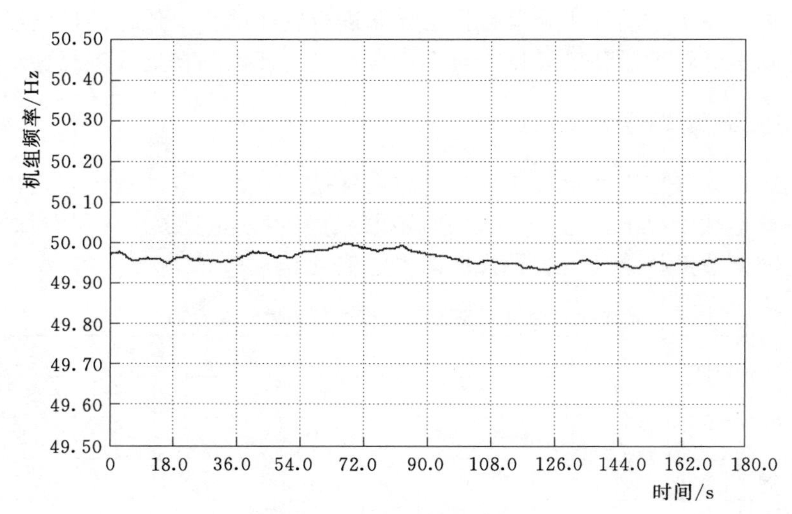

图 5-7　手动空载频率摆动试验结果

的调节参数，分别在上述各组参数下，通过改变"频率给定 f_C"的方法，对电液调节系统施加幅度不小于 4%额定转速的阶跃给定，记录机组转速和接力器行程等参数的过渡过程。

电液调节系统空载扰动响应过程的动态调节品质应满足如下要求：

(1) 频率变化衰减度 ψ 应不大于 25%。在频率调节过程中，与起始偏差符号相同的第 2 个转速偏差峰值 Δf_1 与起始偏差峰值 Δf_{max} 之比，即 $\psi=\Delta f_1/\Delta f_{max}$，如图 5-8 所示。

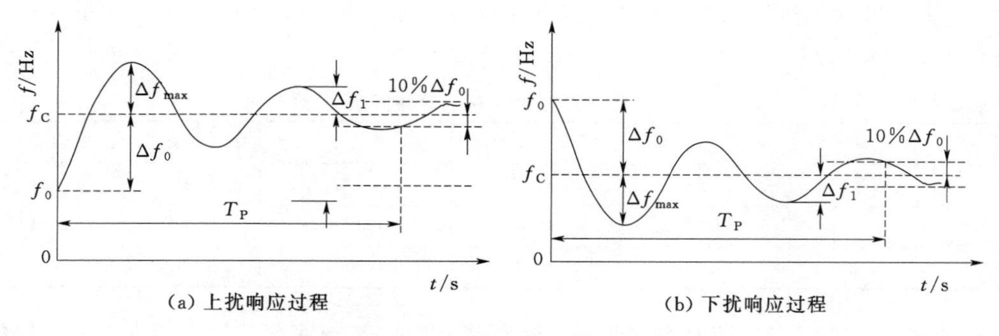

图 5-8　频率扰动响应调节过程

(2) 频率最大超调量 Δf_{max} 不得超过扰动量 Δf_0 的 35%。

(3) 扰动开始到调节稳定为止的调节时间 T_P 不得超过 25s。

(4) 在调节时间 T_P 内，频差超过±0.35Hz 的波动次数 Z 不得超过 2 次。

对满足要求的试验参数初选，然后进行自动情况下转速的摆动试验。每组参数测量 3 次，取平均值。当手动空载转速摆动相对值满足规定值时，任意 3min 内机组转速摆动相对值不得超过表 5-9 的规定值。手动空载转速摆动相对值不满足本标准规定值的机组，其自动空载 3min 内转速摆动相对值不得超过相应手动空载转速摆动相对值。

表 5-9　**水轮机电液调节系统自动空载转速摆动规定值**　%

机组型式	调节系统		
	大型	中型	小型、特小型
冲击式	±0.18	±0.18	±0.2
混流式	±0.15	±0.2	±0.25
轴流转桨或斜流式	±0.18	±0.25	±0.35
定桨式	±0.2	±0.3	±0.35
贯流式	±0.2	±0.33	±0.35
可逆混流式机组	±0.2	±0.25	±0.3

选定转速过渡过程超调量小、收敛快、波动次数少且转速摆动值最小的一组调节参数作为空载调节参数。

2. 某机组空载参数选择试验

确认机组在空载工况稳定运行，空载开度为17.27%。将调速器切为“自动”运行方式，并设置开度限制 $L=35.0\%$，永态转差系数 $b_p=0.0\%$。在正式试验之前，根据该调速器的性能特点，先粗略选择1组调速器调节参数，取2Hz的扰动量，作50Hz→48Hz的扰动，观察调速器的调节规律及调节量。在测试结果显示调节规律及调节量基本正常之后，再选择多组调速器调节参数，取4Hz的扰动量，分别作48Hz→52Hz的上扰扰动试验以及52Hz→48Hz的下扰扰动试验，测试调速器的空载扰动性能。测试结果详见表5-10及图5-9、图5-10。

表 5-10　**空载频率扰动试验数据表**

序号	调速器参数				扰动范围/Hz	机组频率变化/Hz			转速超调量/%	调节时间/s	振荡次数
	b_p/%	K_p	K_I/s^{-1}	K_D/s		扰前	峰值	扰后			
1	0.0	4.0	0.1	1.0	48→52	47.96	52.58	51.92	14.50	13.10	1.5
					52→48	52.00	47.88	48.11	3.00	9.26	0.5
2	0.0	3.0	0.1	1.5	48→52	47.97	52.25	52.03	6.25	9.38	1.0
					52→48	52.06	48.02	48.10	0.00	7.14	0.0
3	0.0	4.0	0.1	2.0	48→52	48.01	52.34	51.97	8.50	8.44	1.0
					52→48	52.00	47.99	48.00	0.00	6.44	0.0

试验结果表明，当调速器调节参数设置为 $K_P=3.0$、$K_I=0.1/s$、$K_D=1.5s$ 和 $K_p=4.0$、$K_I=0.1/s$、$K_D=2.0s$ 时，调速器空载扰动的调节性能均满足要求，可以作为调速器备选空载运行参数。

在上述试验结束后，进行自动频率摆动试验，进一步对调节参数进行优选。确认机组在空载工况稳定运行，空载开度为17.27%。将调速器切为“自动”运行方式，并设置开度限制 $L=35\%$，永态转差系数 $b_p=0.0\%$。调速器调节参数分别设置为 $K_p=3.0$、$K_I=0.1/s$、$K_D=1.5s$ 和 $K_p=4.0$、$K_I=0.1/s$、$K_D=2.0s$。分别测量调速器在3min时间内频率摆动的最大值和最小值，每组参数连续测量3次。测试结果详见表5-11及图5-11。

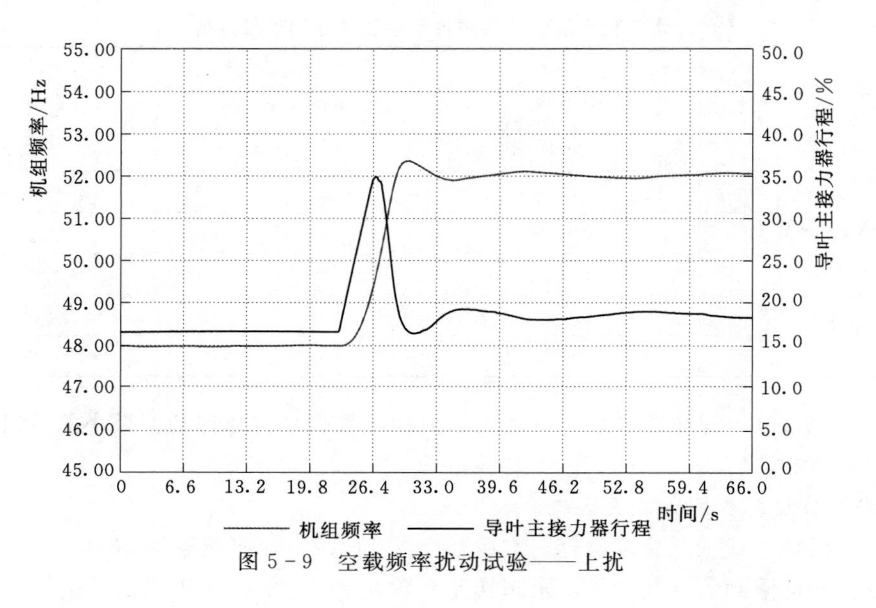

图5-9　空载频率扰动试验——上扰

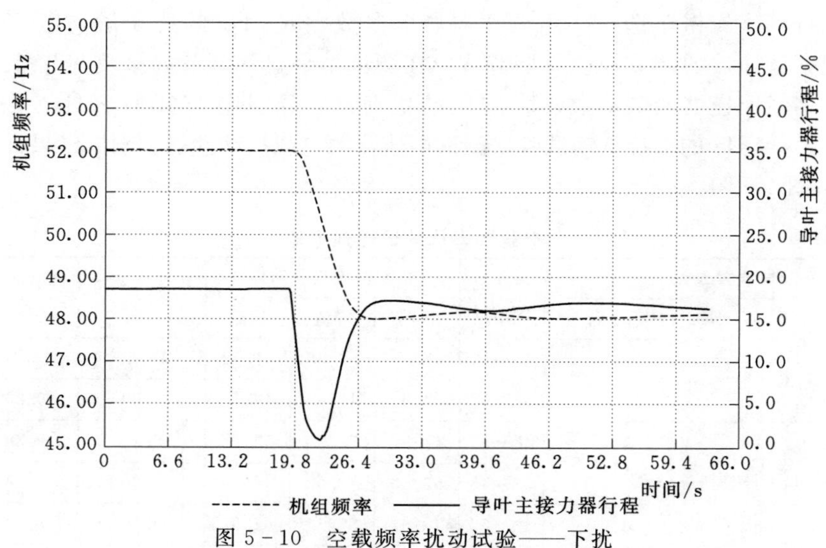

图5-10　空载频率扰动试验——下扰

表5-11　　空载频率摆动试验数据表

运行方式		测次	实测 f_{min} /Hz	实测 f_{max} /Hz	实际差值 Δf/Hz	相对偏差 /%	平均偏差 /%
自动	K_P=3.0 K_I=0.1/s K_D=1.5s	1	49.902	50.071	0.169	0.338	0.276
		2	49.937	50.069	0.132	0.264	
		3	49.928	50.043	0.114	0.228	
自动	K_P=4.0 K_I=0.1/s K_D=2.0s	1	49.923	50.055	0.132	0.264	0.258
		2	49.935	50.057	0.121	0.242	
		3	49.936	50.071	0.135	0.270	

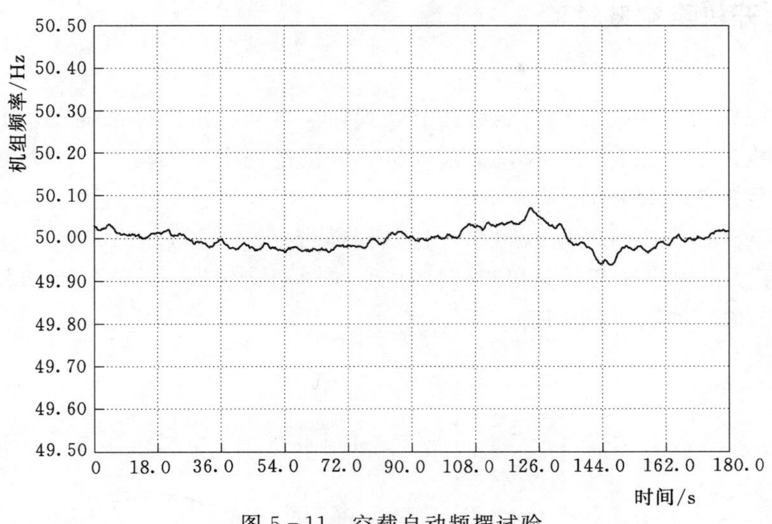

图 5-11 空载自动频摆试验

当调速器在“自动”运行方式、调节参数设置为 $K_p=3.0$、$K_I=0.1/s$、$K_D=1.5s$ 和 $K_p=4.0$、$K_I=0.1/s$、$K_D=2.0s$ 时，其频率摆动值均未超出±0.15%的规程规定值；但调节参数设置为 $K_p=4.0$、$K_I=0.1/s$、$K_D=2.0s$ 时，其调节性能较好、频率摆动值较小。故最终选定 $K_p=4.0$、$K_I=0.1/s$、$K_D=2.0s$ 作为调速器空载运行参数。

5.4.4 空载故障模拟试验

机组在空载工况稳定运行，模拟调速器的交流电源、直流电源分别断电，两个电源同时断电，检查主接力器行程的漂移情况。模拟调速器的机频断线、主接反馈断线。检查主接力器行程的漂移情况，并满足如下要求：

（1）水轮机调节系统应能诊断机组频率测量故障，对于采用多通道测频方式的调速器，当主用测频通道信号故障时，应自动切换至备用测频通道稳定运行，切换过程中水轮机主接力器的位移变化不得超过其全行程的±1%，同时发出报警信息。当主、备通道机频信号全部消失时，在离网状态，应自行触发停机保护，同时发出报警信息。

（2）水轮机调节系统应能诊断位移反馈信号故障，对于采用多通道位移反馈的调速器，当主用通道信号故障时，应自动切换至备用位移反馈信号稳定运行，切换过程中水轮机主接力器的位移变化不得超过其全行程的±1%，同时发出报警信息。

（3）当主、备通道位移反馈信号全部消失时，在离网状态，应自行触发关机保护，同时发出报警信息。

（4）工作电源和备用电源相互切换，以及主、备电源分别消失与恢复前后，水轮机主接力器的位移变化不得超过其全行程的±1%。当电源全部消失时，应自行触发关机保护。

（5）具有多微机调节器的调速器应能自动诊断微机调节器故障，调节器之间应能自动容错，主、备调节器切换时水轮机主接力器的位移变化不得超过其全行程的±1%，同时发出报警信息。

5.4.5　自动开机至空载试验

1. 试验方法

空载试验完成后，手动停机。然后调节装置切至自动，由监控系统发开机命令，进行机组的自动开机试验。用自动记录仪记录开机、停机过程中机组转速、接力器行程、蜗壳进口水压等参数的变化过程。

自机组启动开始至空载转速（频率）达到同期带（99.5%f_r～101%f_r）所经历的时间 t_{SR} 不得大于从机组启动开始至机组转速达到 80%额定转速 n_r（或额定频率 f_r）的升速时间 $t_{0.8}$ 的 5 倍，如图 5－12 所示。

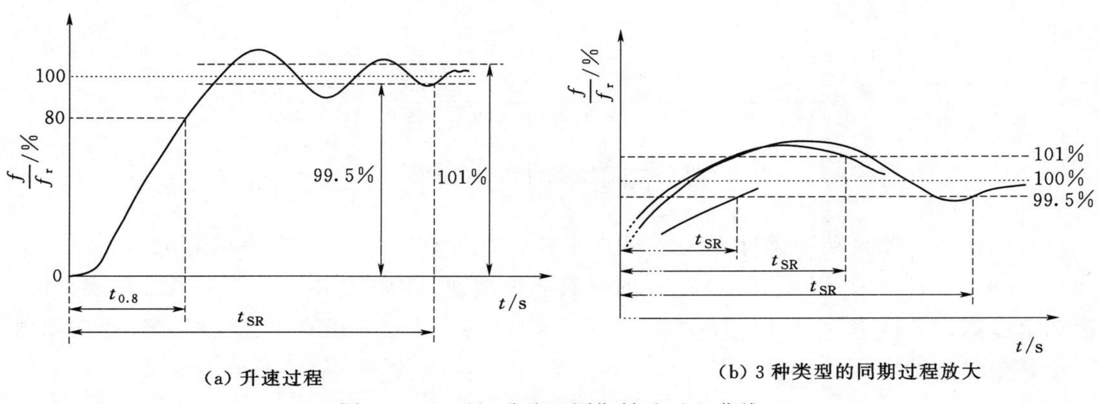

图 5－12　开机升速至同期转速过程曲线

2. 某机组自动开机试验

调节装置切至自动，由监控系统发开机命令进行机组的自动开机试验。用自动记录仪记录开机过程中机组频率、导叶主接力器行程、蜗壳进口水压等参数的变化过程，如图 5－13 所示。

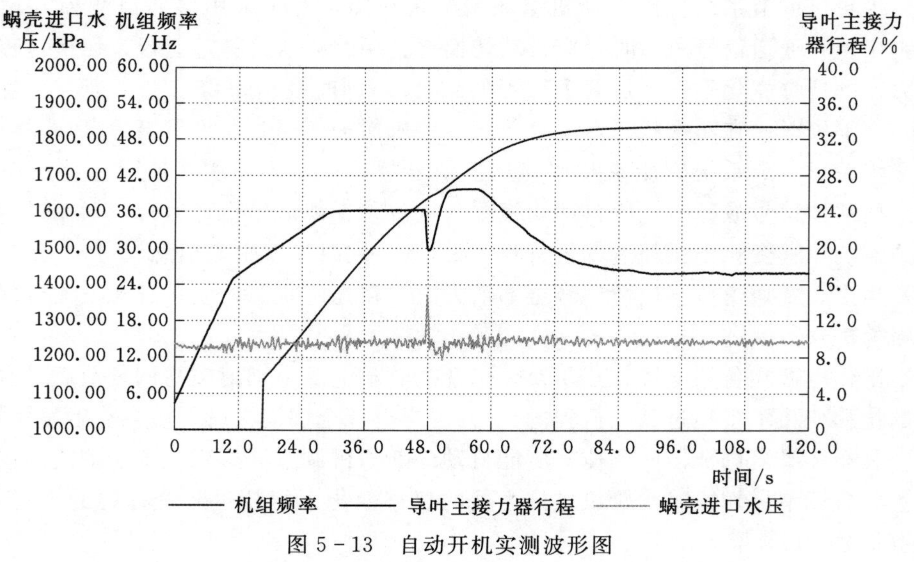

图 5－13　自动开机实测波形图

5.5 带负荷试验

5.5.1 试验条件

空载试验完成，监控系统自动开停机试验完成，机组具备并网条件。

5.5.2 负载运行方式及模式切换试验

机组并网稳定运行，一般情况下，可带25%负荷，避开机组振动区。调速器在机械手动、电手动、自动方式下分别运行3min，检查主接力器行程的漂移情况。使调速器在机械手动、电手动、自动之间任意切换，检查主接力器行程的漂移情况。使调速器在开度、频率、功率等模式之间任意切换，检查主接力器行程的漂移情况。具有多套控制系统（如PLC、电液转换器等）的，应进行各套系统切换试验，检查主接力器行程的漂移情况。主接力器行程的漂移量应满足规程要求。接力器在机械手动稳定位置时30min内位移漂移量应不大于1%。相互切换时，水轮机主接力器的行程变化不得超过其全行程的2%。负载切换试验记录见表5-12。

表5-12　负载切换试验记录表

试验项目	主接力器行程/%			是否满足要求
	Y_{min}	Y_{max}	ΔY	
机械手动运行3min				
电手动运行3min				
自动运行3min				
运行方式切换				
控制模式切换				
工作套机切换				
电液转换器切换				

5.5.3 负载故障模拟试验

1. 试验方法

机组并网稳定运行，一般情况下，可带25%负荷，避开机组振动区。模拟调速器的交流电源、直流电源分别断电，再两个电源同时断电，检查主接力器行程的漂移情况。模拟调速器的机频断线、主接反馈断线、功率反馈断线，检查主接力器行程的漂移情况，并满足如下要求：

（1）水轮机调节系统应能诊断机组频率测量故障，对于采用多通道测频方式的调速器，当主用测频通道信号故障时，应自动切换至备用测频通道稳定运行，切换过程中水轮机主接力器的位移变化不得超过其全行程的±1%，同时发出报警信息。当主、备通道机频信号全部消失时，在并网发电状态，应保持当前负荷，同时发出报警信息。

（2）水轮机调节系统应能诊断位移反馈信号故障，对于采用多通道位移反馈的调速器，当主用通道信号故障时，应自动切换至备用位移反馈信号稳定运行，切换过程中水轮机主接力器的位移变化不得超过其全行程的±1%，同时发出报警信息。

（3）当主、备通道位移反馈信号全部消失时，在并网发电状态，应保持当前负荷，同时发出报警信息。

（4）采用功率调节模式的调速器应能自动诊断有功信号故障，有功信号故障时应自行切换至开度调节模式运行，并保持当前负荷，切换过程中水轮机主接力器的位移变化不得超过其全行程的±1%，同时发出报警信息。

（5）工作电源和备用电源相互切换，以及主、备电源全部消失与恢复前后，水轮机主接力器的位移变化不得超过其全行程的±1%。

（6）具有多微机调节器的调速器应能自动诊断微机调节器故障，调节器之间应能自动容错，主、备调节器切换时水轮机主接力器的位移变化不得超过其全行程的±1%，同时发出报警信息。

2. 某机组负载故障模拟试验

机组带负荷稳定运行。将调试器切为“自动”运行方式。调速器调节参数设置为 $L=45.0\%$、$b_p=4.0\%$、$K_P=6.0$、$K_I=8.0/s$、$K_D=0.0s$。使调速器的交流电源、直流电源分别断电，再使两个电源同时断电，检查主接力器行程的漂移情况。使调速器的机频断线、网频断线，检查主接力器行程的漂移情况。使调速器的主接反馈断线、功率反馈断线，检查主接力器行程的漂移情况。实际测试结果见表 5-13 及图 5-14。由测试结果可知：主接力器行程的漂移量均满足规程要求。

表 5-13　　负载故障模拟试验数据表

测量项目	主接力器行程/%			备注
	Y_{min}	Y_{max}	ΔY	
电源(交、直流)断电	37.08	38.07	0.99	满足规程要求
机频、网频断线	36.71	36.74	0.03	满足规程要求
主接反馈断线	34.78	34.86	0.08	满足规程要求
功率反馈断线	34.96	35.57	0.61	满足规程要求

5.5.4　负载参数选择试验

1. 试验方法

机组已并网发电，在不同的调节参数组合下，通过改变调节装置开度/功率给定的方法进行负荷阶跃扰动，实现机组负荷增减。观察并记录机组转速、蜗壳进口水压、有功功率和接力器行程等参数的过渡过程，通过对过渡过程的分析比较，选定负载工况时的调节参数。

负荷增减时，应考虑对机组的最大和最小负荷进行限制，防止有功越限运行，同时应避免机组频繁穿越或长时间运行在振动区。负荷变化量一般宜为机组额定负荷的10%～15%。

选择一组水压冲击小，有功功率反调小、调节稳定，超调小，调节速度快的参数作为负载调节参数。

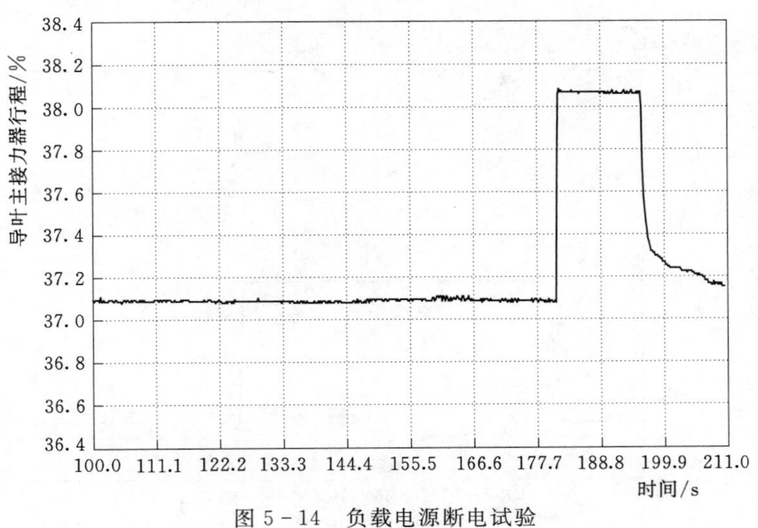

图 5-14 负载电源断电试验

2. 某机组负载开度模式参数选择试验

机组并网带负荷稳定运行，将调速器切为“自动”运行方式。避开机组振动区。将主接力器开至60.0%开度，设置开度限制 $L=90\%$，永态转差系数 $b_p=6.0\%$。在正式测试之前，根据该调速器的性能特点，先选择1组调速器调节参数，作60%→65%→60%开度的小幅负荷扰动，观察调速器的调节规律及调节量。在确认调节规律和调节量正常之后，再选择多组调速器调节参数，分别作60%→70%→60%开度的负荷扰动，测试调速器的负荷扰动性能。测试结果见表5-14及图5-15。

表5-14 负载开度扰动试验数据表

序号	调速器参数				负载开度扰动性能					
	b_p /%	K_P	K_I /s^{-1}	K_D/s	扰动方向	蜗壳水压冲击	调节稳定性	负荷响应时间	负荷稳定时间	超调量
1	6.0	3	0.3	0	上扰	适中	平稳	适中	适中	无
					下扰	适中	平稳	适中	适中	无
2	6.0	3	0.5	0	上扰	适中	平稳	适中	偏大	无
					下扰	适中	平稳	偏大	适中	无
3	6.0	3.5	0.5	0	上扰	适中	平稳	偏大	适中	无
					下扰	偏大	平稳	适中	适中	无

试验结果表明，当调速器调节参数设置为 $K_P=3.0$、$K_I=0.3/s$、$K_D=0.0s$ 时，负载开度扰动的性能优于其他各组参数，故选定该组参数作为带负荷运行参数。

5.5.5 甩负荷试验

1. 试验方法

甩负荷前，应做好安全措施，防止机组飞逸和水锤事故。

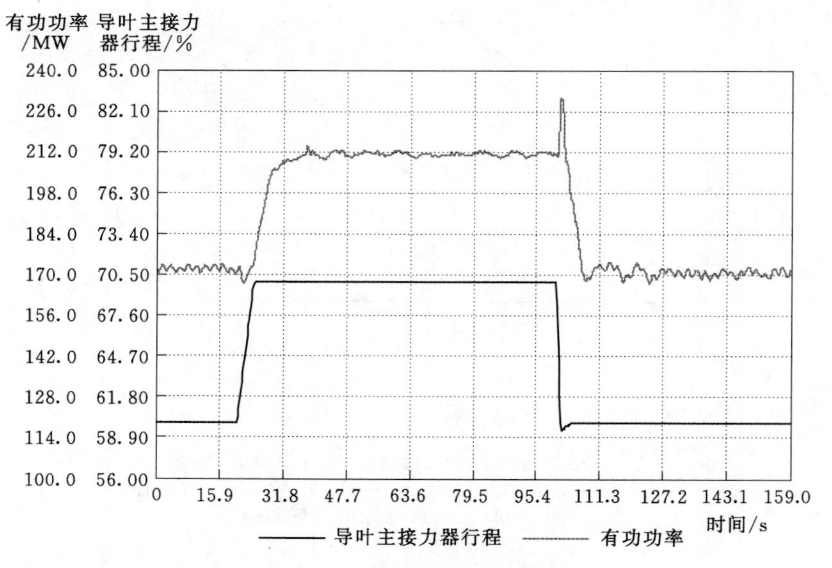

图 5-15 负载开度模式参数选择试验

将空载及负载调节参数置于选定值，机组先后带 25%、50%、75%、100%额定负荷。

在额定负荷的 25%、50%、75%、100%下分别跳开发电机出口断路器，进行甩负荷试验，用自动记录仪记录机组转速、接力器行程、蜗壳进口水压、尾水管进口水压及发电机定子电流等信号的过渡过程。

2. 甩负荷试验测定接力器不动时间 T_q

通过机组甩负荷试验获得机组甩 25%负荷示波图，从图上直接求出自发电机定子电流消失为起点的接力器不动时间 T_q。

也可甩 25%负荷，发电机出口断路器断开为起始点，求出接力器不动时间。断路器信号测量装置分辨率一般应不大于 1ms。

接力器不动时间 T_q 应满足：对于配用主配压阀（接力器控制阀）直径 200mm 及以下的电液调节装置的系统，不得超过 0.2s；对于配用主配压阀直径 200mm 以上的电液调节装置的系统，不得超过 0.3s。接力器不动时间受调节装置的测频环节及实现方式、控制周期、死区、电气/机械/液压转换组件的响应速度、主配流量增益及搭叠量、接力器活塞直径等影响，还受到外部操作油管路的管径、长度、布置及走向等因素的影响。

3. 注意事项及要求

甩负荷试验应按照从小到大的顺序依次进行，新投产设备应严格按照以上四个负荷点进行，每个试验点完成后，应对机组及附属设备进行检查，应计算转速上升率、水压上升率（或最大压力值）、导叶关闭时间及规律、尾水进口水压真空度等量值。机组检查监视结果及实测结果正常后，方可进行更高负荷甩负荷试验，甩负荷之前，应确认机组振动及摆度是否在正常范围内，对比甩负荷前和甩负荷后机组振动摆度值是否接近，如数据不满足规范或设计要求，出现异常情况等，应立即停止试验，查找原因。

机组甩 100%负荷时的动态品质应满足下列要求：

（1）最大转速上升与最大水压上升满足调节保证计算设计要求。

（2）在甩负荷调节过程中，偏离稳态转速 3%（1.5Hz）以上的波动次数 Z 不超过 2 次。

（3）从甩负荷后接力器首次向开启方向移动时起，到机组转速摆动相对值不超过±1%为止，历时 T_P 不大于 40s。

4. 某机组甩负荷试验

机组甩负荷试验采用跳机组主开关的方式进行。机组并网带负荷，并且运行稳定。将调速器调节参数设置为 $L=100.0\%$、$b_p=4.0\%$、$K_P=3.0$、$K_I=0.2/s$、$K_D=0.0s$。当时的上游水位为 $\nabla_{上}=364.65m$，下游水位为 $\nabla_{下}=294.31m$，电站水头为 $H_g=70.34m$。

机组甩 25%额定负荷（实际有功 70MW），测试主接力器的不动时间。测试结果见表 5-15 及图 5-16。主接力器的不动时间为 0.105s，满足要求。在调速器关机时间为 3.55s 的条件下，机组转速上升率为 4.02%，蜗壳水压上升率为 18.27%，均满足调节保证计算的要求。

表 5-15 机组甩负荷试验数据表

项目	工况			
	70MW	140MW	210MW	280MW
甩前导叶开度/%	34.84	49.25	61.84	79.59
峰值导叶开度/%	9.99	1.72	0.36	0.34
甩后导叶开度/%	17.39	18.04	17.62	17.65
甩前机组频率/Hz	50.01	50.02	50.03	50.03
峰值机组频率/Hz	52.01	56.00	60.67	68.26
甩后机组频率/Hz	50.33	50.12	50.00	49.98
机组转速上升率/%	4.02	12.00	21.34	36.52
甩前蜗壳水压/kPa	659.88	671.15	673.97	666.84
峰值蜗壳水压/kPa	780.47	793.53	794.27	801.20
甩后蜗壳水压/kPa	686.78	681.15	698.15	699.38
蜗壳水压上升率/%	18.27	18.23	17.85	20.15
导叶关闭时间/s	3.55	8.80	9.28	11.31
振荡次数/次	—	0.00	0.00	0.00
调节时间/s	—	11.89	17.10	25.19
接力器不动时间/s	0.105	—	—	—

机组甩 50%额定负荷（实际有功 140MW），测试机组转速上升率及蜗壳水压上升率。测试结果见表 5-15 及图 5-17。在调速器关机时间为 8.80s 的条件下，机组转速上升率为 12.00%，蜗壳水压上升率为 18.23%，均满足调节保证计算的要求。

机组甩 75%额定负荷（实际有功 210MW），测试机组转速上升率及蜗壳水压上升率。

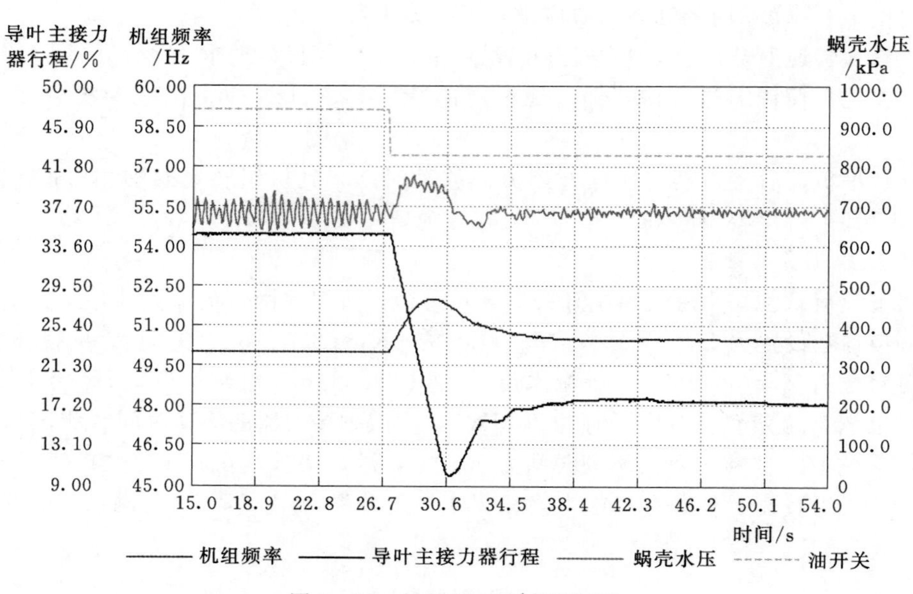

图5-16 机组甩25%负荷试验

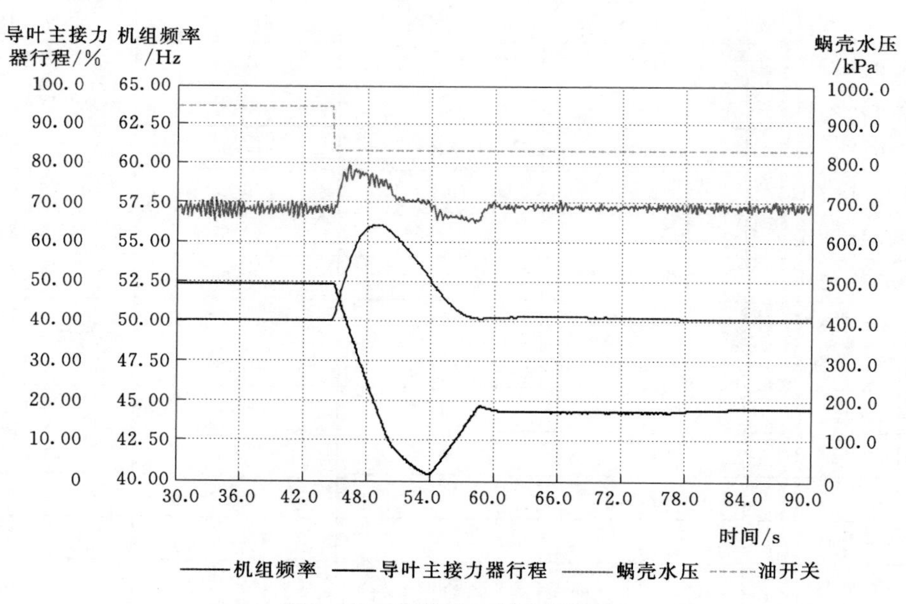

图5-17 机组甩50%负荷试验

测试结果见表5-15及图5-18。在调速器关机时间为9.28s的条件下，机组转速上升率为21.34%，蜗壳水压上升率为17.85%，均满足调节保证计算的要求。

机组甩100%额定负荷（实际有功280MW），测试机组转速上升率及蜗壳水压上升率。测试结果见表5-15及图5-19。在调速器关机时间为11.31s的条件下，机组转速上升率为36.52%，蜗壳水压上升率为20.15%，均满足调节保证计算的要求。

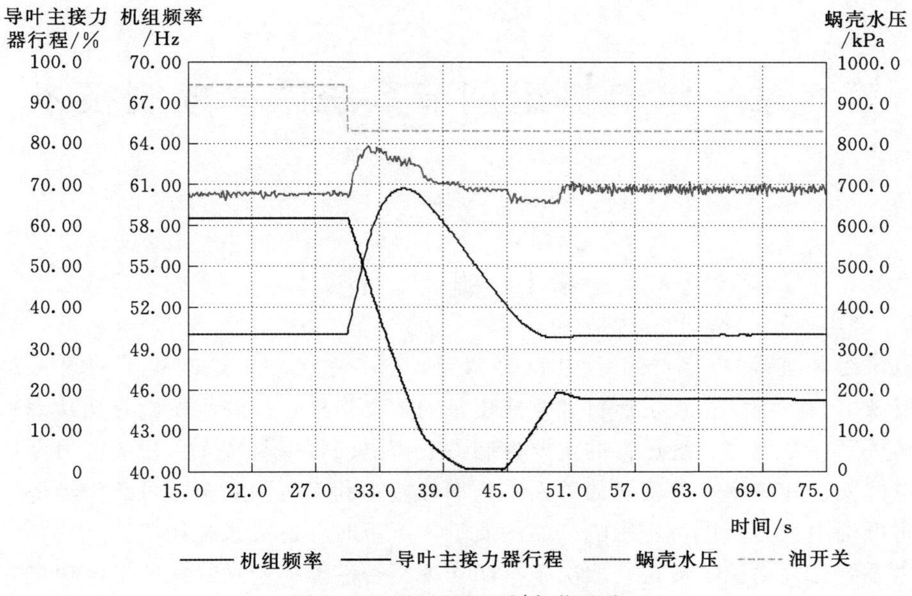

图 5-18 机组甩 75%负荷试验

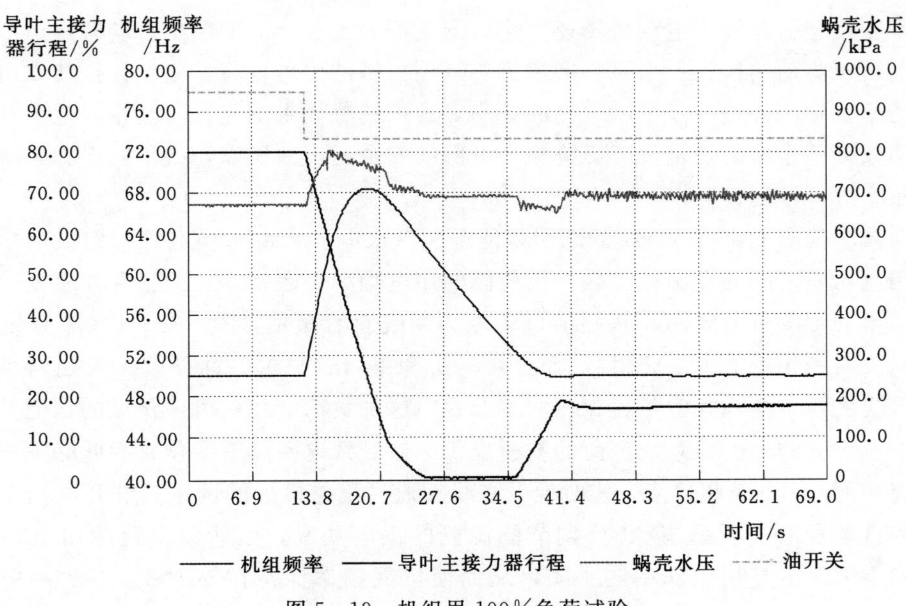

图 5-19 机组甩 100%负荷试验

第6章 水电机组调节系统频率控制技术

6.1 概　　述

水电机组调速器的一个核心功能就是调频，电力系统频率是电能质量的三大指标之一，是反映电力系统安全稳定运行和电能质量的重要指标，反映了发电有功功率和负荷之间的平衡关系，是电力系统运行的重要控制参数。电网频率与广大用户的电力设备及发电设备本身的安全和效率有着密切的关系，频率偏差不利于电网安全、可靠、经济运行。甚至会损害电网中的运行设备，影响产品的质量，严重时会造成系统崩溃。

电力系统的频率稳定与否，取决于有功功率是否平衡。若系统总的发电功率等于用户总的耗用功率，则系统频率维持在额定值；若总发电功率大于总耗用功率，则频率将高于额定值，反之，则低于额定值。电网频率不但对电力用户有影响，而且对电网本身也有影响。频率变化会引起异步电动机转速变化，影响部分工业产品的质量；同时，电厂内部使用异步电动机驱动的风机、水泵、磨煤机等厂用机械的出力也将发生变化，使发电厂发出的有功功率变化，并进一步影响电网的频率。这种趋势如果不能及时制止，就会在短时间内使电网频率严重偏离正常值，影响整个电网的安全运行。所以，必须对电力系统的有功功率和频率进行控制。

电网频率偏离额定值50Hz的原因是能源侧（水电、火电、核电等）的供电功率与负荷侧的用电功率之间的平衡被打破。负荷侧的用电功率是经常变化的，存在着变化周期为几秒至几十分钟的负荷波动，其幅值可达电力系统总容量的2%、3%（在小系统或孤立系统中，负荷变化可能大于此值），而且是随机和不可预见的。此外，一天之内系统负荷有上午、晚上两个高峰和中午、深夜两个低谷，这种负荷变化是可以预见的，但其变化的速度是不可预见的。电力系统负荷的不断变化必然导致电网频率变化，因此必须根据电网频率偏离50Hz的方向和数值，实时地、在线地通过发电机组的调速系统和电网基于负荷预测下的自动发电控制系统AGC调节能源侧的供电功率，以适应负荷侧用电功率的变化，达到电网发电与用电功率的平衡，从而使电网频率保持在50Hz附近的一个允许范围内。

6.1.1 电能的基本特征

（1）电能的生产、输送、分配、供应和消费过程非常短暂。

（2）尚不能通过大规模存储来调剂余缺。

（3）从产生到使用必须在同一时刻完成。

6.1.2 调频的主要原因

（1）电力系统正常运行最重要的任务是维持有功功率供需平衡。

（2）稳态情况下，同步交流电力系统的频率是一致的，一般为（50±0.2)Hz。

（3）当发电出力与用电负荷不匹配时，频率将随之发生变化。

（4）频率是直接反映电力系统有功功率平衡的运行参数。

6.1.3 电力系统的负荷变动特征

（1）变化周期为分钟内的微小变动部分（高频分量），周期很短，一般小于 30s，为幅度小、变化快的偶然性负荷。

（2）变化在数分钟以内的短周期变动部分（干扰分量），周期较长，一般小于 10min，为幅度较大、变化较快的脉动性负荷。

（3）长周期持续分量变动部分负荷，周期很长，一般大于 10min，为幅度很大、变化慢的趋势性负荷。

6.1.4 负荷的频率特性

电力系统变化时，用户消耗的功率也随着改变。电力系统负荷对频率的敏感程度可分为：①用户消耗的有功功率与频率无关，如电热设备、照明负荷；②用户消耗的有功功率与频率成正比，如卷扬机、切削机床；③用户消耗的有功功率与频率是高于一次方的函数，如水泵、风泵电动机。

因此，当电力系统频率变化时，会引起负荷变动，频率升高，消耗有功功率增加；负荷变动将进一步造成频率变化。

$$K_L=\frac{\Delta P_L}{\Delta f} \tag{6-1}$$

式中　K_L——负荷调节效应系数；

ΔP_L——系统消耗有功功率；

Δf——系统频率变化。

6.1.5 机组的功频静特性（一次调频）

在发电机组的一次调频中，发电机组输出功率和频率静态关系的曲线称为发电机组的功频静特性，可以近似地用直线来表示，如图 6－1 所示。发电机组在额定频率 f_0 下运行时，其输出功率为 P_0，相当于图中的 a 点；当电力系统频率下降到 f_1 时，发电机组由于调速系统的作用，使机组输出功率增加到 P_1，相当于图中 b 点。如果原动机的开度已达到最大位置，即相当于图中 c 点，则频率再下降，发电机组的输出功率也不会增加。

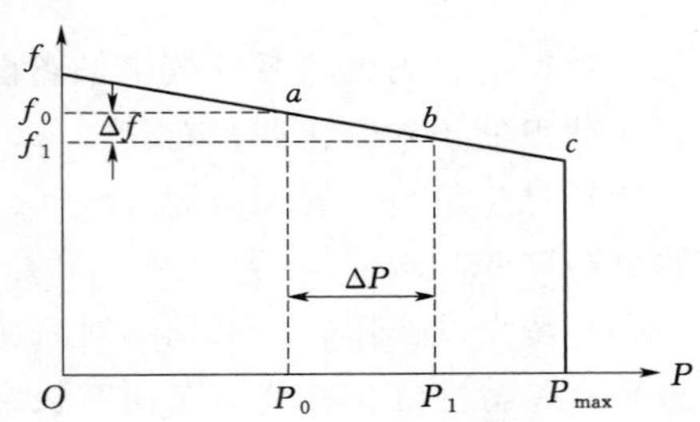

图 6－1　发电机组功频静特性

发电机组的功频静特性曲线的斜率为

$$K_{g}=-\frac{\Delta P}{\Delta f} \tag{6-2}$$

式中　K_g——发电机组的功频静特性系数，K_g 的数值表示频率发生单位变化时，发电机组输出功率的变化量，负号表示发电机组输出功率的变化和频率变化方向相反。

K_g 的标幺值计算公式为

$$K_{g}=-\frac{\Delta P/P_{0}}{\Delta f/f_{0}}=-\frac{\Delta P_{*}}{\Delta f_{*}} \tag{6-3}$$

与负荷的频率调节效应系数不同，发电机组的功频静特性系数是可以整定的，整定范围通常取为 14.4～25。在实际应用中更常用的是 K_g 的倒数，称为发电机组的调差系数。一般情况下，水轮发电机组调差系数的整定范围为 4%～5%。

根据运行经验，同类型、同容量的机组的调差系数宜取得一致。下面举例说明两台容量相同（600MW）但调差系数不同的机组的工作情况。

机组 A 的调差系数为 5%，机组 B 的调差系数为 3%；在初始状态，系统频率为 50Hz，两台机组均满负荷运行。由于某种原因，系统失去了一部分负荷，系统频率上升至 50.5Hz。机组 A 的输出功率下降了 100MW，而机组 B 的输出功率下降了 167MW，造成同类型、同容量机组之间的不平衡，对系统的安全稳定和经济运行不利。国外某些电力系统，如北美电力系统可靠性协会部分区域协会就要求在同一个交流互联的电力系统中采用统一的机组调差系数。一次调频技术参数设置基本决定了机组一次调频性能。

6.1.6　电网调频

电力系统的频率控制分解为三级，各级之间功能互补、相辅相成。一级频率控制，又称一次调频，是负荷、发电机对电网频率变化作出的自动响应，主要针对变化周期短（秒级）、变化幅度小的负荷分量，其中主要是发电机组的一次调频；二级频率控制，又称二次调频，主要是电网调度中心的 AGC 软件通过远动通道对发电机有功出力进行控制，从而快速恢复频率偏移，针对变化周期较长（分钟级）、变化幅度较大的负荷分量；三级频率控制，又称三次调频也就是备用管理、调峰、经济调度等，通过优化方法对发电厂的有功出力进行经济分配，主要针对变化缓慢、变化幅度大的负荷分量，例如由于气象条件、作息制度、人们生活规律等引起的负荷变化。

1. 一次调频

（1）定义。当电力系统频率偏离设定值时，通过发电机组调速系统固有的频率响应特性，自动跟随频率变化调整有功功率，减少频率偏差的调节过程。

（2）对应负荷。周期很短（≤30s）、幅度小、变化快的偶然性负荷变化。对异常情况下的负荷突变起缓冲作用。

（3）特点及作用。一次调频对系统频率的变化响应快，发电机的一次调频采用的调整方法是有差特性法，其优点是所有机组的调整只与一个参变量有关（即与系统频率有关），机组之间互相影响小。因此，它不能实现对系统频率的无差调整。

图 6-2 显示了北美西部互联电力系统在一台 1040MW 发电机跳闸时，在一次调频的作用下，系统频率变化的情况。

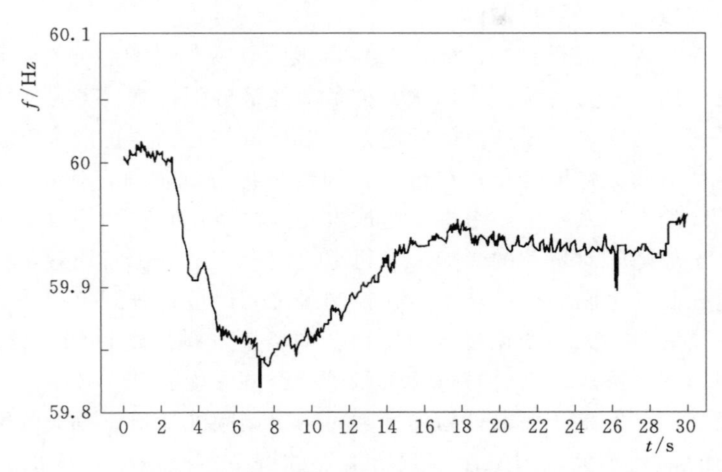

图 6-2　北美西部互联电力系统 1040MW 发电机跳闸时频率变化曲线

一次调频是控制系统频率的一种重要方式，但由于它的有差性，不能单独依靠一次调节来控制系统频率。要实现频率的无差调整，必须依靠频率的二次调节。

2. 二次调频

（1）定义。通过人工或自动方式调整发电机组负荷，维持有功功率平衡，使电力系统频率在规定范围内［(50±0.2)Hz］的调节过程。

（2）对应负荷。周期较长（≤10min）、幅度较大、变化较快的脉动性负荷变化。

（3）特点及作用。二次调频由电力系统中承担调节任务的发电机组通过其调频器来完成，在人工调节方式下，通常是指定调节裕度较大、响应速率较快的主调频厂来担任。在一个主调频厂满足不了要求时，还需选择一些辅助调频厂参与调整。

在自动调节方式下，则由电力调度机构通过发电机组的有功功率调节装置来实现，这就是 AGC 的任务。二次调频称为负荷频率控制（LFC）。

负荷频率控制应该包括发电调度（控制）和负荷调度（控制），现阶段只实现了发电调度（控制）。随着技术的发展，未来期望实现负荷调度（控制）。

二次调频（不论是分散的，还是集中的调整方式），采用的调整方式对系统频率都是是无差调节。二次调频对系统负荷变化的响应比一次调频慢得多，它的响应时间一般需要 1～2min。二次调频对水电机组功率一般采用比例分配，可使发电机组偏离经济运行点。

由于二次调频的响应时间较慢，因而不能调整那些快速变化的负荷随机波动，但它能有效地调整分钟级和更长周期的负荷波动。二次调频的作用可以实现电力系统频率的无差调节。由于响应时间的不同，二次调频不能代替一次调频的作用，但二次调频的作用开始发挥的时间恰好与一次调频开始逐步失去的时间基本相当。因此，两者若在时间上配合好，对系统发生较大扰动时快速恢复频率相当重要。二次调频带来的使发电机组偏离经济运行点的问题，需要由三次调频（经济调度）来解决；同时，集中的计算机控制也为三次调频提供了有效的闭环控制手段。

3. 三次调频

(1) 定义。根据负荷预测形成负荷曲线，制定发电计划，并通过二次调频手段改变发电机组出力、跟踪负荷趋势变化的调节过程。

(2) 对应负荷。周期很长（>10min)、幅度很大、变化慢的趋势性负荷变化。

(3) 特点及作用。电力系统三次调频又称负荷经济分配，其任务是经济、高效地实施功率和负荷的平衡。三次调频要解决的问题是：以最低的开、停机成本（费用）安排机组组合，以适应日负荷的大幅度变化；在机组之间经济地分配负荷，使得发电成本（费用）最低；在地域广阔的电力系统中，考虑发电成本（发电费用）和网损（输电费用）之和最低；预防电力系统故障时对负荷的影响，在机组之间合理地分配备用容量；在互联电力系统中，通过调整控制区之间的交换功率，在控制区之间经济地分配负荷。

三次调频主要针对一天中变化缓慢的持续变动负荷安排发电计划（即调峰），以及在负荷或发电功率偏离经济运行点时对负荷重新进行经济分配。其在频率控制中的作用主要是提高控制的经济性。但是，发电计划的优劣对二次调频的品质有重大的影响，如果发电计划与实际负荷的偏差越大，则二次调频所需要的调节容量越大，承担的压力越重。因此，应尽可能提高三次调频准确度。

6.2 一次调频原理

6.2.1 一次调频原理及实现方法

发电机组一次调频功能是指当电网频率超出规定的范围后，电网中参与一次调频的各发电机组调速系统将根据电网频率的变化按负荷-频率曲线自动地增加或减小机组的功率，从而达到新的平衡，并且使频率的变化限制在一定的范围内。机组的一次调频功能对电网和发电机的安全稳定运行有着极其重要的意义。

电网发生事故时，系统频率快速下降或上升，如发电机组的一次调频功能得以发挥，对系统稳定和频率恢复是极其有利的；若一次调频在事故时能及时动作，也可以减少系统的旋转备用，有利于电力系统的经济运行。

由于机组调速系统是一个有差调节，因而各机组调速系统共同完成的一次调频不可能完全弥补电网的功率差值。

水电机组一次调频是水轮机调节系统的基本功能，在机组发电运行过程中，当系统频率变化超过调速器的频率/转速死区时，水轮机调节系统将根据频率静态特性（调差特性）所固有的能力，按整定的调差率/永态转差系数自行改变导叶开度（或轮叶转角，或喷针/折向器开度），从而引起机组有功的变化，进而影响电网频率的调节过程。

水电机组的一次调频功能是由调速器实现的。因此，水电机组的一次调频性能主要受调速器的影响。目前水电机组的调速器一般都是微机调速器，其控制规律也一般都是并联PID 控制。水电机组一次调频控制框图如图 6-3 所示。

水电机组在电力系统中主要承担调频、调峰任务，调节过程简单，只需改变导叶开度就可以改变机组出力，不存在火电机组协调性问题。与火电机组相比具有负荷调节速率

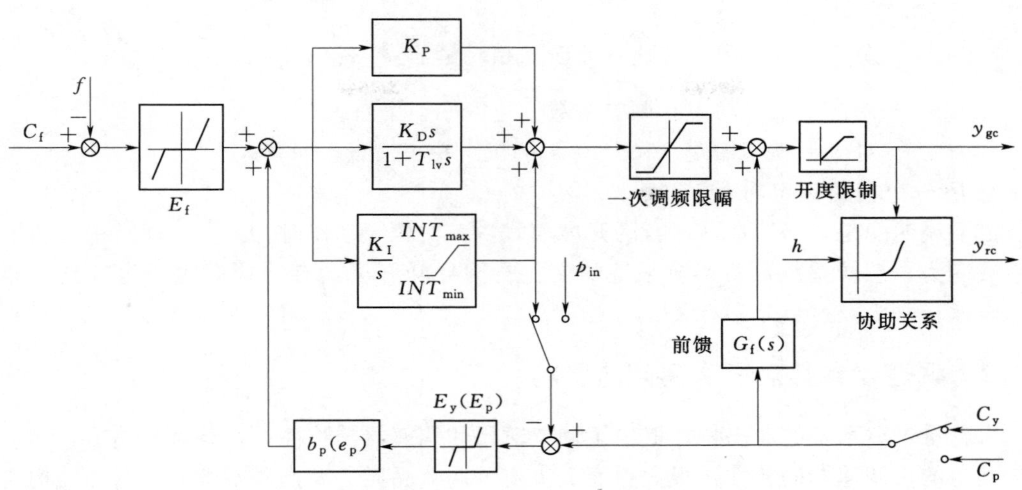

图 6-3 水电机组一次调频控制框图

高、调节幅度大、调整范围大、实现简单等优点，可以在电网突发大负荷变化时提供更大、更持久的功率支援，一般不存在限幅的问题，其一次调频水电机组功率与频率关系如图 6-4 所示。

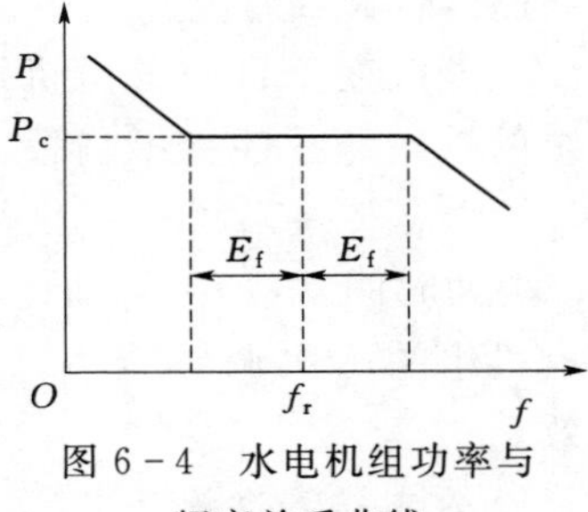

图 6-4 水电机组功率与频率关系曲线

水电机组调节系统一次调频静态特性是指，当调节系统处于平衡状态，指令信号（包括频率给定、功率给定、开度给定）恒定时，转速（频率）偏差相对值与接力器行程/机组输出有功功率相对值的关系曲线，在曲线图上，某一规定运行点处斜率的负数即为永态差值系数 $b_p(e_p)$。若为开度模式，曲线图的横坐标表示的是接力器行程，则此时的永态差值系数称为永态转差系数 b_p；若为功率模式，曲线图的横坐标表示的是机组输出的有功功率，此时的永态差值系数则称为调差率或功率差值系数 e_p。

水电机组调节系统静态特性的解析关系如下：

用相对值可表示为

$$\Delta p=\frac{(50-F_n)-E_f}{50e_p}=\frac{-[(1-f_n)-e_f]}{e_p}=-\frac{\Delta f-e_f}{e_p} \tag{6-4}$$

用绝对值可表示为

$$\Delta P=\frac{-P_r[(50-F_n)-E_f]}{50e_p} \tag{6-5}$$

式中 Δp——对应于频率偏差 Δf（相对量）的机组功率增量（相对量）；

F_n——电网频率，Hz；

f_n——电网频率相对值，$f_n=\frac{F_n}{50}$；

E_f——调速系统频率（转速）死区（绝对量），Hz，若（$50-F_n$）为"+"，E_f为"+"；若（$50-F_n$）为"−"，E_f为"−"；

e_f——调速系统频率（转速）死区（相对量），$e_f=\frac{E_f}{50}$；

e_p——调速系统（功率）调差系数（速度变动率）；

ΔP——对应于频率偏差（$50-F_n$）的机组功率增量，MW；

P_r——机组额定功率，MW。

需要说明的是，当调速器运行的开度模式，一次调频动作时，式（6-5）中的功率差值系数变为永态转差系数，调节系统的变化量为导叶开度，有功功率的变化量具有非线性，与运行水头及机组效率有关。

6.2.2　调速器参数对一次调频的影响

水轮机调节系统的动态特性取决于调节对象和调速器的特性，在运行电站上，调节对象是确定的，调速器的特性在很大程度上决定了调节品质的高低。不管调速器的结构、形式如何，其主要任务和作用是相同的，根据电网频率或控制指令控制机组出力。

调速器是电厂的重要控制设备，承担着机组的开停机、负荷调整、转速调整等诸多任务。机组的一次调频的调节控制也由其来完成，机组调节过程的动、静态特性和调节品质与调速器各参数的设置与整定密切相关。对于早期的机械调速器来说，其一次调频性能一般不能改变。目前的微机调速器，其参数设置、修改都很方便，不同的调节参数对机组的一次调频性能影响很大。调速器可设定的调节参数包括调速器的人工频率死区 Δf_R、永态转差系数 b_p、比例增益 K_P、积分增益 K_I、微分增益 K_D（或暂态转差系数 b_t、缓冲时间常数 T_d、加速度时间常数 T_n）。调速器调节参数的设置情况直接影响到发电机组的一次调频能力，参数的不当设置可能导致机组的一次调频性能很差甚至失效。

1. *永态转差系数*

永态转差系数的大小直接关系到电网频率变化时机组负荷的调整能力，也影响着电网频率的变化。该数值越小，对系统的频率调节能力越强，但若过小则机组不易稳定。当机组容量在系统中所占比重较大时，这一参数的设置对电网的频率影响较大。由于水轮机组的出力与水头有很大关系，若水头不同，即使永态转差系数相同，机组的一次调频性能也会有差别，所以对于水轮机组还应该考虑水头的影响。

2. *人工频率死区*

调速器设置人工频率死区的目的是固定机组所带的负荷，当系统频率在给定的频率死区内变化时，机组不参与调节、出力不变。当系统频率偏差较大越过死区时，机组将跟据频率偏差的大小和方向对机组出力进行调整。一次调频动作目标值的表达式为

$$\left.\begin{array}{ll} y=y_c & f_c-E_f\leqslant f_g\leqslant f_c+E_f \\ y=y_c+\dfrac{(f_c-f_g)-E_f}{50b_p} & f_g<f_c-E_f \\ y=y_c+\dfrac{(f_c-f_g)+E_f}{50b_p} & f_g>f_c+E_f \end{array}\right\} \tag{6-6}$$

可看出频率死区反映了系统一次调频作用的起始点也影响一次调频的深度，当系统频率在死区内变化时，机组不随频率的变化进行调节，从而起着固定负荷的作用，这有利于机组稳定地担负基本负荷。若人工频率死区设置过小，将引起机组的频繁调节，不利于机组的稳定运行，会在一定程度上影响电网的频率稳定；若设置过大，则在电网频率发生较大的偏差时不能有效发挥一次调频作用，对系统提供功率支援。

3. 人工开度死区

部分微机调速器在开度给定与反馈比较点之后转差系数之前设有人工开度死区，如图6-5所示。在死区中的任何一点都可能是稳定工况点，这就使得频率越过人工频率死区时一次调频动作是先由死区中的某一点动作到死区临界点，再按照频率特性曲线移动。与在相同调节参数下没有开度死区的调速器相比较，其调节量要大，但调节量的数值与调节动作前的状态有关。

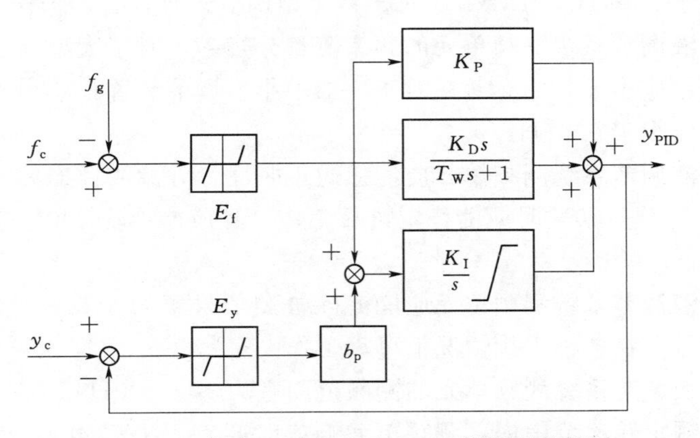

图 6-5 带人工开度死区的一次调频环节框图

4. PID 调节参数

水轮机调节系统的稳定性和动态特性取决于调节对象和调速器的特性，调速器的调节参数不同，调节品质差别很大。若调速器的调节参数设置不合理，有可能导致机组调节缓慢或产生大的超调、反调，一次调频性能低劣。只有选择合适的水轮机调速器 PID 调节参数，才能够使调节系统具有优良的动态品质和一次调频性能。

此外，水轮机组的“水击效应”将直接影响机组投入一次调频功能后的实际效果，从类似机组的试验情况来看，反调作用较大时不仅起不到应有的频率支撑，反而会抵消其他机组的正确出力变化，所以对于水轮机组有必要考虑水击的影响因素。

一次调频参数的设置不仅与一次调频性能有关，与机组的稳定性也密切相关，人工频率死区越大，调差系数越大，机组越稳定，但是对电网一次调频的贡献也越小。一次调频参数的设置应兼顾机组稳定性和一次调频快速响应的指标。在收集参数的基础上根据各个电站在系统网内所占地位，合理调整各个参数的设置，最终达到一个较为合理的状况，一方面确保在电网发生故障或频率波动较大的情况下稳定电网频率；另一方面又能充分保证电厂机组的安全性。

6.3　一次调频的相关技术要求

6.3.1　调节系统测频回路的相关技术要求

水轮机调节系统测频单元的高质量是保证水电机组具有良好一次调频性能的基础和保障，因此《水轮机电液调节系统及装置技术规程》（DL/T 563—2016）和《水轮机调节系统并网运行技术导则》（DL/T 1245—2013）中对水轮机调速系统测频单元质量的要求如下：

（1）水轮机电液调节系统用于机组及电网频率测量的高速计数器的计数频率，对于大型调节装置及重要电站的中小型调节装置，宜不低于2～10MHz；对于一般电站的中小型调节装置，宜不低于250kHz～1MHz；对于特小型调节装置，宜不低于125～200kHz。

（2）水轮机电液调节系统测频单元的频率测量分辨率，对于大型调节装置及重要电站的中小型调节装置，应小于0.003Hz；对于一般中小型调节装置，应小于0.005Hz；对于特小型调节装置，应小于0.01Hz。

（3）水轮机电液调节系统测频单元应能适应正弦波、方波或梯形波等被测信号源，在信号电压有效值为0.5～150V时应能稳定可靠工作，且应能承受200V信号电压，历时不小于1min。

（4）水轮机电液调节系统测频单元应能滤除被测信号源的谐波分量和电气设备投/切引入的瞬间干扰信号，在各种干扰情况下可靠工作。

（5）水轮机电液调节系统测频单元的测频范围宜为10～100Hz。

（6）在±10%额定转速范围内，测频单元响应时间宜不大于40ms；响应延滞时间宜不大于25ms。

6.3.2　调节系统频率（转速）死区的相关技术要求

对于水轮机调速系统固有频率（转速）死区和人工频率（转速）死区，在《水轮机控制系统技术条件》（GB/T 9652.1—2007）、《水轮机电液调节系统及装置技术规程》（DL/T 563—2016）和《水轮机调节系统并网运行技术导则》（DL/T 1245—2013）的相关技术要求如下：

（1）水轮机调速系统侧至主接力器的固有频率（转速）死区 i_x，对大型电液调节为0.02%，中型电液调节0.06%，小型电液调节0.10%，小型机械调节0.18%，而特小型调速器为0.2%。

（2）水轮机调速系统人工频率（转速）死区 E_f 应能在－2%～＋2%额定转速范围内整定。

（3）水轮机调速系统人工频率（转速）死区 E_f 的设置应不大于0.05Hz。

6.3.3　一次调频调节参数设置的相关技术要求

（1）水轮机调节系统的永态转差系数 b_p 应不大于4%，暂态转差系数 b_t、缓冲时间

常数 T_d 或比例增益 K_P、积分增益 K_I 等参数应设置合理。

(2) 水轮机调节系统一次调频的功率调整幅度原则上不应加以限制，但应考虑对机组的最大和最小负荷限制，并避开振动区与空化区运行。

6.3.4 一次调频阶跃响应的相关技术要求

1. 一次调频阶跃响应试验要求

机组带负荷在稳定运行工况下，对于有效频差变化不低于 0.1Hz 的频率阶跃扰动，一次调频阶跃响应过程应满足以下要求之一：

(1) 以开度作为响应目标时，一次调频的开度响应行为应满足如下要求：

1) 自频差超出一次调频死区开始至接力器开始向目标开度变化为止的开度响应滞后时间 t_{hx} 应不大于 2s。

2) 自频差超出一次调频死区开始至接力器位移达到 90%目标值为止的上升时间 $t_{0.9}$ 应不大于 12s。

3) 自频差超出一次调频死区开始至开度调节达到稳定为止所经历的时间 t_s 不大于 24s。

(2) 以功率作为响应目标时，一次调频的功率响应行为应满足如下要求：

1) 自频差超出一次调频死区开始至机组有功功率开始向目标功率变化为止的功率响应滞后时间 t_{hx}，对额定水头 50m 及以上的水电机组应不大于 4s；对于额定水头在 50m 以下的水电机组应不大于 8s。

2) 自频差超出一次调频死区开始至机组有功功率达到 90%目标值为止的上升时间 $t_{0.9}$ 应不大于 15s。

3) 自频差超出一次调频死区开始至功率调节达到稳定为止所经历的时间 t_s 应不大于 30s。

2. 运行期间对一次调频性能的要求

(1) 在频差超出机组一次调频死区的 45s 内，一次调频合格率 G_{Hi} 不小于 50%。

(2) 从频差超出机组一次调频死区开始至该机组本次一次调频调节过程结束为止，一次调频合格率 G_{Hi} 不小于 30%。

3. 南方区域电网并网运行水电机组一次调频阶跃响应要求

(1) 机组一次调频响应滞后时间。电网频率变化达到一次调频动作值到机组负荷开始变化所需的时间为一次调频的响应滞后时间，应小于或等于 3s。

(2) 机组一次调频稳定时间。机组参与一次调频过程中，在电网频率稳定后，机组负荷达到稳定所需的时间为一次调频稳定时间，应小于 60s。

6.3.5 调节系统一次调频考核及其他相关技术要求

(1) 一次调频合格率。当电网频率偏差超出水轮机调节系统一次调频死区时，一次调频机组的积分电量 Q_{SJ} 占相应时间的机组一次调频理论计算积分电量 Q_{JS} 的比例作为考评机组一次调频的合格率 G_{Hi}，即 $G_{Hi}=Q_{SJ}/Q_{JS}$。

机组一次调频理论积分电量计算公式为

$$Q_{JS}=\sum_{i=1}^{n}\Delta P(\Delta f,t) \tag{6-7}$$

其中
$$\Delta P(\Delta f,t)=P_n\frac{\Delta f(t)}{f_n}\frac{1}{e_p}$$

式中　$\Delta f(t)$——频率偏差；

P_n——机组额定有功功率；

f_n——额定频率；

e_p——水轮机调节系统调差率；

t——积分间隔时间，取 1s；

n——积分计算时间。

(2) 一次调频投入率。机组一次调频功能投入的时间占机组运行时间的比例作为机组一次调频的投入率，即

$$一次调频投入率=\frac{机组投入一次调频时间}{机组运行时间}\times 100\% \tag{6-8}$$

(3) 一次调频动作正确率。机组一次调频的贡献电量是作为判断机组一次调频正确动作的依据，贡献电量为正，则统计为该机组一次调频正确动作 1 次；否则，为不正确动作 1 次。记录机组一次调频正确动作次数和应动作次数，计算机组一次调频动作正确率为

$$一次调频动作正确率=\frac{一次调频正确动作次数}{一次调频应动作次数}\times 100\% \tag{6-9}$$

(4) 水轮机调节系统应设置一次调频动作状态信号，并将该信号上传至监控系统，供调度部门实时监视和统计。调节系统若设置了一次调频投入/退出状态信号，该信号也应上传至监控系统。

(5) 在进行一次调频统计考核时，采用开度调节模式的水轮机调节系统，可将导叶/喷针开度作为响应目标；采用功率调节模式的水轮机调节系统，宜将机组有功功率作为响应目标。

(6) 一次调频月度投入率不低于 90%。

(7) 一次调频月度正确动作率不低于 90%。

6.4　一次调频的性能测试

6.4.1　水电机组一次调频性能测试的必要性

水电机组的一次调频功能对维持电网频率的稳定至关重要，特别是对于那些快速调节机组所占比重小的电网尤为关键。从电力系统中发生的一些事故中可以发现，一次调频功能投入且一次调频参数设置正确的机组，在电网发生事故时能极大地抑制事故的扩大，保证电力系统的稳定性。反之，若机组没有一次调频功能、一次调频功能切除或一次调频参数设置不当，当电网发生事故时不但不能抑制事故，还有可能导致事故的扩大和机组的解列。

一次调频可以在电网突发大负荷变化时快速提供功率支援，提高电力系统的可靠性；对于短时间负荷波动的调节可以减少二次调频的动作，优化系统的调度，稳定电网频率。若机组一次调频功能不能发挥其应有的作用，不仅是资源的浪费，而且仅靠AGC很难进一步提高电网频率控制水平。水电机组的一次调频能力与调速器的运行方式、机组功率调节的控制模式等都密切相关，但从很多实际情况和统计数据来看，很多水电机组的一次调频性能较差。

有些人认为“一次调频投入”会引起机组出力随频率的频繁波动。实际上，投入一次调频回路后，只要频率变化在整定的死区范围内，机组出力是不会变化的，即一次调频功能只会在频率变化超出整定范围才动作。很多电厂机组一次调频存在频率死区设置偏大等问题，这也是导致该机组不动作的原因。

例如2013年8月6日发生的“江城直流双极闭锁”发生后的连锁反应，据南方电网调度控制中心调〔2013〕37号通报，江城直流故障导致双极闭锁，南方电网系统出现2814MW的功率缺额，系统频率从49.98Hz跌落至49.82Hz，一次调频动作后使准稳态频率恢复至49.892Hz。一次调频共涉及机组331台，总容量113013.7MW，未达到额定出力的机组共计176台，事后调查涉及某省内17台机组，其中9台机组动作量不足，3台机组出现反调。

所以有必要通过一次调频试验来考核和优化水电机组的一次调频性能。

6.4.2 水电机组一次调频性能测试的主要内容

机组投入一次调频应通过具备国家认证资质机构的试验，确认已达到有关技术要求，并将有关资料送调度机构备案认可。

一次调频是保证电力系统稳定的重要手段之一，为了保证发电机组一次调频功能的可靠性和准确性，需要对每一台上网机组进行专业的功能试验，核实确定其调节参数，同时掌握该机组的调节特性。

根据相关规程规范对水轮机调节系统一次调频的相关技术要求，水电机组一次调频试验的测试内容主要包括以下几个方面。

1. 调速器测频回路校准

实践经验表明，测频环节对机组一次调频性能有比较大的影响，高质量的水轮机调节系统测频回路是水电机组具备良好一次调频性能的基础。水轮机调节系统须具有计数频率和测量分辨率高，滤波和抗干扰能力强，测频范围宽、测频响应时间短的高精度测频回路。

2. 永态转差系数 b_p（调差率 e_p）校验

永态转差系数 b_p 是实现水轮机有差调节的参数。通常水轮机调节系统的永态转差系数 b_p 能在0～10%范围内任意整定，但一次调频性能要求水轮机调节系统的永态转差系数 b_p 应不大于4%，需在一次调频现场试验过程中根据整定的永态转差系数 b_p 值进行测试校验。

3. 固有频率死区和一次调频死区测试

合理设置和准确测量水轮机调节系统频率死区是水电机组具备良好一次调频性能的保

障。固有频率死区的大小是水轮机调节系统内在性能特征，而一次调频死区则是在准确测量水轮机调节系统固有频率死区的基础上，通过设置人工死区的方式来实现，测试它是否满足水电机组一次调频死区在0.05Hz内的要求。

4. 水轮机调节系统一次调频调节参数选择

合理的水轮机调节系统一次调频调节参数是水电机组具备良好一次调频性能的关键。水轮机调节系统一次调频调节参数不同，一次调频性能也会有差异，需要通过现场测试选择满足一次调频响应时间和稳定时间要求，调节稳定性较好的调节参数。

5. 负荷响应时间和负荷稳定时间测试

负荷响应时间和负荷稳定时间的大小是水电机组一次调频性能的主要参数，通过水轮机调节系统一次调频调节参数选择之后，还需测试在不同的阶跃频率及工况下机组的负荷响应时间和负荷稳定时间，以准确全面测试水电机组的一次调频性能。

6. 跟踪电网响应测试

完成前述永态转差系数校验、死区测试、调节参数选择以及负荷响应时间和负荷稳定时间测试，还需要在实际电网运行环境下，观察水电机组的一次调频响应特性，验证机组的一次调频性能。

6.4.3 水电机组一次调频性能测试的方法

6.4.3.1 调速器测频回路校准

调速器测频回路校准可在水轮机蜗壳不充水条件下进行。机组处于停机状态，蜗壳排水至无水压或与尾水平压，将调速器切换为“机械手动”运行方式，拆除调速器机频的TV信号线，接入频率发生器的输出线。使用高精度的频率发生器向调速器机频测频回路发出步差为0.020～0.050Hz的频率信号，等待调速器频率测量值稳定后，分别记录调速器的频率测量显示值。如果频率测量的显示值超过了发频值±0.003Hz的范围，则要检查调速器的机频测频程序，并对其中的测频点进行相应的校正，直到测频值在发频值±0.003Hz的范围内跳动为止。

6.4.3.2 永态转差系数 b_p 校验

永态转差系数 b_p 校验可以使用阶跃频率法，也可使用静特性法。前者既可在水轮机静止状态下完成，也可在并网发电状态进行；后者需在水轮机静止状态下进行。出于安全考虑，永态转差系数 b_p 校验宜在水轮机静止状态下进行。

1. 阶跃频率法

电液调节装置处于模拟并网发电状态，由外接频率信号源作为机组频率信号，开环增益置于整定值，人工频率/转速死区 E_f 置于零，开度限制置于最大值，b_t、T_d 和 T_n 置于最小值（或 K_P、K_I 置于最大值，K_D 置于零）。将 b_p 置于电网一次调频要求设置值（通常为4%），改变输入信号频率，测量电液调节装置接力器某两个输出值 Y_1、Y_2 及对应的输入信号频率值 f_1、f_2。实测永态转差系数 b_p 的计算公式为

$$b_p=\frac{\dfrac{-(f_2-f_1)}{f_r}}{\dfrac{Y_2-Y_1}{Y_{max}}}\times 100\% \tag{6-10}$$

其中

$$|Y_2 - Y_1| > 50\% Y_{max}$$

式中　Y_{max}——接力器最大行程，mm；

f_r——额定频率，Hz。

2. 静特性法

在蜗壳不充水条件下，开环增益为整定值。人工频率/转速死区 E_f 置于零，开度限制置于最大值，b_t、T_d 和 T_n 置于最小值（或 K_P 为中间值，K_I 置于最大值，K_D 置于零）。将 b_p 置于电网一次调频要求设置值（通常为 4%）。用稳定的频率信号源输入额定频率信号，以开度给定将导叶接力器调整到 50%行程附近。然后升高或降低频率使接力器全关或全开，调整频率信号值，使之按一个方向逐次升高和降低。在导叶接力器每次变化稳定后，记录该次信号频率值、相应的接力器行程，分别绘制频率升高和降低的调速器静态特性曲线。每条曲线在接力器行程（5%～95%）的范围内，测点不少于 8 点，如测点有 1/4 不在曲线上，或 1/4 测点反向，则此试验无效，静态特性曲线斜率的负数即永态转差系数 b_p。

6.4.3.3　调差率 e_p 校验

如果调速器运行于功率模式，则应校验的是调差率 e_p。调差率 e_p 的校验方法与永态转差系数 b_p 校验的阶跃频率法类似，所不同的是永态转差系数 b_p 校验是在静止状态下而调差率 e_p 校验是在发电状态下。电液调节装置处于并网发电状态，由外接频率信号源作为机组频率信号，开环增益置于整定值，人工频率/转速死区 E_f 置于零，功率限制置于最大值，b_t、T_d 和 T_n 置于最小值（或 K_P、K_I 置于最大值，K_D 置于零）。将 e_p 置于电网一次调频要求设置值（通常为 4%），改变输入信号频率，测量电液调节装置接力器某两个输出值 P_1、P_2 及对应的输入信号频率值 f_1、f_2。实测调差率 e_p 的计算公式为

$$e_p = \frac{\dfrac{-(f_2 - f_1)}{f_r}}{\dfrac{P_2 - P_1}{P_r}} \times 100\% \tag{6-11}$$

其中

$$|P_2 - P_1| > 50\% P_r$$

式中　P_r——机组额定功率，MW；

f_r——额定频率，Hz。

6.4.3.4　固有频率死区测试

如果调速器运行于开度模式，固有频率死区测试可以用静特性法，也可以用阶跃频率法；如果调速器运行于功率模式，则固有频率死区测试只能使用阶跃频率法。且开度模式下固有频率死区测试可在水轮机静止条件下进行，而功率模式下固有频率死区测试只能在并网发电运行状态下进行。

开度模式下固有频率死区测试的静特性法同永态转差系数 b_p 校验的静特性法，用作图法或一元线性回归法求出转速死区。

开度模式下固有频率死区测试的阶跃频率法的试验条件同永态转差系数 b_p 校验的阶跃频率法。切除人工频率死区，输入额定频率信号，用开度给定将主接力器开到一定的行

程位置，在额定频率基础上施加正负阶跃频率偏差信号对调速器进行扰动，并逐步增加偏差信号，当频率偏差幅度达到某值时，接力器开始产生与此信号相应的运动时，在该位置施加信号次数应不小于连续正负阶跃 3 次，要求接力器运动方向每次均与该信号对应，否则还应继续增大信号幅值，直到得到满足上述要求的最小信号。用记录仪记录阶跃信号、接力器行程等值，求出满足上述要求的最小频率偏差值即为调速器的固有频率死区。

功率模式下固有频率死区测试的阶跃频率法与开度模式下固有频率死区测试的阶跃频率法是一致的，不同之处是功率模式下固有频率死区测试所记录的阶跃信号由接力器行程变换成有功功率信号，且需在并网发电运行状态下进行。

6.4.3.5　一次调频频率死区测试

无论调速器运行于开度模式，还是运行于功率模式，其一次调频频率死区测试方法与固有频率死区测试方法是相同的。不同之处是在做一次调频频率死区测试时需投入机组人工频率死区，且这种方法下得出的频率死区是包括人工频率死区和调速器固有频率死区在内的综合频率死区。

6.4.3.6　水轮机调节系统一次调频调节参数选择

水电机组一次调频性能的好坏主要指的是当电网频率发生变化时机组能快速地对系统提供功率支援的能力，包括快速性和负荷支援量两个方面的指标。动态响应性能要求包括负荷响应滞后时间、调整时间、目标偏差稳定性等面的要求。

水电机组的一次调频功能是由水轮机调速器根据系统频率变化自我调节机组有功功率来实现的。当今水电机组的调速器一般都是微机调速器，其控制规律也一般都是并联 PID 控制。不同的 PID 参数对有功功率调节特性是不一样的，因此需要进行一次调频调节参数选择试验，比较选择一组调节性能较好的一次调频调节参数。

水轮机调节系统一次调频调节参数选择试验的试验条件是机组开机并网带负荷稳定运行，投入一次调频功能，并设置一次调频频率死区为经测试整定值。先在调速器设置一组一次调频调节参数，在额定频率基础上施加正负阶跃频率偏差信号对调速器进行扰动，使用记录仪录取主接力器及有功功率随频率的变化曲线，计算机组一次调频有功响应滞后时间 T_{hx}、上升时间 $T_{0.9}$ 和稳定时间 T_s 等数值，如图 6-6 所示。

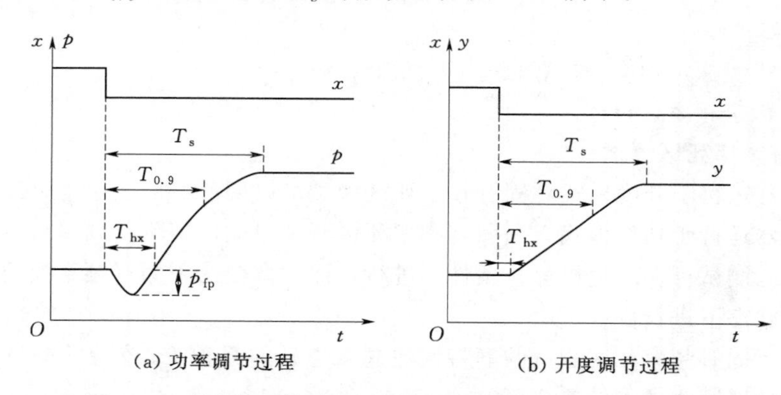

图 6-6　频率阶跃扰动时机组有功功率和导叶开度调节过程

观察机组有功功率调节的稳定性、超调量及冲击情况。之后再逐次改变一次调频调节

参数，进行同样的操作和测试。根据测试结果，在满足一次调频响应时间和稳定时间要求的前提下，选择调节稳定性好、反调小、无超调的调节参数作为该调节系统一次调频运行参数。

6.4.3.7 一次调频负荷响应时间和负荷稳定时间测试

一次调频负荷响应时间和负荷稳定时间测试试验条件与水轮机调节系统一次调频调节参数选择试验条件相同，都需在机组并网发电运行情况下进行测试。在调速器上设置经过一次调频调节参数选择试验选定的一次调频调节参数，待机组并网发电运行稳定之后，在额定频率基础上施加正负阶跃频率偏差信号对调速器进行扰动，使用录波记录仪录取主接力器及有功功率随频率的变化曲线，计算机组有功功率响应时间和稳定时间。之后再逐次改变阶跃频率偏差量，进行同样的操作和测试，比较不同阶跃频率偏差量下一次调频负荷响应时间和负荷稳定时间大小，取其平均值作为该机组一次调频负荷响应时间和负荷稳定时间。为使试验测试数据能够更加有效地反映机组特性，一次调频负荷响应时间和负荷稳定时间测试宜在低负荷段和高负荷段各做一次，然后取其平均值对其一次调频负荷响应时间和负荷稳定时间进行综合评价。

6.4.3.8 一次调频跟踪电网响应测试

一次调频跟踪电网响应测试的目的是通过永态转差系数 b_p（调差率 e_p）校验、死区测试、调节参数选择以及负荷响应时间和负荷稳定时间测试之后，在调速器使用实际电网频率反馈条件下，测试水电机组的频率响应特性，验证机组的一次调频性能。

拆除频率发生器到调速器的信号线，恢复调速器机组频率 TV 信号线，在调速器上设置经过一次调频调节参数选择试验选定的一次调频调节参数，并设置一次调频频率死区为前述已测试校验值，机组带 60%～90%额定负荷稳定运行，实测机组主接力器及有功负荷响应电网频率的变化过程及规律。之后改变机组一次调频频率死区设置值，进行同样的操作和测试，比较一次调频频率死区不同设置条件下机组主接力器及有功负荷响应电网频率的变化过程及规律，分析机组一次调频动作规律是否符合电网频率变化规律以及前述一次调频性能测试的特点。对于一洞多机水电厂，在条件允许的情况下建议开展多机同时带相应有功负荷工况下的一次调频性能测试。

6.5 一次调频的故障诊断与性能调整

6.5.1 水轮机调节系统测频回路精度低

水电机组一次调频的动作源是调速器测频模块所测得的频率信号，机组频率信号的测量必须准确。大多数现行的测频模块都是满足调频精度要求的，但也有个别例外。同时电厂存在比较复杂的电磁环境，调速系统的机组频率测量不可避免地受到一些电磁干扰，因此既要求测频回路精度足够高，又要求有足够的滤波抗干扰能力。

以某大型水轮发电机组一次调频试验过程中调速器测频模块校验为例。该机组在投产运行较长时间后，近期一次调频屡遭考核通报。经检查测试，调速器测频模块性能劣化严重，测频精度较差（部分校准数据见表 6-1），因此决定更换调速器测频模块，测试结果显示新测频模块测频精度大大提高，测试数据整体偏小。增加补偿之后，经测试完全能够满足一次调频要求。

表6-1　　调速器测频模块校准数据表　　单位：Hz

发　频　值	旧测频模块机频实测值		新测频模块机频实测值		新测频模块补偿后机频实测值	
	下限值	上限值	下限值	上限值	下限值	上限值
49.650	49.643	49.655	49.648	49.651	49.650	49.650
49.850	49.844	49.855	49.844	49.848	49.850	49.850
49.900	49.893	49.904	49.896	49.900	49.898	49.902
49.950	49.945	49.955	49.948	49.951	49.950	49.950
50.000	49.994	50.006	49.996	50.000	49.998	50.002
50.050	50.043	50.052	50.045	50.048	50.050	50.050
50.100	50.095	50.104	50.098	50.100	50.100	50.102
50.150	50.143	50.152	50.146	50.149	50.148	50.150
50.300	50.292	50.303	50.296	50.300	50.298	50.302
50.350	50.344	50.355	50.344	50.348	50.350	50.350

6.5.2　水轮机调节系统人工频率死区设置

准确设置水轮机调节系统人工频率死区是水电机组一次调频正确动作的关键因素。在《水轮机调节系统并网运行技术导则》（DL/T 1245—2013）和《南方区域发电厂并网运行管理实施细则》中都明确规定，水轮机调速系统在人工频率（转速）死区正确设置后，其一次调频频率死区应不大于0.05Hz。在现场人工频率死区测试过程中，结合对于大型调节装置及重要电站水轮机电液调节系统测频单元频率测量分辨率应小于0.003Hz的规定，一次调频频率死区应不大于（0.05±0.003）Hz。

在实际运行的水轮机调节系统中，如果不经过测试校准，人工频率死区的设置有可能偏大，也有可能偏小。如果人工频率死区的设置偏大，当电力系统频率达到水电机组一次调频动作值［频率大于等于（50±0.05）Hz］时，机组一次调频动作滞后，或者一次调频动作次数减少，一次调频动作积分电量相应减少；如果人工频率死区的设置偏小，当电力系统频率未达到水电机组一次调频动作值［频率小于（50±0.05）Hz］时，水电机组一次调频会动作超前，或者一次调频动作次数增多，极小的一次调频人工频率死区还易引起调速器的频繁抽动，同时由于一次调频动作积分电量的积分起始点被选择为一次调频动作之后的机组有功出力值，在一次调频动作时段内的有功差值就会减小，相应的一次调频动作的积分电量也会随之减少。

根据上述分析，水电机组一次调频人工频率死区的设置必须合适，偏大和偏小都不利于机组一次调频功能的充分发挥。因此，在现场一次调频故障诊断与性能调整测试试验过程中，需准确检测水轮机调节系统的一次调频人工频率死区。

以贵州省某大型水电机组一次调频故障诊断与性能调整测试为例。根据该机组初始设置的一次调频人工死区 0.050Hz，其一次调频动作情况如图 6-7 所示。

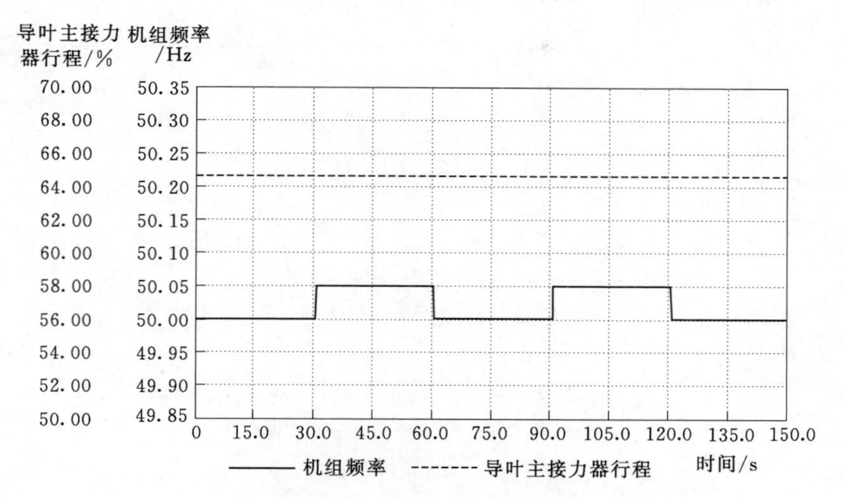

图 6-7　发频值为 50.050Hz 时机组一次调频不动作

根据图 6-7 的测试结果可知，该机组一次调频人工死区偏大，一次调频动作滞后。于是决定减小一次调频人工死区。调整人工频率死区后，机组的一次调频动作情况如图 6-8 所示。

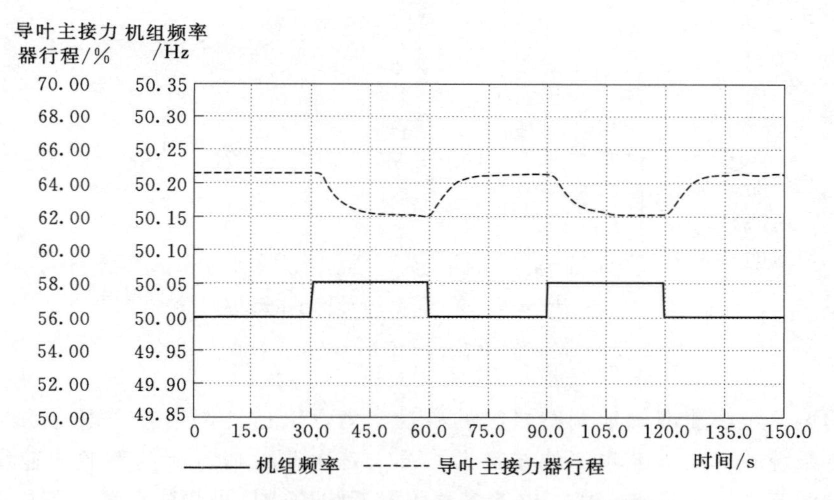

图 6-8　发频值为 50.048Hz 时机组一次调频动作

由图 6-8 测试结果可知，该机组一次调频人工死区偏小，一次调频动作超前。于是决定再次调整一次调频人工死区。再次调整人工频率死区后，机组的一次调频动作情况如图 6-9 和图 6-10 所示。此时机组一次调频动作情况符合相关规程规定的要求。

6.5.3　水轮机调节系统一次调频调节参数

水电机组一次调频功能的实现是水轮机调节系统根据调速器测频模块所测得的频率与

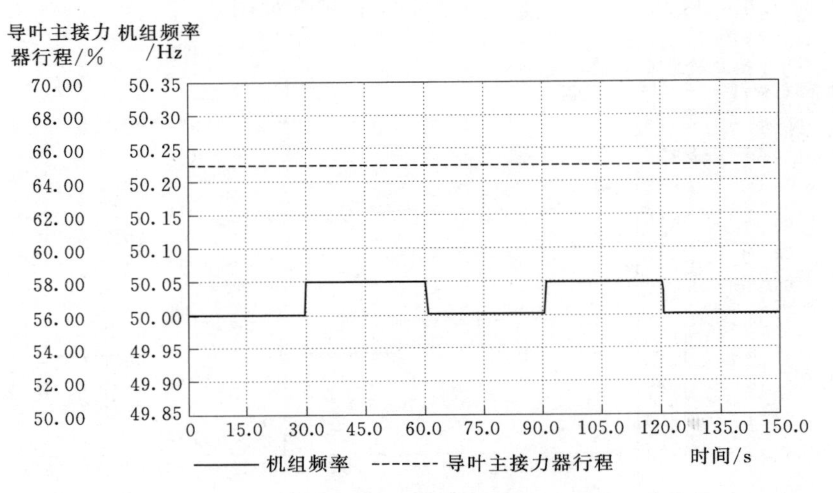

图 6-9　发频值为 50.048Hz 时机组一次调频不动作

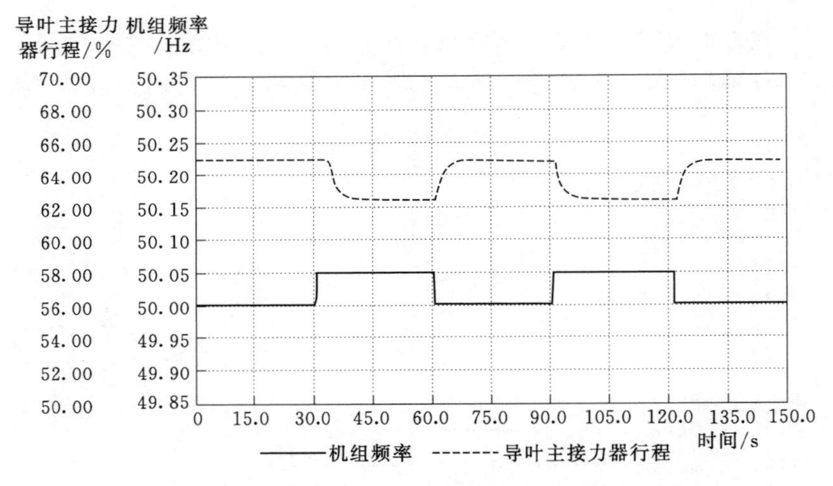

图 6-10　发频值为 50.050Hz 时机组一次调频动作

基准频率的偏差，快速准确地调整机组的有功出力，以达到调整整个电力系统频率的目的。因此，系统频率与基准频率偏差越大，要求一次调频的负荷调整响应速度越快。同时，水轮机调节系统是受水、机、电等多种因素影响的非最小相位系统，其控制参数的寻优过程通常都会存在较大的不确定性。当前，无论是开度模式还是功率模式，其一次调频的调节都采用比例-积分调节。

对于一次调频功能模块采用 PID 调节的水电机组调节系统，不同的比例、积分和微分系数，其一次调频的负荷响应速度和调节稳定性是不同的。通常而言，增大 K_p（或减小 B_t），导叶会更快地朝目标方向开启（或关闭），负荷变化速度也会相应地增快。但对于水电机组而言，加快导叶的开启（或关闭）速度会导致蜗壳水锤压力变化，从而增加有功功率的反调量，负荷的响应时间也随之变长。因此，对于水电机组而言，一次调频响应

速度与机组导叶关闭速度不是一种单调增减的对应关系。同时，需选取适当的积分和微分系数以使机组一次调频有功功率调节较为稳定。以某大型水电机组开度模式一次调频PID调节参数寻优为例，该机组最初的一次调频负荷响应时间为3.76s，超出《南方区域发电厂并网运行管理实施细则》中规定的当电网频率变化达到一次调频动作值到机组负荷开始变化所需的时间（即一次调频负荷响应滞后时间应不大于3s的规定），如图6-11所示。

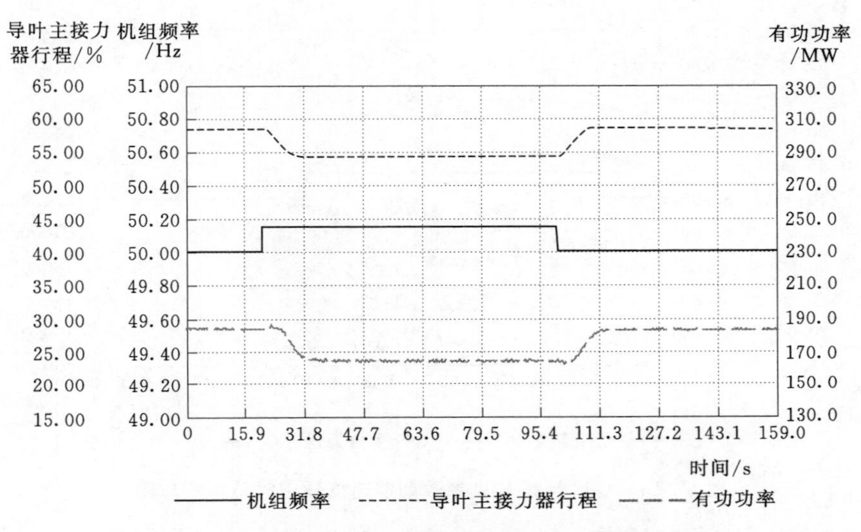

图6-11 一次调频PID参数调节速度较慢时负荷响应图

由于PID调节速度较慢，负荷响应时间较长。因此决定增大K_P以加快导叶调节速度，从而减小负荷响应时间。调节速度较快时负荷响应如图6-12所示。

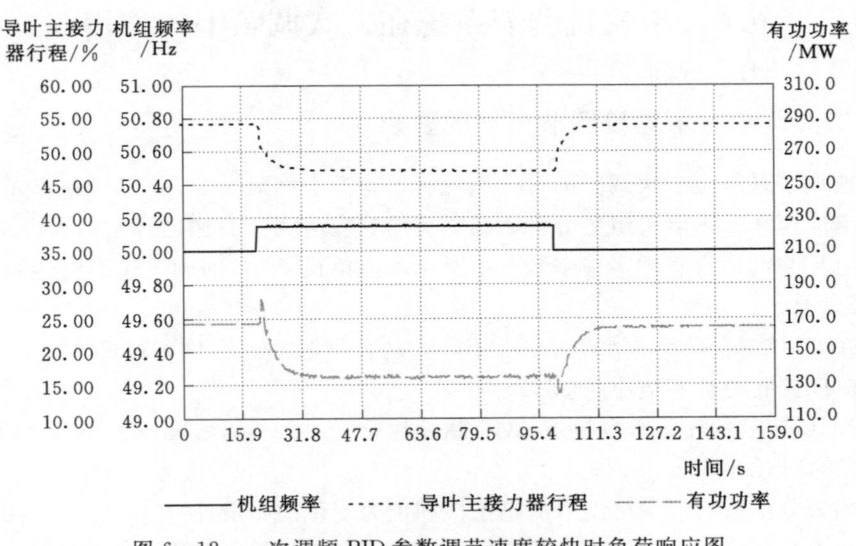

图6-12 一次调频PID参数调节速度较快时负荷响应图

由图 6－12 可知，调整一次调频 PID 调节参数之后，机组一次调频动作时导叶动作速度明显加快，负荷变化速度随之加快，但由于导叶动作速度加快之后蜗壳水锤压力造成机组有功出现明显反调现象，因此一次调频负荷响应时间依然比较长，为 3.35s。结合上述两组 PID 调节参数的调节情况，决定重新选择一组调节速度适中的调节参数测定一次调频有功功率调节情况，如图 6－13 所示。

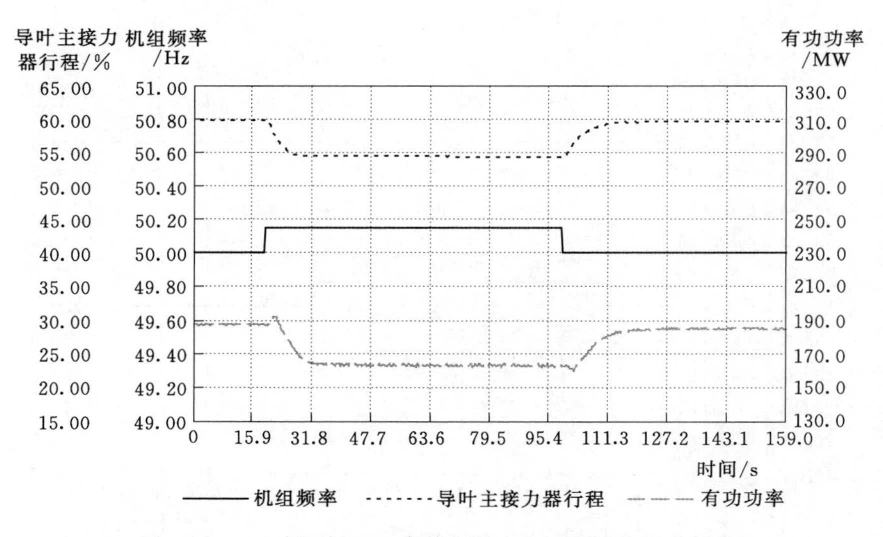

图 6－13　一次调频 PID 参数调节速度适中时负荷响应图

此时，机组一次调频动作时导叶动作速度比较适中，负荷变化速度也较快，机组有功出现一定的反调，但反调量不大，因此一次调频负荷响应时间比较短，为 2.37s，达到了参数寻优的目的。

6.6　水轮机调节系统在二次调频中的作用

6.6.1　二次调频对水轮机调节系统的要求

水轮机调节系统是二次调频的最终执行者，南方电网对 AGC 调节的要求如下：

（1）响应速率。水电机组每分钟增减负荷的响应速率宜为额定容量的 50％以上。《南方区域发电厂并网运行管理实施细则》中要求水电单机 AGC 的调节速率应达到 30％额定容量/min 以上。

（2）AGC 控制合格率。水电机组 AGC 控制合格时间或合格时段的时间总和与 AGC 功能投入时间的百分比不应小于 95％。

（3）AGC 调节精度。水电机组 AGC 指令执行完后，机组实际出力和目标值的误差与机组容量的百分比不应大于 3％。

（4）出力分配策略应保持出力的稳定性和出力变化的平滑性。

（5）出力分配应保证全厂的机组特性满足调度和电力监管机构对调节速率和响应时间

等指标的要求。

(6) AGC分配值与调度/集控给定值差值尽可能最小。

(7) 电厂实际执行的总出力和调度给定值的偏差在设定的死区范围内。

6.6.2 一次调频与AGC的逻辑关系

为满足一次调频与AGC的逻辑关系，首先要建立一次调频与监控AGC控制程序之间的通信，调速器上送一次调频投入、退出信号、一次调频动作、一次调频静止4个信号。

机组在执行AGC设定值时应该不受一次调频功能的影响，出力变化应该是二者叠加的效果，如果机组调速机构不能同时执行一次调频和AGC功能实现调节量叠加，应该以AGC负荷调节优先。

水电机组的调速机构如果不能实现一次调频和AGC调节量叠加，在二者的配合上，应该满足以下条件：

(1) 机组在执行AGC调节任务时不应该受到一次调频功能的干扰。

(2) 一次调频在AGC调节完成后应该正常响应。

(3) 一次调频在动作过程中如果有新的AGC调节命令，应该立即执行AGC调节命令。

(4) 机组的一次调频动作引起的全厂总功率的偏差应该不能被监控系统重新调整回去。

6.6.3 一次调频与AGC协调性试验

1. 一次调频与AGC叠加试验

机组带负荷稳定运行，监控系统有功闭环调节投入、一次调频投入，监控系统接收来自调速器的一次调频功能投入状态、一次调频动作信号正常。

调速器在自动运行方式下，投入一次调频功能，机组带60%～90%额定负荷稳定运行，通过信号源在额定频率基础上施加正负偏差的频率阶跃信号，有效频率偏差绝对值应不小于0.1Hz，记录信号源频率、主接力器位移、机组有功等信号的变化过程。

在施加的频率扰动信号未回到一次调频死区范围内、同时监控系统未下发新的有功给定值情况下，机组有功稳态值 P_1 为

$$P_1 = P_c + P_{PFC} \tag{6-12}$$

式中 P_1——调节稳定后机组有功；

P_c——监控系统有功给定值；

P_{PFC}——一次调频有功调节量。

待一次调频调节稳定后，保持施加的频率扰动信号不变，监控系统下发给定值不低于±5%额定有功的扰动量 ΔP，记录机组负荷调节过程，机组有功稳态值 P_2 为

$$P_2 = P_c + P_{PFC} + \Delta P \tag{6-13}$$

有功调节稳定后将频率信号恢复至50.0Hz额定值，记录机组负荷调节过程，此时机组有功稳态值 P_2 为

$$P_2=P_c+\Delta P \tag{6-14}$$

2. 一次调频与 AGC 逻辑关系测试

测试人员投入一次调频，模拟机组频率各变化±0.15Hz，然后在机组频率变化±0.15Hz 时，先后叠加全厂 AGC 有功设定+10MW 与−10MW，测试记录见表 6-2。

表 6-2　AGC 与一次调频叠加测试记录　单位：MW

机组号	一次调频动作是否退AGC	一次调频、二次调频动作							
		调整前机组 AGC 功率给定	调整前机组功率	一次调频		二次调频		调整后 AGC 功率给定	调整后有功功率
				+0.15Hz	−0.15Hz	增负荷	减负荷		
1	否	40	40.7	√	—	√	—	50	50.3
		50	50.2	√	—	—	√	40	39.2
		40	40.7	—	√	—	√	30	31.0
		30	30.5	—	√	√	—	40	40.9
2	否	45	44.9	√	—	√	—	55	55.2
		55	55.7	√	—	—	√	45	45.9
		45	44.5	—	√	—	√	35	34.1
		35	34.8	—	√	√	—	45	45.9

测试人员投入机组一次调频功能，投入 AGC 控制，模拟机组频率各变化±0.15Hz，检验一次调频动作引起的全厂功率偏差在没有新 AGC 指令时不应被监控系统重新调整回去，测试记录见表 6-3。

表 6-3　AGC 与一次调频叠加测试记录　单位：MW

机组号	一次调频动作是否退AGC	一次调频、二次调频动作							
		调整前 AGC 功率给定	调整前机组功率	一次调频		二次调频		调整后 AGC 功率给定	调整后有功功率
				+0.15Hz	−0.15Hz	增负荷	减负荷		
1	否	40	40.7	√	—	—	—	40	33.5
		40	40.7	—	√	—	—	40	46.9
2	否	45	44.9	√	—	—	—	45	38.3
		45	44.5	—	√	—	—	45	52.1

6.6.4　水电机组二次调频边界裕度

当 AGC 指令达到机组额定负荷附近时，水电机组二次调频应预留一次调频边界裕度，可在监控系统 AGC 逻辑中进行设置，确保一次调频充分发挥作用，二次调频边界裕度计算方法如下：

以超过一次调频死区 90％概率频率偏差计算，即

$$P_\delta=1.65\Delta f_d\frac{P_N}{e} \tag{6-15}$$

式中 Δf_{d}——一次调频死区（±0.05Hz）标幺值，取±0.001；

P_{N}——机组额定功率，MW；

e——功率差值系数，%；

P_{δ}——二次调频边界裕度。

可得

$$P_{\delta}=0.00165\frac{P_{N}}{e} \tag{6-16}$$

若 $P_{N}=200$MW、$e=4\%$，则 $P_{\delta}=\pm 8.25$MW。

第7章 水轮机调节系统参数测试与建模

7.1 概 述

电力系统仿真计算已经成为电力系统设计、运行与控制中不可缺少的手段，一些常用的可用于电力系统分析的仿真软件，如 PSASP、Matlab、BPA、EMTP、PSCAD/EMTDC 等已成为标准化的仿真工具，并且应用越来越广泛。人们对仿真计算的精度要求越来越高，但这是以电力系统模型和参数的准确性为基础的。模型与参数对仿真结果影响很大，在临界情况下有可能会改变定性结论，掩盖重要现象，构成系统潜在风险，造成不必要的浪费。

水电机组调节系统作为电力生产及运行过程中的重要控制系统之一，对机组的电能质量和稳定运行起到举足轻重的作用。由水电机组调速器作为系统控制器、水轮发电机组作为被控对象而共同组成的控制系统，是一个水、机、电相互影响、相互制约的复杂非线性控制系统。由此可见，无论是对于水电机组调节系统自身性能的改善，还是对于电力系统的分析计算而言，都必须建立在准确可信的数学模型的基础上。

电力系统参数和动态建模已成为重要的课题。近年来，为提高系统分析的准确性，国内积极开展了原动机及调节系统、同步发电机励磁系统及负荷建模和参数辨识工作。对于水轮机及调节系统，能够用于电力系统分析与计算的建模和参数辨识方法依然存在很多亟待解决的问题。国内对调节系统精细化建模做了很多研究，但由于部分参数无法准确获得，只能作为调节系统本身特性的研究和试验，尚不能在电力系统分析中广泛应用。电力系统分析用调节系统模型应具有两个特性：①参数能够准确获得，②数学模型能够满足仿真精度需求。到目前为止，国内电力系统分析常用的分析软件（如 PSASP、BPA）所使用的水电机组调速器数学模型与实际投运的调速器真实模型仍存在一定差别。

本章基于作者多年的工作经验，将重点介绍水轮机调节系统参数测试方法及基于实测参数的建模及仿真。BPA 及 PSASP 是国内电力系统进行方式计算的主要软件。美国 Math Works 公司推出的 Matlab 软件，编程语言高效、直观，在科学研究和工程应用的建模仿真中得到了广泛应用，这里将一并介绍。

7.2 水轮机调节系统模型

数学仿真在各行业已经得到了广泛应用，方法和模型很多，应用数学模型来表达水轮机调节系统的各个环节已经有很多经验及案例，但并非每个环节都需要找到一个精细的数学模型，一般应根据仿真的目的、需求及精度要求来搭建，尤其是工程应用中，模型并非

越精细越好。例如：虽然每个环节都建立了精细的数学模型，但模型的参数获得困难，准确性未知，这样的模型适合做局部环节参数特性分析，但不能作为电力系统仿真模型，参数的误差积累很有可能使得整个调节系统的仿真结果失真，而且影响仿真的速度。各环节模型的精细程度应充分考虑其对仿真结果的影响、参数的来源及准确性，经反复试验后，确定最终模型。

水轮机调节系统的模型结构一般可分为调节器和执行机构两部分，执行机构包括电液转换器和机械液压系统。

7.2.1　水轮机调节系统常见环节数学模型

7.2.1.1　调节器各环节模型

1. 测量环节模型

调节系统的转速、功率、压力等测量环节，考虑到滤波环节等的作用等效成如图 7－1 所示的一阶惯性环节。

2. 频率测量及加速度环节

水轮机电气液压调节系统中，频率的测量通过电气综合放大后送至电气液压放大部分。该环节中包含频率的测量及加速度两个环节，模型如图 7－2 所示。

图 7－1　测量环节模型

T_R—该测量环节时间常数

图 7－2　频率测量及加速度环节

T_n—加速度时间常数；T_{1v}—测量环节时间常数

3. 缓冲环节

水轮机机械、电气液压调节系统中，缓冲装置将来自主接力器或中间接力器的位移信号转换成一个随时间衰减的信号，它可以是机械液压式的缓冲器，也可以是由电气回路构成的电气缓冲环节。缓冲环节传递函数如图 7－3 所示。

4. 并联 PID 环节模型

并联 PID 调节器模型如图 7－4 所示。

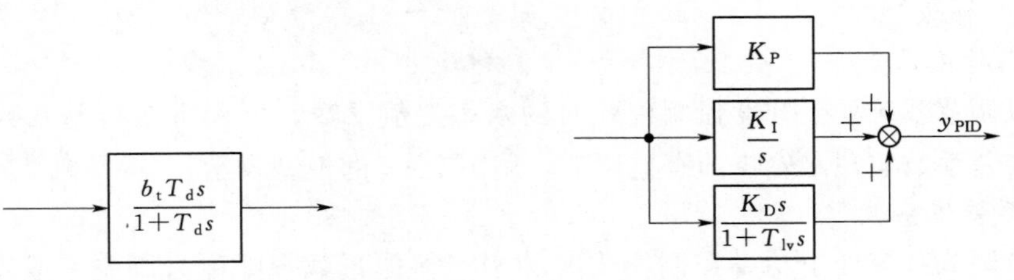

图 7－3　缓冲环节

b_t—暂态转差系数；T_d—缓冲装置时间常数

图 7－4　并联 PID 调节器

K_P—比例增益；K_I—积分增益，1/s；K_D—微分增益，s；T_{1v}—微分衰减时间常数，s

5. 串联PID环节模型

串联PID调节器模型如图7-5所示。

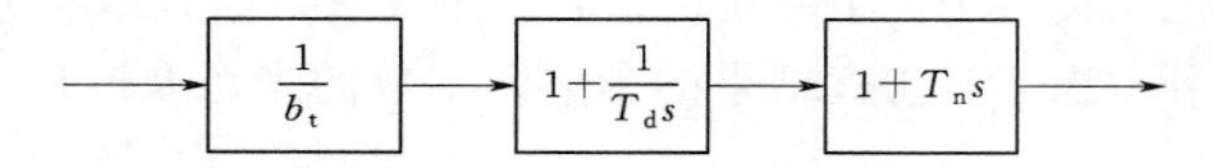

图7-5　串联PID调节器

b_t—暂态转差系数；T_d—缓冲时间常数，s；T_n—加速时间常数，s

实际使用中，串联PID调节器可转换为并联PID结构型式，如图7-6所示。

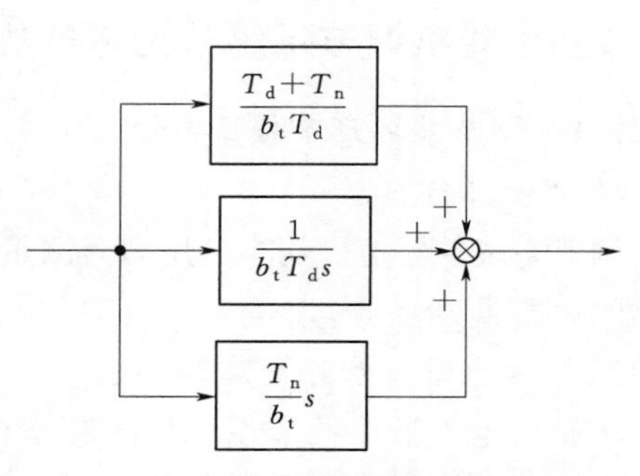

图7-6　串联PID调节器转换为并联结构型式

6. 限幅环节模型

调节器的信号限幅、运算饱和、开度限制等可用限幅环节表示，限幅环节如图7-7所示。

7. 死区环节模型

调节器的信号测量分辨率、数字滤波、人工失灵区等，可以死区环节表示，死区环节如图7-8所示。

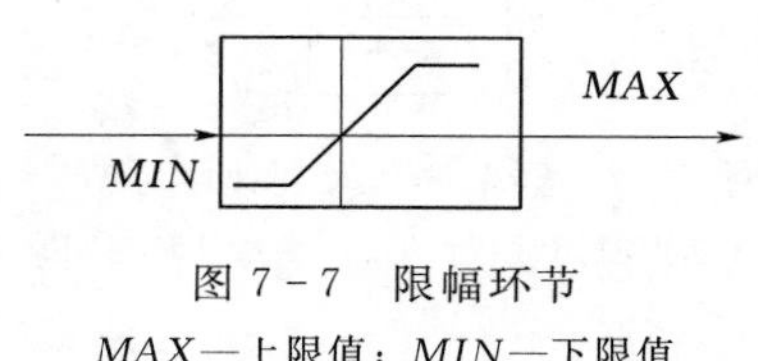

图7-7　限幅环节

MAX—上限值；MIN—下限值

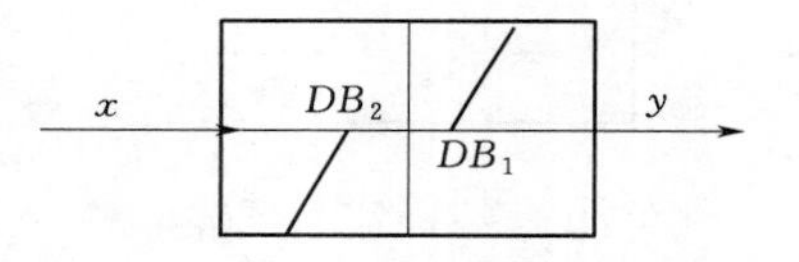

图7-8　死区环节

DB_1—正方向死区；DB_2—负方向死区

其数学表达式为

$$y=\begin{cases}0, & DB_2\leqslant x\leqslant DB_1\\ x-DB_1, & x>DB_1\\ x-DB_2, & x<DB_2\end{cases}\tag{7-1}$$

式中　y——输出；

x——输入。

8. 永态转差系数

水轮机调节系统处于开度控制模式时的永态差值系数，也称永态转差系数，用b_p表示，永态转差系数实现水轮机的有差调节，用图7-9的模型表示。

9. 功率差值系数

水轮机调节系统处于功率控制模式时的永态差值系数，则称为调差率或功率差值系数，用e_p表示。功率差值系数实现水轮机的有差调节，用图7-10的模型表示。

10. 纯延迟环节模型

调节器在进行信号转换及处理时将产生延滞现象，如频率测量、A/D及D/A转换的

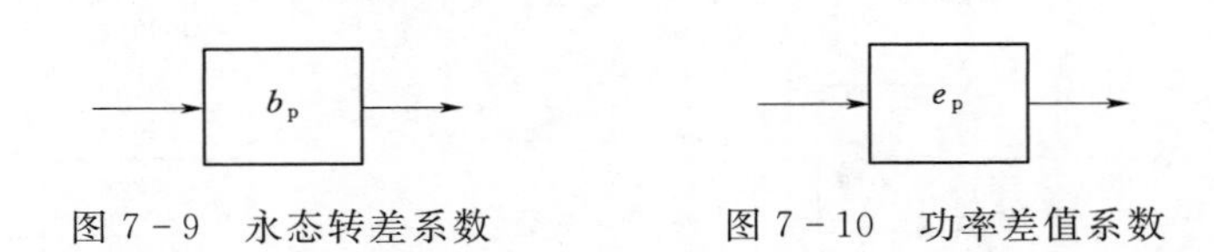

图 7-9　永态转差系数　　　　图 7-10　功率差值系数

纯延时等，在控制系统中，存在一些纯延迟环节，可以用如图 7-11 的模型描述。

11. 前馈环节

为加快水轮机调节系统的开度/有功功率的调节速度，有的调节器带有前馈环节，也称开环增量环节，其数学模型如图 7-12 所示。在开度控制模式下，$G_f(s)=\pm\Delta y$；在功率控制模式下，$G_f(s)=\pm\Delta p$。

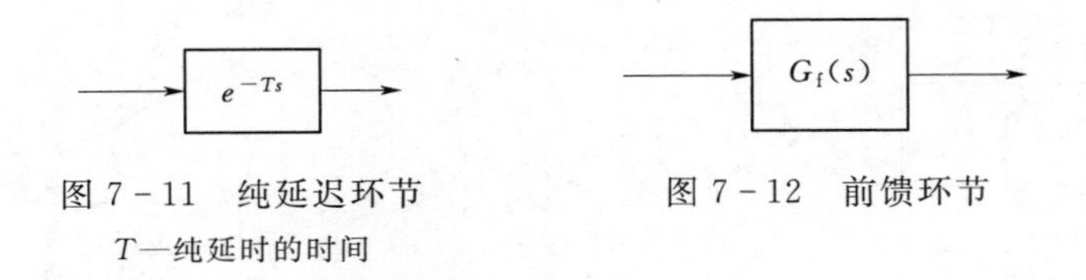

图 7-11　纯延迟环节

T—纯延时的时间

图 7-12　前馈环节

12. 逻辑控制

控制系统中还存在一些控制的逻辑，根据频率超差值的大小、监控系统的远方命令、信号的故障状态，水轮机调节系统将由相应的控制逻辑切换至不同的控制方式（开度控制模式、功率控制模式、频率控制模式）与不同的调节参数；例如，有的水轮机调节器在频率偏差超过 0.3Hz 时，将切入孤网调节模式（以频率量为调节目标的频率控制模式），这与一次调频控制方式（以开度/功率为调节目标的控制模式）的模型参数及结构有所不同。这种由逻辑控制引起的模型参数及结构的变化宜在模型中得到反映。这些逻辑会影响到调节系统的响应，应建立这些逻辑控制的模型。

7.2.1.2　执行机构各环节模型

1. 开度反馈环节模型

机械液压执行机构的开度反馈环节一般为反馈滑阀，电气液压的执行机构的开度反馈环节一般为位移传感器，两者结构不同，但是都可以用图 7-13 的一阶惯性环节表达。

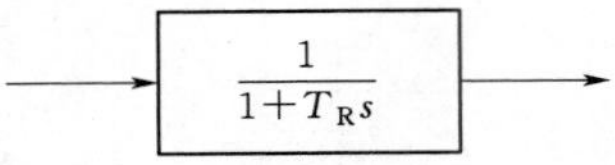

$$\frac{1}{1+T_R s}$$

图 7-13　开度反馈环节模型

T_R—环节的时间常数

2. 电液、电机转换环节

电液、电机转换环节将电信号转换为具有一定操作力的机械位移或流量信号，水轮机调节系统的电液、电机转换元件种类繁多，总体可分为位移输出型和流量输出型两类，主用包括喷嘴挡板伺服阀、电液转换器（属于工业伺服阀）、比例阀、比例伺服阀、微型电机（步进电机、伺服电机）、高频快速开关阀、电磁换向阀等。由于结构的多样化，其相应的精确数学模型也各不相同。

电液、电机转换装置用图 7-14 和图 7-15 的一阶惯性环节表示。

3. 执行机构副环 PID 环节模型

执行机构副环的 PID 环节如图 7-16 所示。应注意到小时间常数下的测量准确性将受到附加环节如小惯性环节、A/D 和 D/A 滞后等环节的影响。

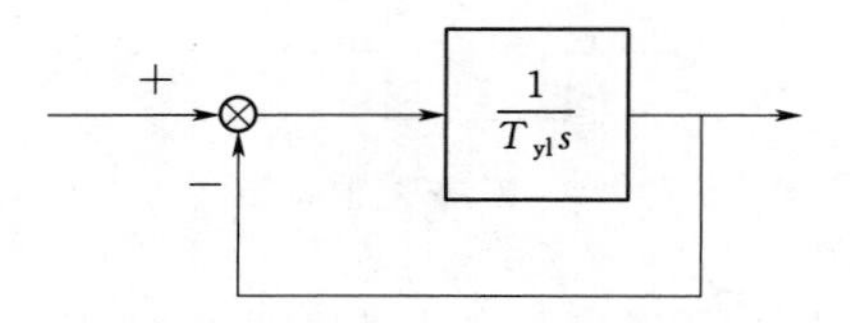

图 7-14　电液、电机转换环节模型

T_{yl}—电液转换环节时间常数

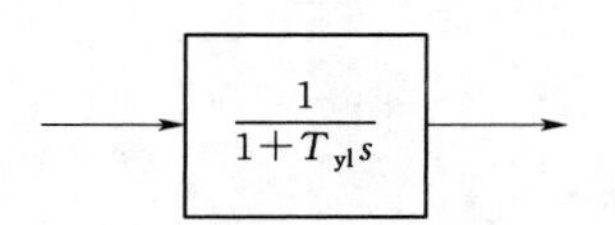

图 7-15　电液、电机环节

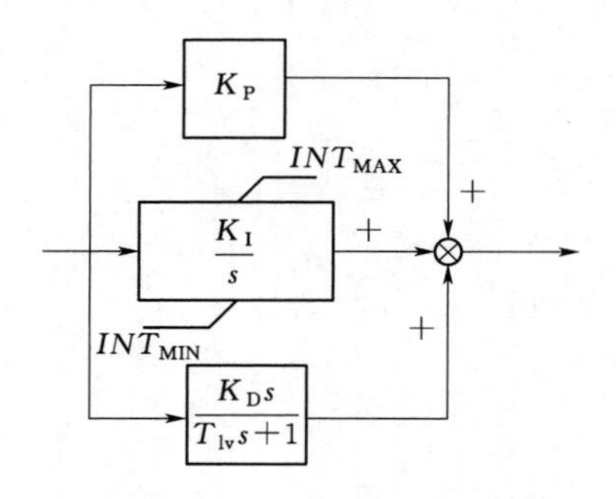

图 7-16　PID 环节模型

K_P—比例增益；K_I—积分增益；K_D—微分增益；T_{1v}—微分环节时间常数；INT_{MAX}、INT_{MIN}—积分的上限值、下限值

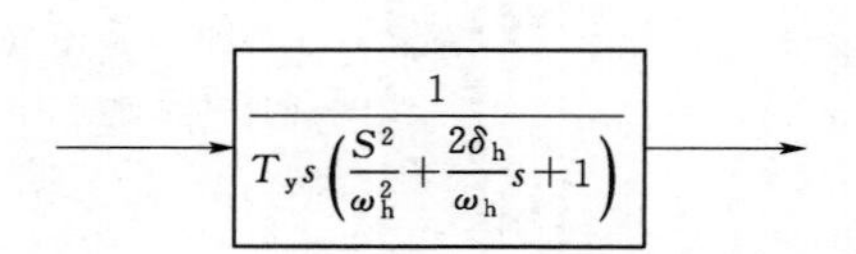

图 7-17　主配压阀-接力器组件

T_y—接力器响应时间常数，s；ω_h—液压固有频率，1/s；δ_h—阻尼比

4. 主配压阀-接力器组件

主配压阀-接力器组件，即主配压阀（接力器控制阀）和主接力器构成的液压放大级（阀控缸）模型，如图 7-17 所示。

其解析表达式为

$$T_y=\frac{A_c Y_{max}}{K_q S_{max}} \tag{7-2}$$

$$\omega_h=\sqrt{\frac{4\beta_e A_c^2}{M_t V_t}} \tag{7-3}$$

$$\delta_h=\frac{K_{ce}}{A_c}\sqrt{\frac{\beta_e M_t}{V_t}}+\frac{B_p}{4A_c}\sqrt{\frac{V_t}{\beta_e M_t}} \tag{7-4}$$

式中　K_q——主配流量增益，m^2/s；

A_c——接力器活塞有效作用面积，m^2；

S_{max}——主配最大工作行程，m；

Y_{max}——接力器最大工作行程，m；

β_e——油系统的有效容积弹性系数（包括油液、连接管道及腔体的机械柔度），N/m^2；

M_t——活塞和负载折算到活塞上的总质量，kg；

V_t——接力器两侧油液总压缩容积，m^3；

K_{ce}——总流量压力系数，$m^5/(N\cdot s)$；

B_p——接力器活塞和负载折算到活塞上的总黏性阻尼系数，$N\cdot s/m$。

图 7-17 是通用的阀控缸数学模型，应用十分广泛。若忽略油液的压缩性、接力器负载阻尼、负载刚度及泄漏，则可简化为积分环节。为便于使用，在水轮机调节系统的分析计算中也普遍采用这种简化的积分模型。

5. 主接力器模型

(1) 不含分段关闭装置的主接力器数学模型。主接力器是水轮机导叶的直接驱动者，可以看作是一个开环增益、主接力器动作速度限幅和一个积分限幅环节的组合，用图 7-18 的模型表示。

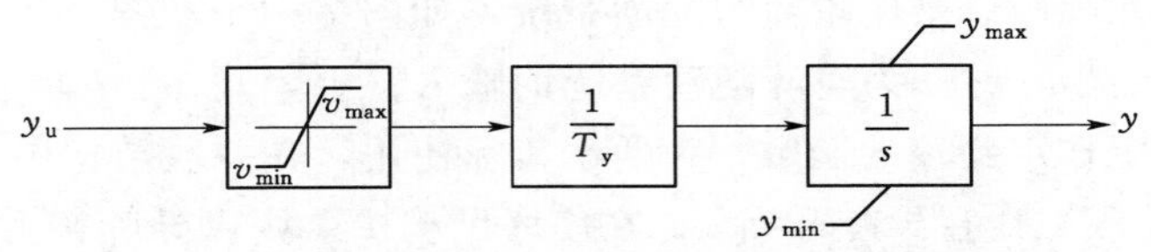

图 7-18 不含分段关闭装置的主接力器环节

y_u—电液转换环节的输出；y—导叶开度；T_y—导叶接力器反应时间常数；v_{max}—接力器最快开启速度；v_{min}—接力器最快关闭速度；y_{max}—接力器位移上限，即全开位置，其值为 1；y_{min}—接力器位移下限，即全关位置，其值为 0

(2) 含有分段关闭装置的主接力器数学模型。如图 7-19 所示，该模型考虑了接力器分段关闭特性，适用于混流式机组、冲击式机组、转桨式机组（导叶）、抽水蓄能机组等的执行机构接力器模拟。对于无分段关闭特性的机组，将分段点设置为 0 同样适用。

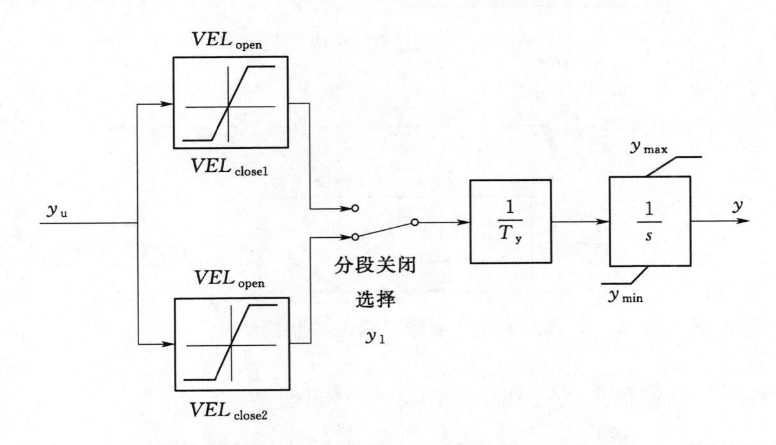

图 7-19 含有分段关闭装置的主接力器环节

VEL_{open}—接力器最快开启速度（标幺值）；VEL_{close1}—接力器最快关闭速度 1（标幺值）；VEL_{close2}—接力器最快关闭速度 2（标幺值）

6. 执行机构死区环节

由机械传动死行程和主配压阀（接力器控制阀）搭叠量等因素产生的控制不灵敏现象可用死区环节来表示，如图 7-20 所示。

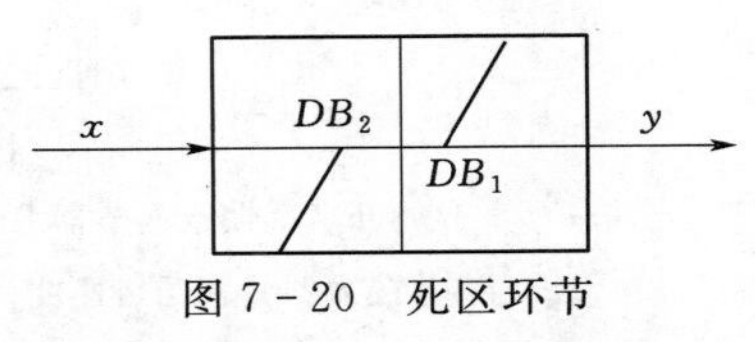

图 7-20 死区环节

DB_1—正方向死区；DB_2—负方向死区

其数学表达式为

$$y=\begin{cases}0, DB_2 \leqslant x \leqslant DB_1 \\ x-DB_1, x>DB_1 \\ x-DB_2, x<DB_2\end{cases} \tag{7-5}$$

式中　y——输出；

x——输入。

7. 转桨式机组桨叶执行机构模型

用于转桨式机组的双调整调节系统应在导叶控制系统的基础上配置轮叶与导叶间的协联关系控制输出单元和用于操作轮叶的随动系统，如图7-21和图7-22所示。图中y_{rc}为协联控制环节的输出，并作为轮叶随动系统的输入；$y_{rc}=f(\alpha, h)$为协联函数，是导叶开度α与水轮机工作水头h的函数，为便于实际使用，在并联结构中，以导叶控制y_{gc}（导叶随动系统的输入）代替导叶开度α；在串联结构中，则以导叶接力器行程y_g（导叶随动系统的输出）代替导叶开度α；y_{PID}为PID调节器的控制输出，也是导叶随动系统的输入y_{gc}。

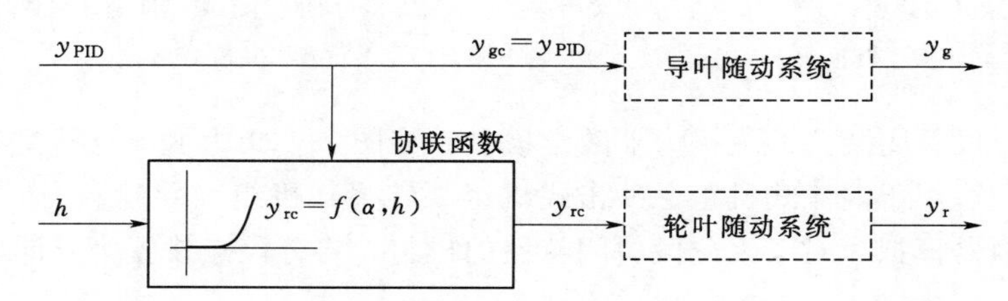

图7-21　并联结构的协联控制

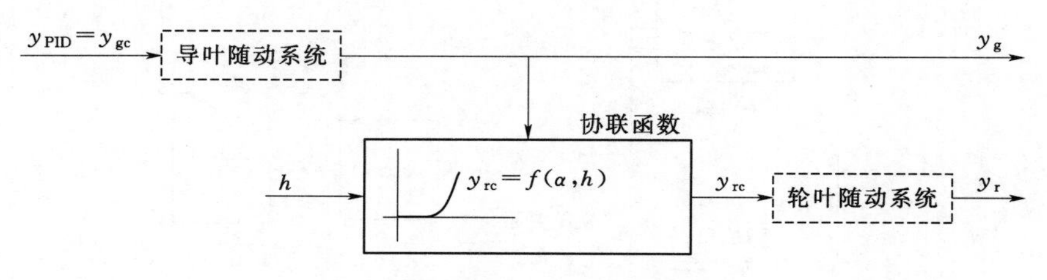

图7-22　串联结构的协联控制

转桨式机组执行机构模型还可用图7-23所示的模型。

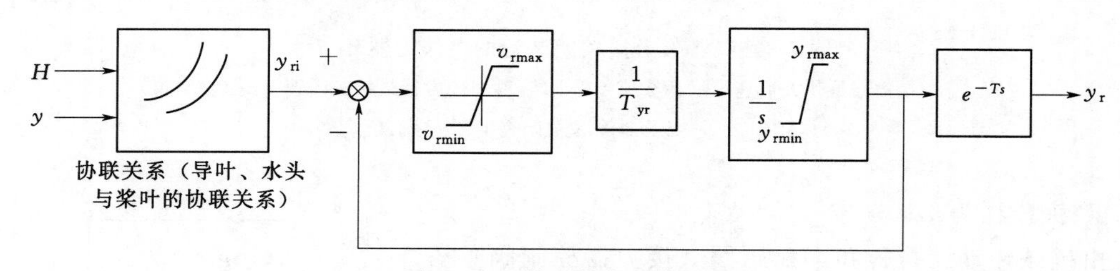

图7-23　桨叶执行机构模型

H—水头；y—导叶开度反馈或调节器PID控制输出；y_{ri}—协联关系环节输出；T_{yr}—桨叶接力器反应时间常数；v_{rmax}—桨叶接力器最快开启速度；v_{rmin}—桨叶接力器最快关闭速度；y_{rmax}—桨叶接力器位移上限；y_{rmin}—桨叶接力器位移下限；T—延迟时间；y_r—桨叶开度

需通过实测数据拟合获取固定水头下导叶和桨叶的协联关系 $y_r=f(y)$。

8. 纯延迟环节模型

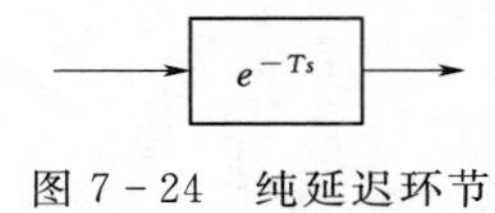

图 7-24 纯延迟环节

T—纯延迟的时间

输出响应与输入信号在时间上存在的滞后现象可用纯延迟环节来表示，如图 7-24 所示。

9. 限幅环节

为满足调节保证计算设计的要求，接力器向开启和关闭方向的最大运动速度是需要限制的，通常采用限制主配压阀最大工作行程（即阀口开度）的方法来实现。此外，接力器的实际可用行程区间也是有限的，即下限最小标幺值为 0，上限最大标幺值为 1。对于这种饱和非线性现象可用限幅环节来描述。

10. 导叶滞环非线性

从接力器到导叶之间的传动间隙和弹性变形引起的滞环非线性模型如图 7-25 所示。滞环误差通常为 0.4%～2%。当忽略滞环非线性时，可近似将导叶接力器行程标幺值作为导叶开度标幺值。

11. 导叶开度-功率转换环节

开度与功率有较强的非线性，用如图 7-26 所示的分段线性环节表示。开度、功率都是标幺值，也可以直接建立功率开度的拟合曲线，采取查表差值的方式。

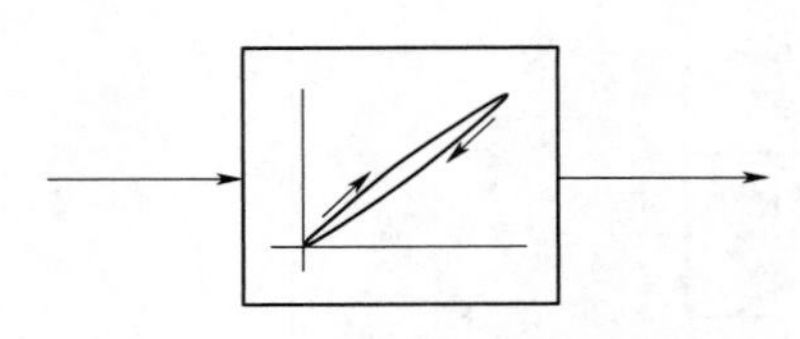
图 7-25 导叶滞环非线性

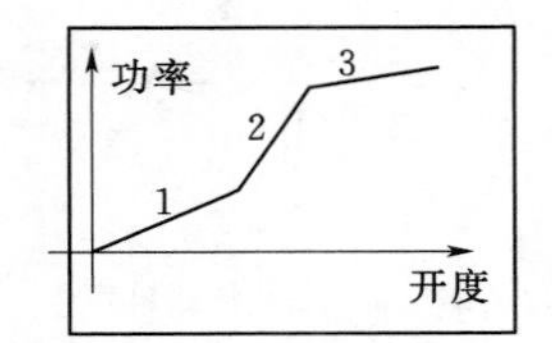

图 7-26 开度-功率转换模型

7.2.2 水轮机调节系统调节器常见模型

7.2.2.1 常见 PID 调节器数学模型

常见的标准 PID 调节器有 PID 输出总和反馈至比例、积分、微分环节，PID 输出总和反馈至积分环节，积分环节输出反馈至比例、积分、微分环节 3 种，如图 7-27～图 7-29 所示。对于微机调节器而言，若采用标准设计，这些调节参数的设定值与实际值几乎是吻合的，若是非标准设计，有时会有较大误差，即便有误差，通过参数校验的办法，也能得到真实值。故相对于其他环节而言，调节器的真实模型获取较为简单。

1. 并联 PID 型调节器结构一数学模型

从图 7-27 可以看出，这类调节器的硬反馈支路输入取自于比例、微分、积分三个模块输出的求和点之后，即整个调节器的输出，而支路输出反号后与频差信号求和，进而形成 PID 调节器的输入。其传递函数易推得为

$$G_1(s)=\frac{Y(s)}{E(s)}=\frac{K_Ds^2+K_Ps+K_I}{b_pK_Ds^2+(b_pK_P+1)s+b_pK_I} \tag{7-6}$$

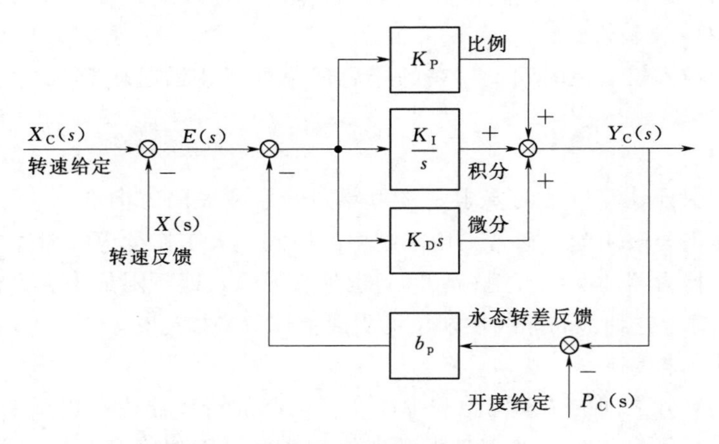

图 7-27　并联 PID 型调节器结构一

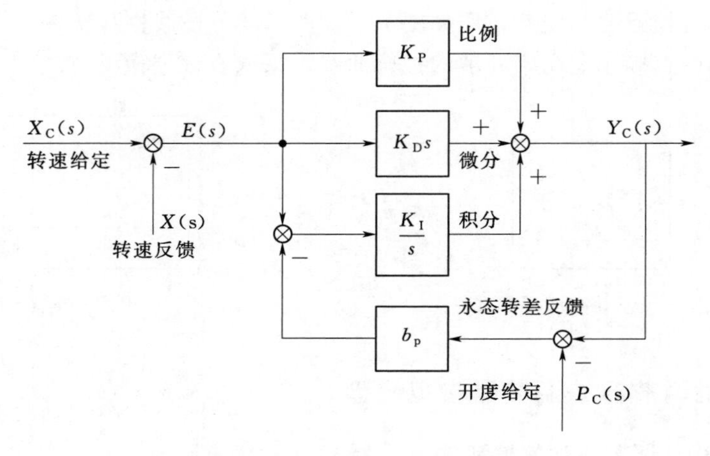

图 7-28　并联 PID 型调节器结构二

式中　b_p——永态转差系数；

K_P——比例增益；

K_I——积分增益；

K_D——微分增益。

2. 并联 PID 型调节器结构二数学模型

从图 7-28 可以看出，这类调节器的硬反馈支路输入取自于比例、积分、微分三个模块输出的求和点之后，即整个调节器的输出，而支路输出反号后与积分信号求和，进而形成积分环节的输入。其传递函数为

$$Y_C(s)=K_DsE(s)+K_PE(s)+\frac{K_I}{s}[E(s)-b_pY_C(s)]$$

经推导得
$$G_2(s)=\frac{Y(s)}{E(s)}=\frac{K_{\mathrm{D}}s^2+K_{\mathrm{P}}s+K_{\mathrm{I}}}{s+b_{\mathrm{p}}K_{\mathrm{I}}} \tag{7-7}$$

3. 并联 PID 型调节器结构三数学模型

对于图 7-29 所示的并联 PID 型调节器结构而言，它与图 7-27 所示结构的区别在于其硬反馈支路输入仅取自于积分环节的输出，而支路输出反号后与频差信号求和，进而形成整个 PID 调节器的输入 $E_1(s)$。其传递函数为

$$Y_{\mathrm{C}}(s)=K_{\mathrm{D}}sE_1(s)+K_{\mathrm{P}}E_1(s)+\frac{K_{\mathrm{I}}}{s}E_1(s)$$

其中
$$E_1(s)=E(s)-b_{\mathrm{p}}\frac{K_{\mathrm{I}}}{s}E_1(s)$$

即
$$E_1(s)=\frac{sE(s)}{(s+b_{\mathrm{p}}K_{\mathrm{I}})}$$

可得

$$\frac{Y_{\mathrm{C}}(s)}{E(s)}=\frac{K_{\mathrm{D}}s^2+K_{\mathrm{P}}s+K_{\mathrm{I}}}{s+b_{\mathrm{p}}K_{\mathrm{I}}}$$

故
$$G_3(s)=\frac{Y(s)}{E(s)}=\frac{K_{\mathrm{D}}s^2+K_{\mathrm{P}}s+K_{\mathrm{I}}}{s+b_{\mathrm{p}}K_{\mathrm{I}}} \tag{7-8}$$

可见图 7-29 所示的并联 PID 型调节器结构与图 7-28 所示结构尽管结构有所区别，但其传递函数数学模型是完全相同的。目前国内绝大多数微机调节器采用这两种模型结构。

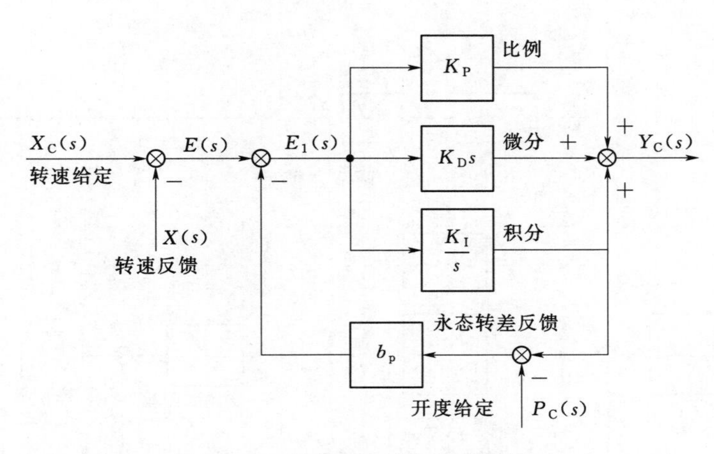

图 7-29 并联 PID 型调节器结构三

7.2.2.2 常见调节器数学模型

常见调节器数学模型如图 7-30～图 7-35 所示。

7.2.3 水轮机调节系统执行机构常见模型

水轮机调节系统执行机构常见模型如图 7-36～图 7-41 所示。

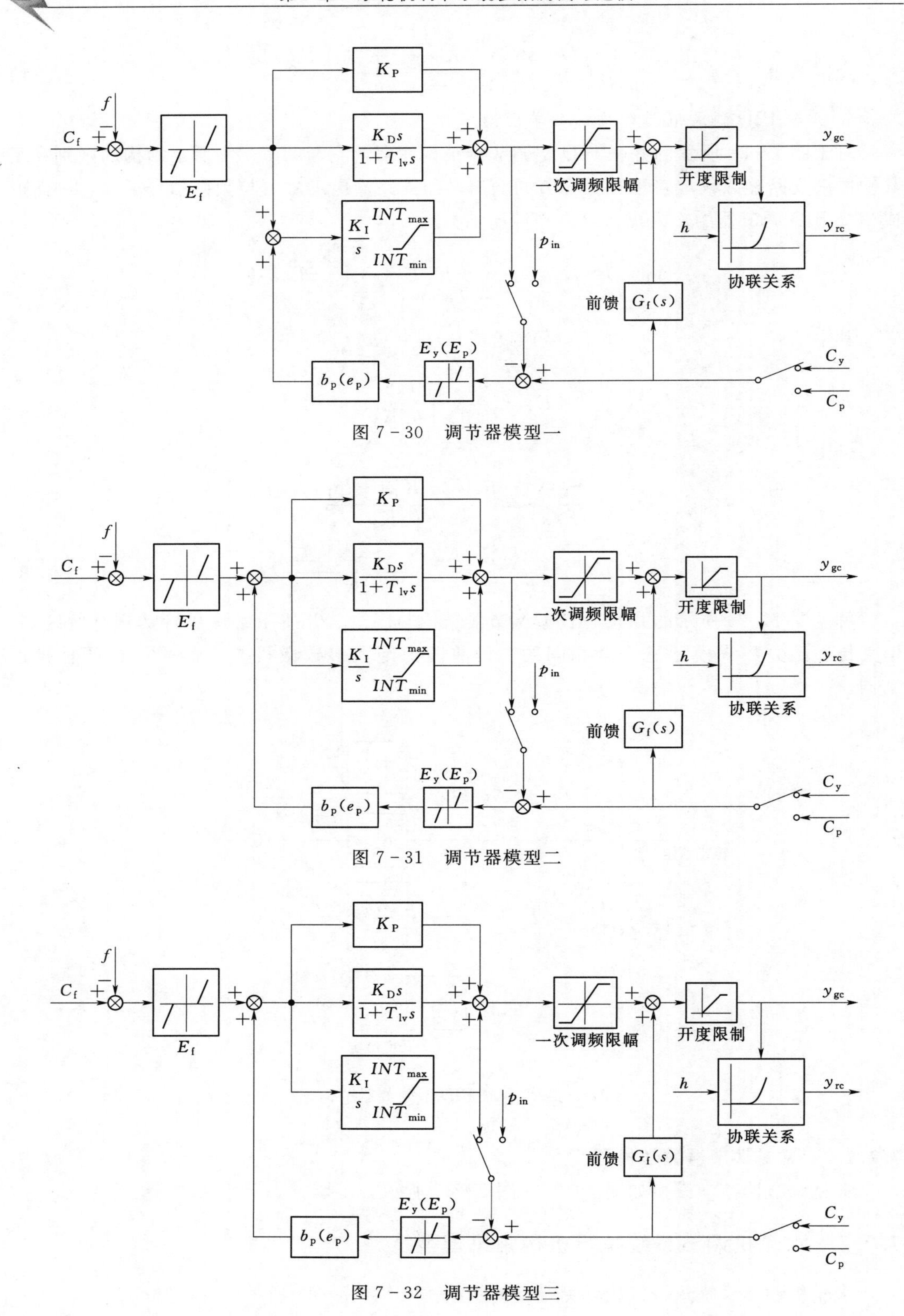

图7-30　调节器模型一

图7-31　调节器模型二

图7-32　调节器模型三

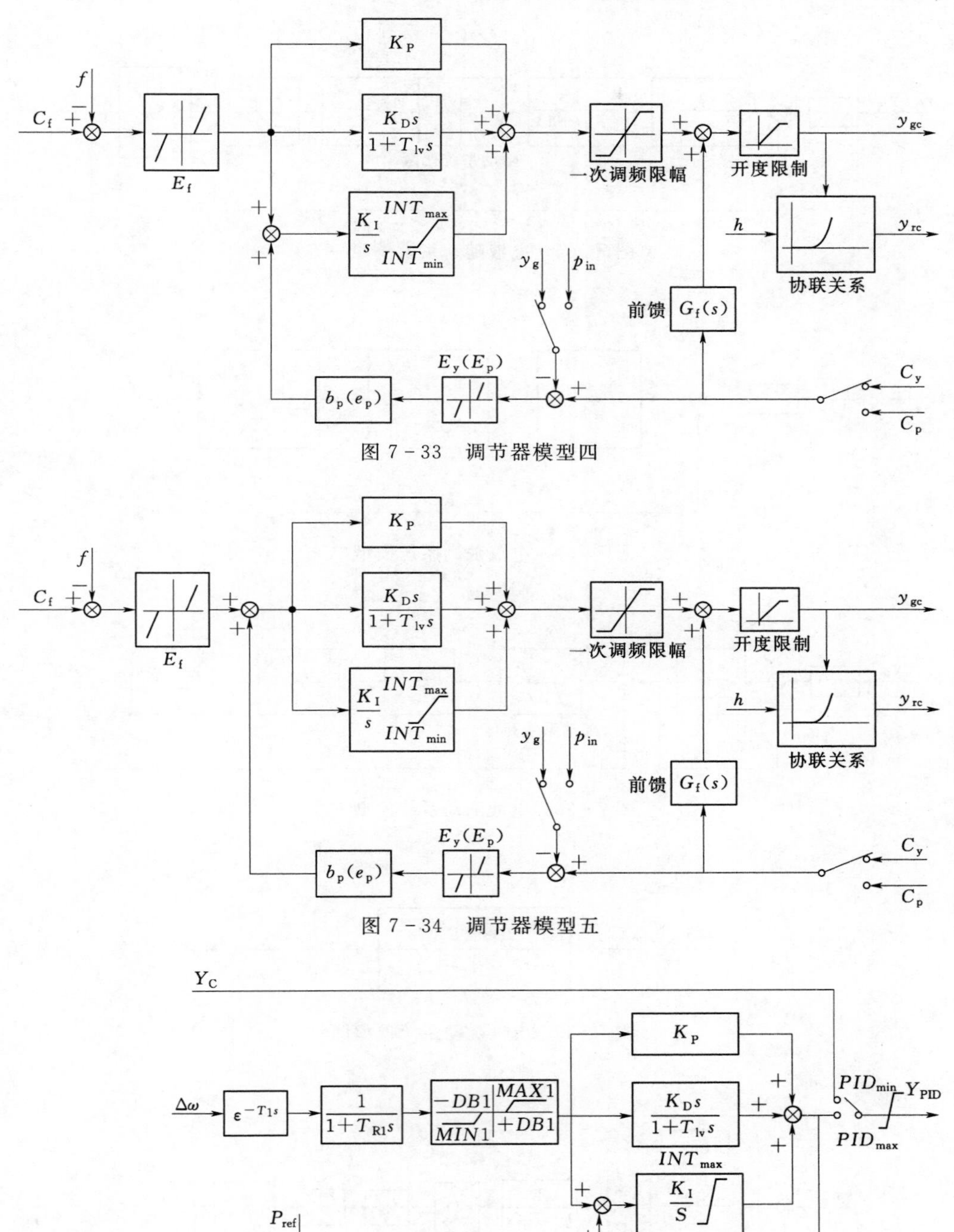

图 7-33 调节器模型四

图 7-34 调节器模型五

图 7-35 调节器模型六

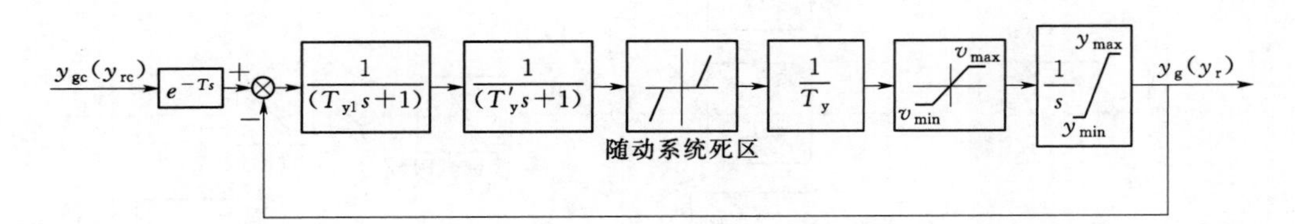

图 7－36　电液随动系统模型一

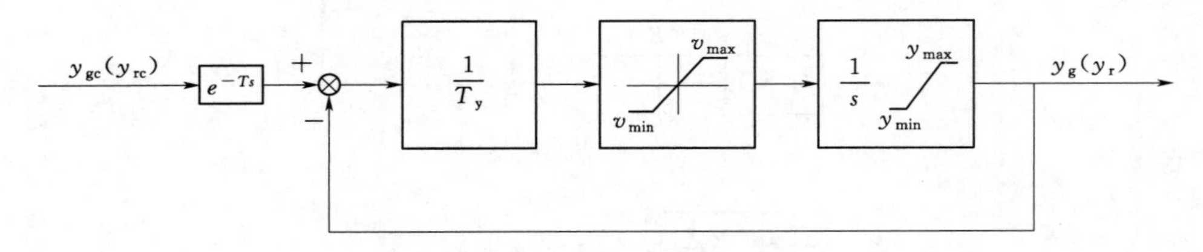

图 7－37　电液随动系统模型二

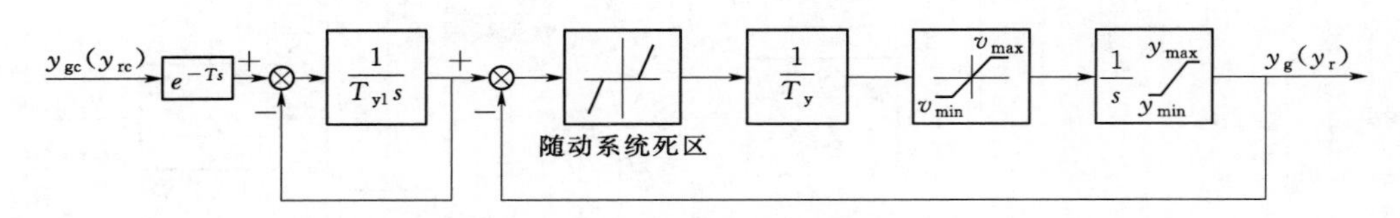

图 7－38　电液随动系统模型三

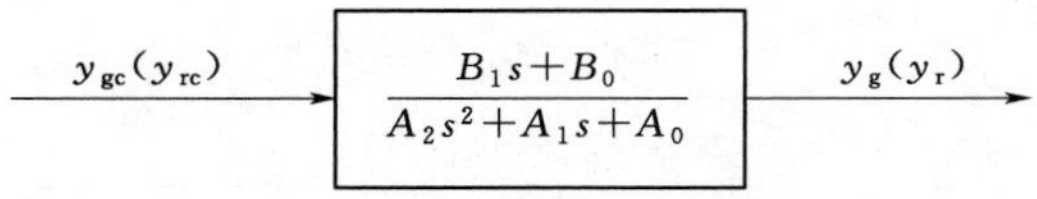

$y_{gc}(y_{rc})$ → $\frac{B_1 s+B_0}{A_2 s^2+A_1 s+A_0}$ → $y_g(y_r)$

图 7－39　电液随动系统模型四

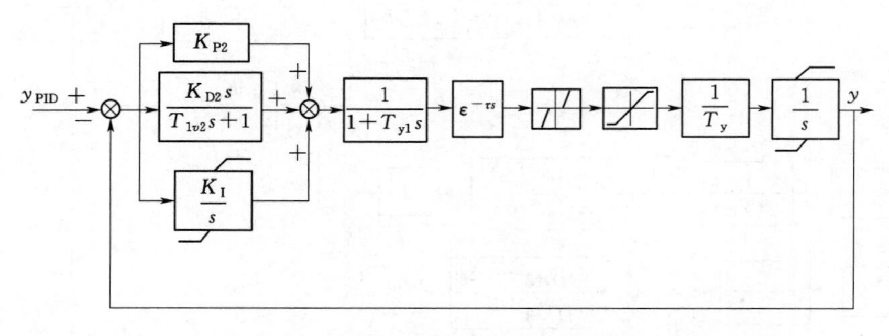

图 7－40　水轮机调节系统执行机构模型一

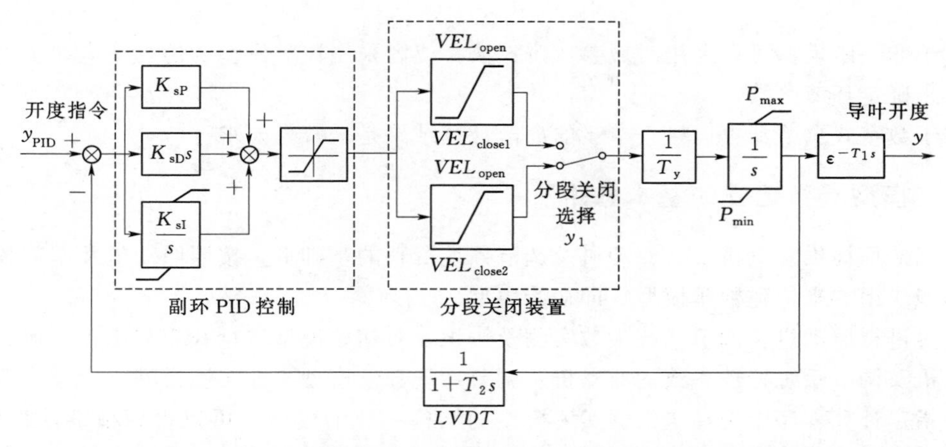

图 7-41　水轮机调节系统执行机构模型二（考虑接力器分段关闭特性）

7.3　水轮机调节系统建模及辨识方法

7.3.1　模型参数测试的基本方法

根据现场设备的传递函数框图，确定各部分的模型，在此基础上测辨其参数。根据模型的具体情况，分级测试各环节的输入、输出特性，根据测量结果和预定的模型通过拟合、计算得到未知的参数。

1. 频域测量法

在输入端加入不同频率正弦信号或者噪声信号，测量输出端对于输入端的频率响应特性，然后采用幅频与相频特性的直接对比或者曲线拟合技术来辨识模型及其参数的方法称为频域测量法。

频域测量法利用频谱分析仪，测量待辨识环节输出对于输入的频率特性，输入信号可采用正弦扫频或噪声信号，采用幅频与相频的直接对比或拟合技术辨识模型的参数。

对于一阶模型，可以利用已知频率响应特性的测量结果直接计算参数。

对于非一阶模型，由于对象的模型结构和部分参数一般已知，可以采用参数拟合技术或采用模型的频率响应特性和实测的频率响应特性对比的方法确定模型的参数。

测量的频率范围应根据研究对象的特点来选择。

2. 时域测量法

在输入端加入扰动信号（一般为阶跃信号），测量输出响应来辨识模型及其参数的方法称为时域测量法。

时域测量法利用波形记录分析仪测量输入和输出响应，输入扰动信号一般为阶跃信号，采用对比实测与理论输出响应特性的方法辨识模型参数。

对于简单的一阶惯性模型，采用阶跃试验法时，从阶跃开始至达到稳态变化量的0.632倍为止所需时间就是环节的时间常数；稳态变化量与阶跃量之比，就是环节的增益。

对于非一阶模型可以采用时域参数辨识法，或者采用比对模型的仿真响应和实测响应的方法来确定环节参数。

对于数字式调节器可以检查单步的离散计算结果是否符合要求。

7.3.2　模型参数建立的基本思路

在制造厂提供发电机组、原动机及调节系统资料的基础上，按照原动机及调节系统的实际功能块组成来构建数学模型，即初始模型。

通过进行原动机及调节系统参数实测及辨识，对初始模型进行补充与修正，建立与实际原动机及调节系统特性一致的原动机及调节系统数学模型，即实测模型。

在指定计算程序中选择与根据实测模型的结构一致的模型，可以得到精确计算模型；在指定计算程序中选择与根据实测模型的结构基本一致的模型，经过仿真校核可以得到等同计算模型。当无法在选用的计算程序中选择与实测模型结构基本一致的模型时，选择与实测模型结构最为接近的模型，并通过参数调整使其特性与试验结果基本一致，由此得到近似计算模型。

当计算程序中无法选择出满足要求的模型时，应建立新的模型。

模型的各种系数采用标幺值表示，时间常数单位为 s。

7.3.3　模型参数实测及建模流程

1. 准备工作

(1) 收集资料，确定调节系统数学模型类型。查看启动试验阶段报告，调节系统应满足国家标准、行业标准的要求。根据厂家提供的调节系统数学模型参数（包括调节系统和各个附加环节）和技术数据，对调节系统数学模型及参数进行分析。

(2) 根据资料情况，确定现场试验项目，编写试验方案并上报相应调度机构。

2. 现场试验

(1) 试验前根据现场情况，落实试验方案的相关要求（确认试验条件、步骤、方法、安全技术措施、组织机构等）。

(2) 测试设备满足计量要求。实测波形应能满足后期分析处理。一般情况下，试验设备应满足下列要求：

1) 频率信号发生器误差不大于 0.002Hz，分辨率不大于 0.001Hz。

2) 频率测量误差不大于 0.002Hz，分辨率不大于 0.001Hz；采样周期不大于 0.01s。

3) 位移传感器精度 0.2 级。

4) 压力变送器精度 0.5 级。

5) 录波器的采样频率不小于 1kHz。

6) 其他测量设备的精度不低于 0.5 级。

(3) 参与试验人员必须熟悉试验方案。现场配合人员必须熟悉设备内部原理。测试人员必须受过建模培训，并具备一定的测试经验。

(4) 负载试验应避开机组振动区并包含额定水头附近工况。

3. 整理数据及模型仿真

（1）根据频域或时域测量数据辨识环节参数。

（2）建立标幺值系统。

常见基准值选取原则包括：机组有功功率的基准值为机组的额定有功功率；系统频率的基准值为系统额定频率；导叶/喷针接力器位移的基准值为导叶/喷针接力器位移最大工作行程；轮叶/折向器接力器位移的基准值为轮叶/折向器接力器位移最大工作行程；工作水头的基准值为水轮机额定水头；水轮机流量的基准值为水轮机额定流量；水轮机转矩的基准值为水轮机额定转矩。

（3）建立原动机及其调节系统实测模型参数和计算模型参数。

（4）通过仿真与实测数据的比对等方法进行仿真校核。

（5）根据校核结果重新调整仿真模型及参数，直到仿真结果满足精度要求为止。

7.3.4　模型参数辨识方法

7.3.4.1　数据预处理

对于系统辨识而言，在应用辨识算法进行参数辨识前，为获得较理想的效果，通常要根据不同的辨识目的和辨识方法对数据进行一定的预处理。

在大多数情况下，对于一般系统的数学模型而言，通常是某工作点附近的线性化模型。因此，辨识算式中所用的输入输出数据应该是相对于激励信号加入前各自稳态值的变化量，而且由于希望所获得的模型与具体物理量纲无关，所以还应将此变化量转换成标幺值后进行辨识计算。但是通常从工业系统量测的输入、输出数据中均含有稳态值（直流分量）、缓慢变化的趋势值以及各种干扰影响带来的低频和高频成分，所以必须对这些原始数据进行处理才能应用。

数据的预处理内容很多，但大体上可分类为去除稳态值、去除趋势值和噪声滤波三种。这里主要介绍前两个内容。

1. 去除稳态值

扣除稳态值又称为零均值化。设 $u^*(k)$ 和 $y^*(k)$ 为实测的输入、输出值，u_0、y_0 为稳态值，则去除稳态值后，它们的真实值为

$$\left.\begin{aligned} y(k)&=y^*(k)-y_0 \\ u(k)&=u^*(k)-u_0 \end{aligned}\right\} \tag{7-9}$$

由于直流分量往往事先不能准确知道，所以在假设量测噪声为零均值的前提下，可取在一个合适的时间段（一般为辨识试验开始后到辨识试验信号加入前的信号相对稳定时间段）内，用平均的办法得到稳态值 u_0、y_0，即在真正的辨识开始之前先做直流分量辨识。具体方法是，在现场试验记录的信号起始段，取出若干组数据作算术平均，算出 u_0、y_0，即

$$\left.\begin{aligned} u_0&=\frac{1}{N_0}\sum_{k=1}^{N_0}u^*(k) \\ y_0&=\frac{1}{N_0}\sum_{k=1}^{N_0}y^*(k) \end{aligned}\right\} \tag{7-10}$$

然后，由式（7-7）计算即可。

2. 去除趋势值

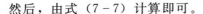

当直流分量并非恒定，而是随时间按某种规律（趋势）缓慢变化时，在辨识测量数据时应将此趋势项去除。对于呈线性或近似线性增长的趋势项，可用多项式拟合的办法来去除，多项式的阶次视趋势项的形状而定。多项式的各个系数可由实测数据按最小二乘原理拟合确定。多项式确定后，从 $u^*(k)$ 或 $y^*(k)$ 中扣除对应的趋势项即可得到信号的变化量。对于其他非线性的趋势项，则可用滤波的办法来去除。

7.3.4.2　滤波算法

水电机组调节系统的辨识试验通常是在水电站现场进行的，存在各种不同的干扰噪声。信号在激励、传输，以及检测过程中，往往不同程度地受到这些噪声的干扰，因此，得到的待处理信号一般是受到噪声污染的降质信号。为了使系统辨识得出理想、较精确的结果，去噪就成为辨识信号处理中必不可少的步骤。

传统常用的去噪方法很多，最常见的是将被噪声干扰的信号通过一个滤波器，滤掉噪声频率部分，但对于白噪声、非平稳过程信号等，传统方法存在一定的局限性。对这类信号在低信噪比的情况下，经过滤波器处理，不仅信噪比得不到较大改善，信号的信息也被模糊了。而利用现在比较流行的经验模态分解方法（empirical mode decomposition，EMD）的自适应局部时频分析能力进行滤波和去噪，则具有一定的优越性。

经验模态分解是近年来美籍华人科学家 Norden E. Huang 提出的一种新的信号处理方法，它根据信号自身的特征时间尺度将信号分解为若干本征模函数（intrinsic mode function，IMF）及一个余项的线性和。本征模函数反映了信号的内部特征（可理解为信号的高频），余项表示信号趋势（可理解为信号的低频）。

虽然 EMD 方法的主要目的是为了进一步进行希尔伯特谱分析，使希尔伯特谱能够精确地反映实际的物理过程。但作为一种应用，EMD 方法可以有效地进行滤波以及提取原信号的趋势项。

基于 EMD 的滤波方法既吸取了小波变换多分辨的优点，又是基于信号包络变换的，不需要选择基函数，从而克服了小波变换中选择小波基的困难。由于 EMD 方法主要是加法和 3 次样条插值运算，相对小波变换而言，运算量较少。并且该法从信号本身的特征尺度出发，将信号分解为有限个具有不同特征尺度的 IMF，且这些 IMF 分量满足希尔伯特变换的条件，由此得到的希尔伯特谱能够准确地反映出该物理过程中信号能量在时间、空间等各种尺度上的分布规律。因此，EMD 法适于非平稳信号的瞬时参数的提取，而瞬时频率的引入又使得该法能从时、频两方面同时对信号进行分析。

1. IMF

EMD 方法本质上将复杂信号分解成有限数目、不同尺度特征的数据列之和，使得每个数据列具有准正弦特性和窄带特性。每个数据列被称为一个 IMF。IMF 满足以下条件：

（1）在整个信号长度上，极值点和过零点的数目相等或最多相差 1 个。

（2）在任意时刻，由极大值点定义的上包络线和由极小值定义的下包络线的平均值为零。

第 1 个条件对应于传统的高斯正态平稳过程的窄带要求，第 2 个条件是为了克服

不对称条件引入不必要波动现象，使得用希尔伯特谱定义的瞬时频率处处具有实际意义。

2. EMD

IMF 两零点之间的每一个波动周期中只有一个单纯的波动模式，没有其他叠加波，是 EMD 中分解信号的基本单元。与其他信号处理方法相比，EMD 方法直观、直接、后验—自适应。EMD 方法是通过一种被称为"筛分"处理的过程实现对信号的分解，具体的处理过程步骤如下：

(1) 找出信号 $x(t)$ 的所有局部极值点，将所有极大值点用一曲线连接起来得到上包络线，所有极小值点用另一曲线连接起来得到下包络线。记上、下包络线的均值曲线为 $m(t)$。

(2) 记 $x(t)$ 与 $m(t)$ 的差为 $h(t)$，即

$$h_1(t)=x(t)-m(t) \tag{7-11}$$

如果 $h_1(t)$ 不是一个 IMF，继续上述过程，即将 $h_1(t)$ 作为待处理数据，重复上述步骤，直至 $h_{1k}(t)$ 是一个 IMF，记为

$$c_1(t)=h_{1k}(t) \tag{7-12}$$

(3) 分解出第一个 IMF，得到剩余信号，即

$$x_1(t)=x(t)-c_1(t) \tag{7-13}$$

(4) 把 $x_1(t)$ 当作一个新的"原始"序列，重复上述步骤，依次提取出各 IMF。最终，$x_n(t)$ 变成一个单调序列，其中不再包含任何模式信息，即为分解后的余项，即

$$m(t)=x_n(t) \tag{7-14}$$

通过 EMD 分解，信号 $x(t)$ 被分解为 n 个 IMF [$c_i(t)$，$i=1$，2，…，n] 与一个余项 $m(t)$ 的和，IMF [$c_i(t)$，$i=1$，2，…，n] 反映了信号中不同频率的成分，先分解出的 IMF 频率较高，后分解出的频率逐渐降低，至余项变为很低频率的脉动，即趋势项。EMD 分解结果完全由信号本身决定，是一种自适应信号分解方法，其滤波特性与小波分解非常相似。

3. 基于 EMD 分解的滤波器

从滤波角度来看，EMD 分解过程相当于用窄带滤波器对信号进行自适应滤波。各模态分量的频率随着分解阶数的增大而降低，而趋势项则是频率最低的成分。信号的噪声成分主要分布在高频段，也就是主要集中在前几个分量中。滤去前几个分量，此时的剩余信号分量的和即为实际有用的信号。对一个带有噪声的序列来说，分解级数越高，滤波后的序列越平滑，但也有可能把有用的高频信号滤去，因此选择合理的分解级数，将会影响 EMD 滤波的效果。

一般情况下，其滤波器形式和二进小波很类似，不过，EMD 还是和小波变换有很大的不同。在小波变换中，只要基小波一旦确定，每一个滤波器的形式也就随之而定。尽管 EMD 滤波器是一组近似的倍频程滤波器，但却是随信号发生变化的，这一点与常见的各类常规滤波器是不同的。

EMD 滤波器的自适应性可归纳为以下方面：

(1) 频带自适应性。即在高频处频带宽，而低频处频带窄，这一点和小波变换类似；

同时，当信号的频谱发生改变后，滤波器形式随即发生变化。

（2）对信号结构的自适应性。即使两个信号的功率谱很接近，所分解的结果也可能迥异，对 EMD 而言，滤波器的形式随信号而定，这体现了它对信号时域结构的自适应性，即对信号相位具有适应性。

7.3.4.3　模型辨识精度的评价

通过对最终模型的仿真响应数据与实测数据进行对比，评估调节系统各环节模型结构及参数的合理性。目前常用的评价依据是比较模型仿真与实测响应的特征参数之间的允许偏差，这些特征参数主要包括响应延滞时间、上升时间、调节时间、峰值时间、超调量、反超调等。该方法实际使用的可操作性强、概念明确。

反映模型仿真结果与实测数据符合程度的仿真验证相似度 C_{rm} 的计算公式为

$$C_{\mathrm{rm}}=1-\sqrt{\frac{\int_{t_0}^{t_0+T_s}\left(\frac{y_1-y_2}{y_2}\right)^2\mathrm{d}t}{T_s}} \tag{7-15}$$

式中　y_1——仿真值；

y_2——实测值；

t_0——起始时间；

T_s——调节时间，若 $T_s \geqslant 60\mathrm{s}$，则按 60s 计。

7.3.4.4　系统辨识工具

利用系统辨识方法建立对象的数学模型涉及的内容和方法较多，主要包括观测数据的获取及预处理、数据检验、模型结构选择、参数估计、模型检验和修改以及模型转换等。由于实际建模中存在不确定性，获取对象数据时受条件和环境的制约，从数据获取到模型的建立需反复搜索，计算量大，用手工难以完成。

以前通常使用高级程序设计语言编程进行计算。但由于运算量很大，使用一般的高级语言编程过于繁琐，要验证辨识结果的正确性要花费相当多的精力，甚至超过代码编写本身，因此，研究周期较长。对于离线辨识而言，可直接使用 Matlab 提供的相关工具，如系统辨识工具箱、遗传算法工具箱以及信号处理工具箱等。这些工具箱基本反映了这些领域最先进的研究成果，也提供了丰富的可直接调用的函数或 GUI 用户界面，可起到事半功倍的效果。

在 Matlab 中，涉及系统辨识领域的工具箱较多，此处仅对系统辨识工具箱、遗传算法工具箱的内容作简单介绍，以期达到对其更好地了解和使用的目的。由于工具箱提供的方法和函数繁多，在使用时还需借助 Matlab 的在线帮助对其进一步了解。

1. Matlab 系统辨识工具箱

Matlab 系统辨识工具箱主要提供采用最小二乘法对系统模型结构或参数进行辨识的一系列方法（或函数）的集合，它的结构设计比较合理、清晰、可扩展性好，因此为众多辨识工具所采用。与大多数 Matlab 提供的工具箱类似，一般而言，可以通过两种途经使用该工具箱，即直接使用 GUI 工具或编写 M 程序文件调用所提供的各类函数（命令行方式）。

（1）实测数据的输入。实测数据的输入是指将试验所获得的数据以某种方式输入到

Matlab 的工作空间（Workspace），以备其他辨识相关函数使用。由于试验仪器的数据记录格式的不同，观测数据的输入方法也有所不同。在大多数情况下，试验数据均以数据文件的形式存放，因此 Matlab 可利用其文件读取函数，如 fopen()（打开一个文件）、fgetl()（从文件获取字符数据）、fclose()（关闭一个文件）函数等。Matlab 的文件读取函数与 C 语言的相应函数相类似。读入的数据应以矩阵的形式存放。对于输入数据矩阵，应为 T 行（每个输入信号的长度），U 列（系统输入的个数）；对于单输入系统，输入数据应为具有 T 个元素的列向量；对于输出数据矩阵，应为 T 行（每个输出信号的长度），Y 列（系统输出的个数）；对于单输出系统，输出数据应为具有 T 个元素的列向量。

一旦数据输入到 Matlab 的工作空间后，便可对其进行相应的预处理。预处理完成后，进行辨识前，应将参与辨识的输入、输出数据连同相应的参数合并成为一个数据结构，以便各类辨识函数调用。定义数据结构的方法可使用 iddata() 函数，例如，生成单输入、单输出系统辨识数据结构的函数形式为

data＝iddata(y,u,Ts)；

其中，data 为生成的用于辨识的数据结构，y 为输出数据列向量，u 为输入数据，Ts 为试验时使用的采样周期。iddata() 函数有多种调用方法，也可以带有多种与数据相关的参数，如输入、输出数据的名称和采样保持器的形式等。辨识的数据结构生成后，还可以用 set() 函数加以更改，用 get() 函数输出其结构参数以及用 plot(data) 函数画出其波形图等。

（2）数据预处理。由于辨识算法通常无法消除辨识数据中的直流分量、趋势分量以及噪声对辨识准确性的影响，为此，Matlab 提供了一系列数据预处理函数，可方便地用于辨识前的数据预处理。

1）数据的直流分量或趋势分量去除函数 detrend()。detrend 函数通常有两种调用方式：①为去除数据中的直流分量，可用 data1＝detrend(data) 方式调用，其中 data 为 detrend 处理前数据结构，data1 为 detrend 处理后数据结构（移除了直流分量）；②为去除数据中随时间线性变化的趋势分量，可用 data2＝detrend(data，1) 方式调用，其中 data 为 detrend 处理前数据结构，data2 为 detrend 处理后数据结构（移除了趋势分量）。

2）信号的重采样。当试验信号具有很高采样频率时，应该使用重采样的方法降低采样频率以减弱高频噪声干扰对辨识结果的影响，同时也可减少辨识的计算工作量。当试验信号采样频率不足时，应该使用重采样的方法提高采样频率以补偿可能的系统高频信息损失。在这方面，可使用 Matlab 系统辨识工具箱提供的重采样函数 idresamp()，其调用格式为

datar＝idresamp(data,R,filter_order)；

其中，data 为重采样前的辨识数据结构，datar 为重采样后的辨识数据结构。R＝P/Q，即函数先以因子 P 以外推的方法增加系统的采样频率 P 倍，然后再以因子 Q 降低系统的采样频率 Q 倍。显然，当 R＞1 时，则增加原数据的采样频率；反之，则减小原数据的采样频率。filter _ order 为降低采样频率时使用的滤波器阶数，默认值为 8。

3）信号的滤波。对于辨识数据的滤波，可采用的滤波函数为

dataf＝idfilt(data,filter)；

其中，data 为滤波前的辨识数据结构，dataf 为滤波后的辨识数据结构。参数 filter 为

滤波器的形式或参数。函数支持多种滤波器及参数，也支持自定义滤波器，可进一步参考在线帮助的内容。当然，要使用特殊的滤波方法，如 EMD 滤波或小波滤波等方法，则需编制专门的程序完成。

（3）模型辨识。Matlab 提供一系列的函数，用于系统的模型辨识，包括连续的、离散的、参数的、非参数的模型等。在表 7-1 中，给出了 Matlab 系统辨识工具箱支持的常用辨识函数及其所适用的数学模型。

表 7-1　　常用辨识函数及其所适用的数学模型

模型的形式	可调用的辨识函数
低阶连续传递函数模型（process model）	pem()；
基本离散时间模型	armax()；　%仅适用于 ARMAX 模型 arx()；　%仅适用于 ARX 模型 bj()；　%仅适用于 BJ 模型 iv4()；　%仅适用于 ARX 模型 oe()；　%仅适用 OE 模型 pem()；　%适用于所有模型
状态空间模型	n4sid()； pem()；
线性离散时间序列	ar()； arx()；　%适用于多输出模型 ivar()；
Hammerstein - Wiener 模型	nlhw()；

Matlab 的这些辨识函数基本采用递推算法，因此，只要满足信号的持续激励条件，一般都可得到收敛的解。但能否得到真实解和满意的辨识效果，还取决于系统各频带下的信息能否充分地被激励，以及试验方法和辨识方法的选取等。

值得特别说明的是 pem() 函数。这是一个高度灵活的、使用极其方便的、几乎适用所有线性模型辨识的自适应方法集成。这一点，由表 7-1 也可看出。其最大特点是由辨识数据可直接辨识出连续的传递函数模型（模型阶数较低时），并可同时给出系统的纯延迟，省去了一般辨识方法先辨识离散模型再转换为连续模型的步骤，因此，非常适用于水电机组调节系统线性数学模型参数辨识问题的求解。其调用格式为

MODEL＝pem(DATA,Mi)；

或　　MODEL＝pem(DATA,Mi,特性/参数值对)；

（4）模型转换。Matlab 提供了丰富的模型间相互转换函数，在系统辨识应用中，主要使用连续与离散模型间的相互转换函数。例如，系统辨识完成后，如果辨识的结果是一线性离散时间模型［除非系统是低阶的，且使用 pem() 函数直接辨识其连续模型］，而需要知道对象的连续传递函数模型，这时就可使用相应的模型转换函数。

由离散时间模型转换为连续模型的函数为 d2c，其调用格式为

mod_c＝d2c(mod_d)；

其中，mod _ d 为待转换的离散时间模型对象，mod _ c 为转换后的连续模型。离散时间模型对象的形式可以是控制系统工具箱中的离散系统模型，也可以是由辨识函数直接

产生的离散对象模型。

（5）模型检验。要验证由上述 Matlab 函数辨识出来的对象模型，需进一步应用一定的检验手段判断所用辨识方法的可行性及模型的质量。Matlab 的系统辨识工具箱提供了多种进行模型检验的方法，为简单起见，这里仅讨论一些时域相关的方法，主要包括如下内容：

1）输出响应比较法。输出响应比较法将所辨识模型的输出响应曲线与辨识原始数据画在一张图上，供使用者直观判断辨识模型的动态响应是否与实测的响应接近以及接近的程度如何。该方法需要已辨识出的系统模型、原始实验数据及模型的初始状态，主要可使用的函数包括：sim() 函数，用于计算和绘制仿真模型的输出；predict() 函数，用于绘制预测模型的输出，它与 sim 函数类似，但可给出模型 n 步前的预测值；compare() 函数，用于将模型的仿真或预测曲线绘制在一张图上，便于直观上的比较。其调用格式分别为 sim（model，data）、predict（model，data，n）和 compare（model，data，n）。各函数的第一个参数 model 为已辨识的模型，第二个参数 data 为辨识所用试验数据，第三个参数仅后两个函数才有，表示模型响应使用超前 n 步的预测值。

2）阶跃或脉冲响应检测法。一个控制系统或对象的阶跃或脉冲响应反映了其内在的基本动态特性，如响应时间、静态增益以及纯延迟等，因此可用其检验辨识模型的好坏。对于辨识试验采用阶跃信号作为系统激励的情形，可直接采用输出响应比较法。否则可使用函数 impulse（model）或 step（model）分别绘制模型的脉冲或阶跃响应。

2. Matlab 遗传算法工具箱

遗传算法是一种建立在自然选择原理和自然遗传机制上的迭代式自适应概率性搜索方法，可广泛用于求解工程上的最优化问题，也可以方便地用于系统辨识问题。用遗传算法实现辨识的关键在于遗传算法自身的实现及合理的算法参数选择，如种群大小 M、遗传进化最大进化代数 N、交叉操作概率 P_c、变异概率 P_m 等。Matlab 的遗传算法工具箱为使用者提供了强有力的工具，再配合 Matlab 的仿真工具，如仿真函数 sim()、predict() 函数，以及 simulink 工具等，可方便地解决水电机组调节系统的参数辨识问题。

（1）遗传算法的主函数 ga 的基本调用方法。Matlab 的遗传算法工具箱提供了丰富的命令函数，用于解决工程上各类最优化问题。但其中功能最丰富的当属 ga() 函数。类似于最小二乘中的 pem() 函数，如无特殊需求，仅调用 ga() 函数便可实现遗传算法所需进行的所有操作，并返回所需的寻优参数。

ga() 函数的调用方法非常简单，其基本调用格式为

```
[x fval]=ga(@fitnessfun,nvars,options);
```

其中输入参数包括：

1）@fitnessfun，即适配值计算函数的句柄，由符号@＋适配值计算函数名 fitnessfun（可任意定义）构成。通常 fitnessfun 是一个根据具体问题自定义的函数，对于系统辨识而言，所辨识模型的仿真、残差计算、目标函数计算、适配值计算均在此函数中完成。

2）nvars，即参与寻优的独立参数个数，对于辨识而言，就是待辨识参数的个数。

3）options，即定义遗传算法各种选择的数据结构，如果无此参数，则 ga() 使用默认选择。

输出参数包括：

1）fval，寻优完成后返回的最终适配值。

2）x，向量，nvars 个元素值表示最终的寻优结果，对于参数辨识而言，就是所获得的参数估计。

（2）获取更多的返回值。

ga() 函数可以使用下述格式调用，以获取更多的函数返回信息：

[x fval exitflag output population scores]=ga(@fitnessfcn,nvars)；

其中，exitflag 为整数值，表示遗传算法函数退出的原因；output 为包含遗传算法递推过程中每一代表现特性的数据结构；population 为传算法函数退出时的最终种群；scores 为遗传算法应用的评价分数。

（3）遗传算法的参数设置。如果需要改变遗传算法各种相关的选择参数，应在输入参数中包括 options 数据结构。options 的创建应使用函数

options=gaoptimset(@ga)；

其中，@ga 表示生成将由遗传算法使用的数据结构。options 返回的是系统给定的默认数据结构。

（4）待寻优参数的约束。如果需要对寻优参数加以约束，可以使用 ga() 函数的下述调用方式：

[x fval]　=ga(@fitnessfcn,nvars,A,b,Aeq,beq,LB,UB,@nonlcon,options)；

其中，A 和 b 为线性不等式约束对（A 和 b 为向量或矩阵），A×x≤b，x 为待寻优参数构成的列向量。Aeq 和 beq 也为线性不等式约束对，Aeq×x≤beq。LB 和 UB 向量为待寻优参数 x 向量的下限和上限。在这种情况下，寻优参数的解将满足 LB≤x≤UB。参数 nonlcon 一般为一非线性约束函数，其输入为 x，返回向量 C 和 Ceq，遗传算法使得适应度值为最小，且同时满足 C(x)≤0 以及 Ceq(x)=0。

事实上，ga() 函数还有更一般的调用方式，如 x=ga（problem），限于篇幅，不再展开。对于水电机组调节系统的参数辨识而言，上面所列举的方法已经足够。

7.3.5　模型参数的校验

模型参数的校验一般采取仿真曲线和实测曲线比较的方式进行，对于并网试验进行仿真时，仿真模型要求如下：

（1）如采用单机无穷大系统，则应选取较为准确的系统等效外电抗。

（2）如采用实际电网数据，则应调整到试验时的方式。

（3）发电机、励磁系统采用实测参数，无实测参数时采用设计模型参数。

比较机组电功率仿真结果与实测结果，一般应满足表 7-2 和表 7-3 的要求。

表 7-2　　水轮机执行机构试验仿真与实测的偏差允许值

品　质　参　数	偏差允许值(=实测值－仿真值)/s
t_{up}	±0.2
t_s	±1.0

表 7-3　　水轮机负载试验仿真与实测的偏差允许值

品质参数	偏差允许值(=实测值-仿真值)/s
反调峰值功率 P_{RP}	±10%的功率实测变化量
反调峰值时间 T_{RP}	±0.2
t_s	±2.0

各指标意义如下：

(1) 上升时间 t_{up}。阶跃试验中，从阶跃量加入开始到被控量变化至 90%阶跃量所需时间（图 7-42）。

(2) 调节时间 t_s。从起始时间开始，到被控量达到与最终稳态值之差的绝对值始终不超过 5%阶跃量的稳态值的最短时间（图 7-42）。

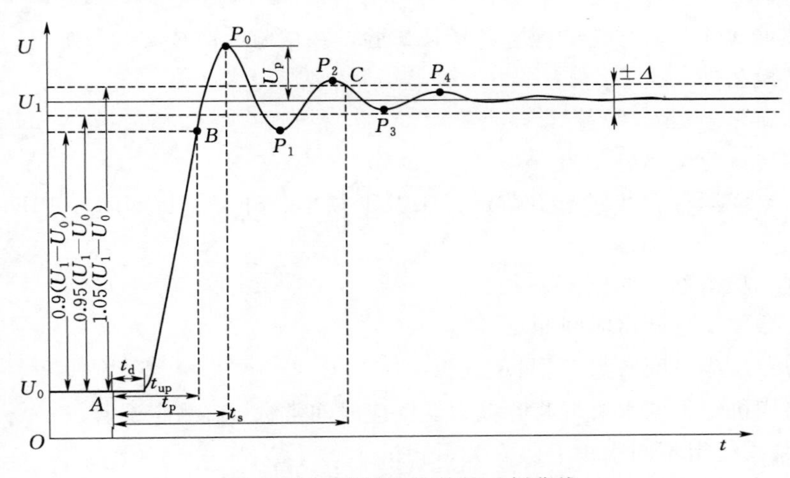

图 7-42　阶跃响应特性示例曲线

(3) 水轮机反调峰值功率 P_{RP}。在水轮机频率阶跃试验中，初始功率与反调功率最大值之差，如图 7-43 所示。

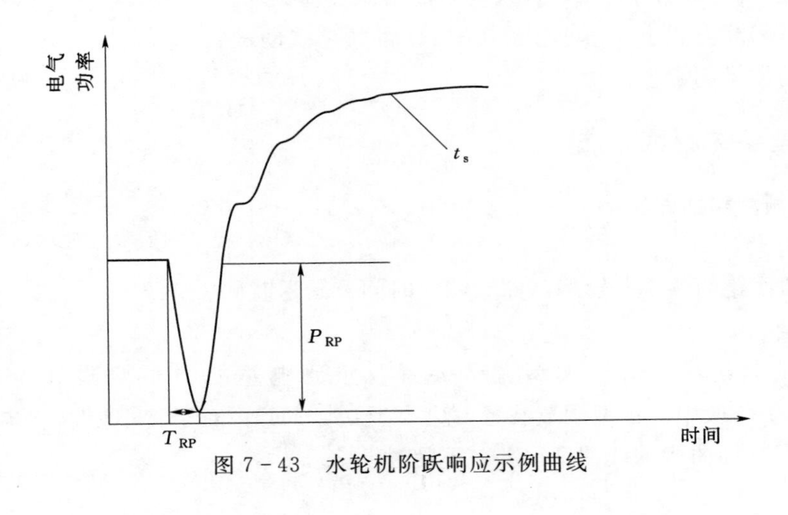

图 7-43　水轮机阶跃响应示例曲线

(4) 水轮机反调峰值时间 T_{RP}。在水轮机频率阶跃试验中，从阶跃量加入起到反调功率达到最大值所需时间，如图7-43所示。

7.4　水轮机调节系统模型参数现场试验

7.4.1　模型参数现场试验项目

1. 静态试验

静态试验的目的是进行调节系统调节器、执行机构的分环节实测建模，一般应包括如下内容：

(1) 调速器频率测量单元的校验。

(2) 调节模式或控制方式的检查和切换试验，在试验中应核实调节工况、调节模式和调节参数的转换条件。

(3) 永态转差系数 b_p 校验。

(4) 人工转速死区测定试验。

(5) 机组空载运行、并网带负荷运行工况下频率、开度、功率闭环PID控制参数的校验。

(6) 开度、功率死区的校验。

(7) 接力器关闭与开启时间测定。

(8) 接力器反应时间常数 T_y 测定试验。

(9) 转桨式机组不同水头下桨叶接力器反应时间常数 T_{yr} 测定试验。

(10) 转桨式机组不同水头下协联关系测试。

2. 负载试验

负载试验的目的是进行原动机的实测建模，以及实测机组对频率扰动的闭环响应特性，一般包括如下内容：

(1) 开度/功率模式下AGC投入前后的增减负荷试验。

(2) 开度闭环方式下，不小于±0.15Hz的频率扰动试验。

(3) 转动惯量测试。

7.4.2　模型参数测试方法

7.4.2.1　机频测频回路实测

1. 测试目的

检测测频回路的频率分辨率，测频响应时间及延迟时间。

2. 测试要求

频率测量分辨率，对于大型调节装置及重要电站的中小型调节装置，应小于0.003Hz；对于一般中、小型调节装置，应小于0.005Hz；对于特小型调节装置，应小于0.01Hz。静态特性曲线的线性度误差 ε 不超过5%。

3. 测试方法

以试验仪或频率计的频率测量值为参考基准，校验并对比调节装置在工作频率范围内升高及降低两个方向的测频分辨率、测频稳定性、线性度、测频响应的实时性、对频率信号源的适应性等频率测量性能。

一般情况下，蜗壳无水或与尾水平压，将调速器切为“手动”运行方式。检查试验接线及调速器测频正常。将频率发生器的输出值调整为50.00Hz，向调速器机频测频回路发出频率信号，以0.050Hz为步差，分别将频率发生器的输出值调整为49.500、49.550、…、50.000、…、50.450、50.500Hz，向调速器机频测频回路发出频率信号，等待调速器频率测量值稳定后，分别记录调速器的频率测量值（表7-4），如果频率的测量值超过或稳定在发频值的±0.003Hz，则要检查调速器的机频测频程序，并对其中的测频点进行相应的校正。

表7-4　调速器机频测频回路实测数据表　单位：Hz

发频值	“A套”机频实测值		“B套”机频实测值	
	下限值	上限值	下限值	上限值
49.500	49.499	49.501	49.500	49.502
49.550	49.549	49.551	49.549	49.552
49.600	49.559	49.601	49.600	49.602
49.650	49.650	49.651	49.650	49.651
49.700	49.700	49.701	49.699	49.701
49.750	49.750	49.751	49.750	49.752
49.800	49.800	49.801	49.800	49.802
49.850	49.850	49.851	49.850	49.852
49.900	49.900	49.901	49.900	49.902
49.950	49.949	49.951	49.950	49.952
50.000	50.000	50.002	50.000	50.002
50.050	50.050	50.052	50.050	50.052
50.100	50.099	50.101	50.099	50.101
50.150	50.150	50.151	50.150	50.151
50.200	50.199	50.201	50.199	50.202
50.250	50.250	50.252	50.250	50.252
50.300	50.300	50.301	50.300	50.302
50.350	50.350	50.351	50.350	50.352
50.400	50.399	50.401	50.399	50.402
50.450	50.449	50.451	50.450	50.452
50.500	50.500	50.501	50.500	50.502

根据实测结果可知：调速器机频测量值与频率输入值的差值均不超过±0.003Hz，满足一次调频测频精度的要求，不需要对频率进行补偿。

7.4.2.2　主接力器动作时间测试

将开度限制机构置于全开位置，然后采用下述方法使接力器全速开启或关闭：

（1）在自动方式下向电液调节装置突加全开、全关的控制信号。

（2）在手动或电手动方式下向电液调节装置突加全开、全关的控制信号。

（3）操作快速事故停机阀（紧急停机电磁阀）动作和复归。

（4）对于装有事故配压阀的还应通过动作事故配压阀，使接力器全速关闭。

取接力器在75%与25%之间运动时间的两倍，作为接力器的开启和关闭时间，以排除接力器两端的缓冲段对测量时间的影响。

上述各操作方法下测得的开关机时间应一致，并且满足调节保证计算要求，误差宜在0.5s以内。部分机组为两段关闭，此时应分别计算第一段和第二段的关闭时间，并核实拐点开度。测试结果如图7-44～图7-46所示。

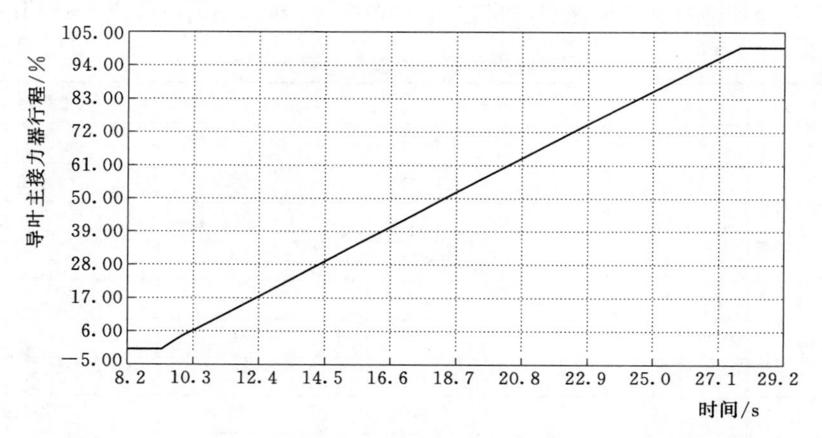

图7-44　静态开机时间测试

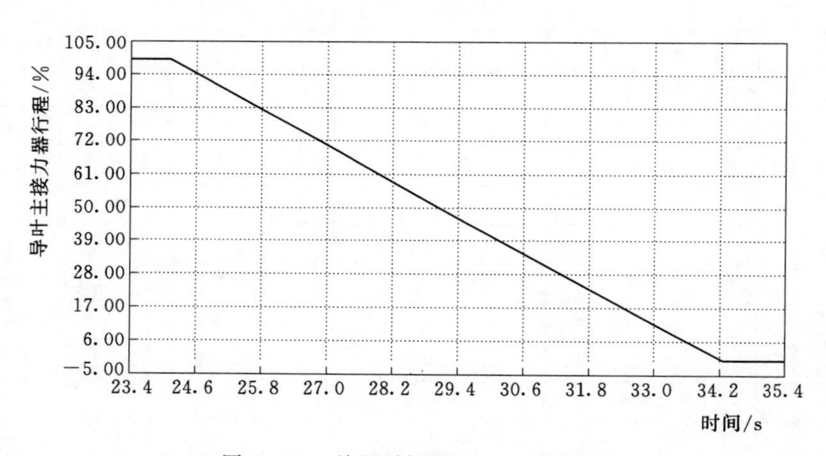

图7-45　关机时间测试——直线关闭

7.4.2.3　数字调节器 b_p 实测

1. *方法一*

将 b_t、T_d 和 T_n 置于最小值（或 K_P、K_I 置于最大值，K_D 置于零），用直流电压或测频环节输出电压作为输入信号（对应于频差）。在输入信号为零时，用“功率给定”或

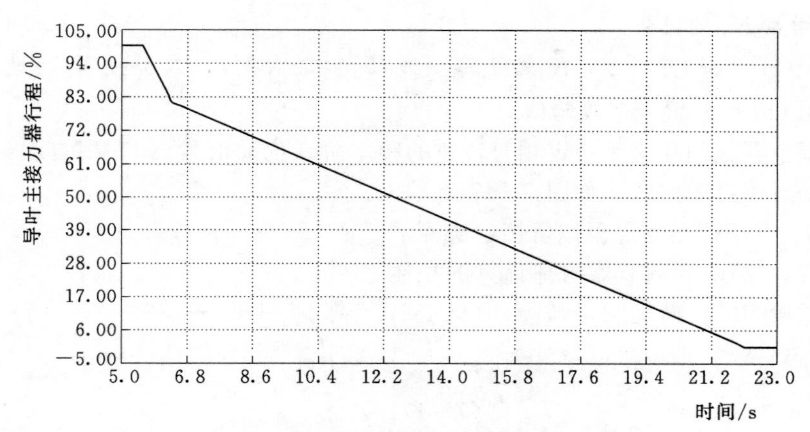

图 7-46 关机时间测试——两段关闭

“开度给定”将调节器输出相对值调整至50%。

分别将永态转差系数b_p置于2%、4%、6%、8%的刻度，改变输入电压信号，测量调节器某两个输出电压$Y_{u,1}$、$Y_{u,2}$。

b_p实测值的计算公式为

$$b_p=\frac{\dfrac{-(U_2-U_1)}{K_f f_r}}{\dfrac{(Y_{u,2}-Y_{u,1})}{Y_{u,max}}}\times 100\% \tag{7-16}$$

式中 K_f——测频环节传递系数，V/Hz；

f_r——额定频率，Hz；

U_1、U_2——调节器的输入电压，V；

$Y_{u,1}$、$Y_{u,2}$——调节器相应的输出电压，V；

$Y_{u,max}$——调节器输出电压最大值，即基准值，V。

为保证试验精度，应使$|Y_{u,2}-Y_{u,1}|>50\%Y_{u,max}$。

2. *方法二*

依据调速系统静特性测试方法，把导叶开度转换为数字调节器输出，数字调节器的输出使用标幺值，使用测试仪进行自动测量，具体方法参考调节系统经特性试验。数字调节器b_p实测数据见表7-5。

表7-5 数字调节器b_p实测数据表

测次	2.0%		4.0%		6.0%		8.0%	
	开方向	关方向	开方向	关方向	开方向	关方向	开方向	关方向
1	2.00%	2.00%	4.00%	3.99%	5.99%	5.99%	7.98%	7.98%
2	2.00%	2.00%	4.00%	3.99%	5.99%	5.99%	7.98%	7.97%
平均	2.00%		4.00%		5.99%		7.98%	

7.4.2.4　PID调节参数的校验

1. 比例增益 K_P 的校验

b_p、K_D（或 T_n）置于零，K_I 置于零（或 T_d 置最大值），人工频率/转速死区 E_f 置于零，将 K_P（或 b_t）置于待校验值。

对数字调节器施加相当于一定相对转速的频率阶跃扰动信号 Δx，用自动记录仪记录调节器输出的过渡过程曲线，如图7-47所示。

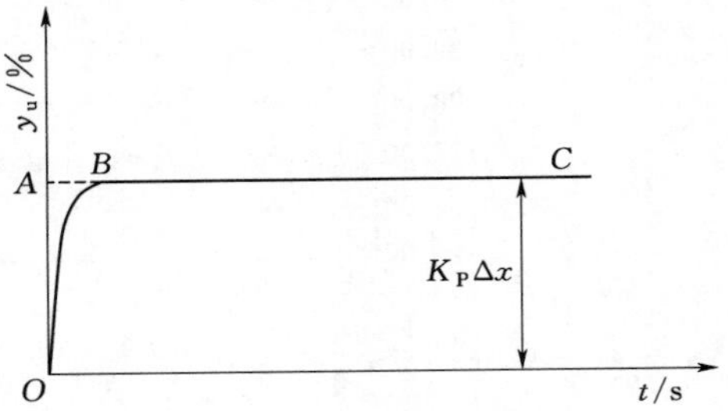

图7-47中 OBC 是通过模拟量接口实测的过渡过程曲线，OAC 为调节器内部计算的控制输出。将直线段 BC 反向延长，与 y_u 轴交于 A 点，则 $OA=K_P\Delta x$，即

$$K_P=\frac{OA}{\Delta x} \tag{7-17}$$

$$b_t=\frac{\Delta x}{OA} \tag{7-18}$$

图7-47　调节器输出的过渡过程曲线1

2. 积分增益 K_I 的校验

b_p、K_D（或 T_n）置于零，人工频率/转速死区 E_f 置于零，K_P（或 b_t）置于已校验值，将 K_I（或 T_d）置于待校验值。

对数字调节器施加相当于一定相对转速的频率阶跃扰动信号 Δx，用自动记录仪记录调节器输出的过渡过程曲线，如图7-48所示。

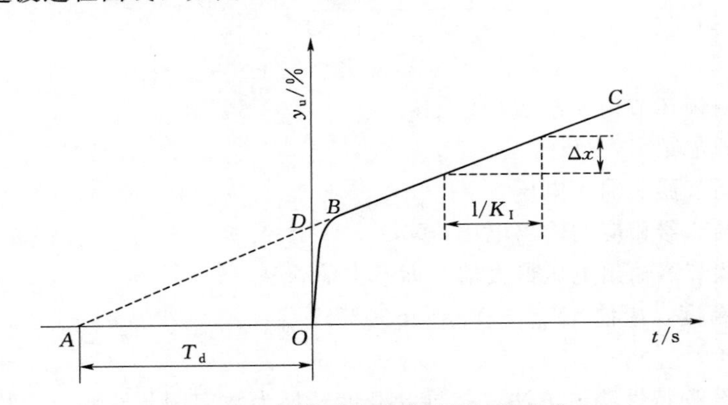

图7-48　调节器输出的过渡过程曲线2

图7-48中 OBC 是通过模拟量接口实测的过渡过程曲线，ODC 为调节器内部计算的控制输出。将直线段 BC 反向延长，与 t 轴（时间轴）交于 A 点，与 y_u 轴交于 D 点，则调节参数的实测值可按下列各式求出：

$$K_I=\frac{OB}{OA\cdot\Delta x} \tag{7-19}$$

$$T_d=OA \tag{7-20}$$

3. 用频率阶跃法校验 K_D

K_P（或 b_t）置于已校验值，b_p、K_I 置于零（或 T_d 置最大值），人工频率/转速死区

E_f置于零，K_D（或 T_n）置于待校验值。其中，自动记录仪的测量时间常数应小于20ms。用本方法试验时，记录仪测量环节的时间常数对 K_D、T_{1v} 的校验结果有影响。

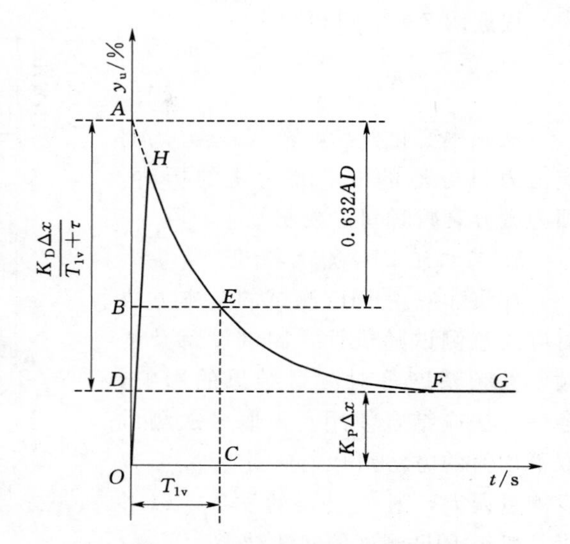

图 7-49 调节器输出的过渡过程曲线 3

对数字调节器施加相当于一定相对转速的频率阶跃扰动信号 Δx，记录调节器输出的过渡过程曲线，如图 7-49 所示。

图 7-49 中 $OHEFG$ 是通过模拟量接口记录的过渡过程曲线，$OAEFG$ 为调节器内部计算的控制输出。

曲线后部 FG 接近于水平线，延长 GF 与 y_u 轴相交于 D，依据 $AB=0.632AD$ 求出 B 点，过 B 点作水平线与曲线交于E 点，再过 E 点作垂线与 t 轴交于C 点，则 OC 可近似视为微分衰减时间常数 T_{1v}值。

记 PID 数字调节器的采样周期为 τ，则

$$AD=\frac{K_D\Delta x}{T_{1v}+\tau} \tag{7-21}$$

或
$$AD=\frac{K_D\Delta x}{T_{1v}} \quad (\text{忽略 } \tau \text{ 值})$$

K_D、T_n的近似值计算公式为

$$K_D=\frac{AD\cdot(T_{1v}+\tau)}{\Delta x} \tag{7-22}$$

或
$$K_D=\frac{AD\cdot T_{1v}}{\Delta x} \quad (\text{忽略 } \tau \text{ 值})$$

$$T_n=\frac{K_D}{K_P} \tag{7-23}$$

4. 用斜坡规律的频率信号校验 K_D

将 K_P、K_I、b_p置于零，人工频率/转速死区 E_f置于零，K_D置于待校验值。其中，自动记录仪的测量时间常数应小于 20ms。用本方法试验时，记录仪测量环节的时间常数不影响 K_D校验值，但对 T_{1v}的校验结果有影响。

对数字调节器施加相当于一定相对转速的频率斜坡扰动信号 Δx，即

$$\Delta x=\frac{50-f(t)}{50}=\frac{50-(50\pm kt)}{50}=\pm\frac{kt}{50} \tag{7-24}$$

式中 k——频率变化斜率，一般取 0.1Hz/s 或 0.2Hz/s；

t——时间，s。

记录调节器输出的过渡过程曲线，如图 7-50 所示。

根据图7-50可得出

$$K_D=\frac{AB}{k} \qquad (7-25)$$

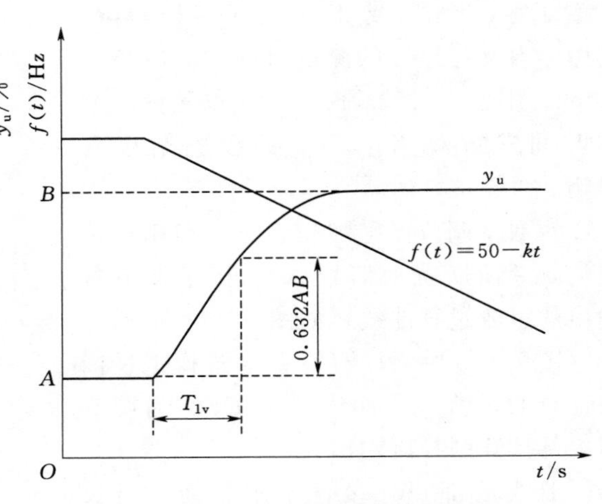

图7-50　调节器输出的过渡过程曲线4

从频率变化开始时刻起，至 y_u 响应值为目标值的0.632为止的历时，即为微分衰减时间常数 T_{1v}。

5. 某机组PID测试实例

在实际应用PID测试的基本方法时应注意测试随机性，测试设备及测频、发频精度等对测量结果的影响，各种方法应结合使用。采取多次测量取平均值的方法可以在一定程度上减少测量误差，避免错误的发生。以下为某机组PID测试的实测结果。

调速器调节参数设置为 $L=100.0\%$、$b_p=0.0$、$K_P=3.0$、$K_I=0.11/s$、$K_D=0.0s$。改变调速器输入频率信号，观测并录制调节器输出电压 y_u 的过渡过程曲线，计算空载工况 K_P 和 K_I 值。计算结果见表7-6及图7-51。

表7-6　**空载工况 K_P 和 K_I 数据表**

参　数	设定值	实测计算值						平均值
		49.6	49.7	49.8	50.2	50.3	50.4	
K_P	3.00	3.01	3.00	3.02	3.02	3.02	2.99	3.01
K_I/s^{-1}	0.11	0.11	0.11	0.11	0.11	0.11	0.11	0.11

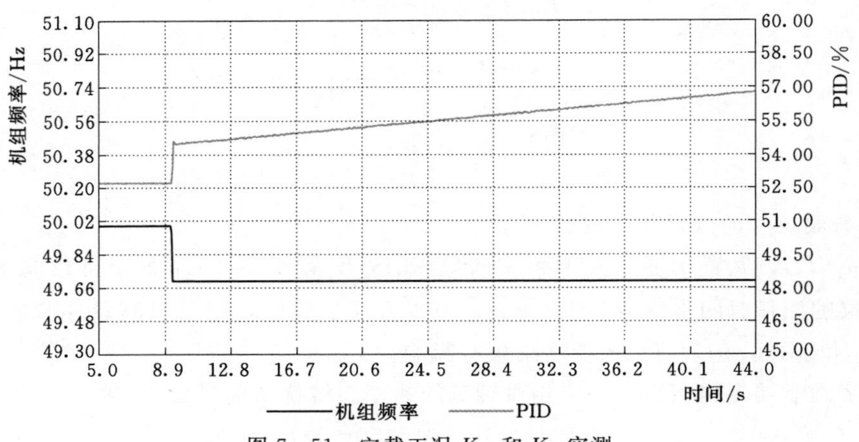

图7-51　空载工况 K_P 和 K_I 实测

将调速器调节参数设置为 $L=100.0\%$、$b_p=0.0$、$K_P=3.0$、$K_I=0.0/s$、$K_D=1.0s$。改变调速器输入频率信号，观测并录制调节器输出电压 Y_u 的过渡过程曲线，计算空载工况 K_D 值。计算结果见表7-7及图7-52。

表 7-7 空载工况 K_D 数据表

参 数	设定值	实测计算值						平均值
		49.6	49.7	49.8	50.2	50.3	50.4	
K_D	1.0	0.04	0.05	0.04	0.05	0.04	0.05	0.05
T_{1v}	—	0.15	0.16	0.15	0.15	0.15	0.14	0.15

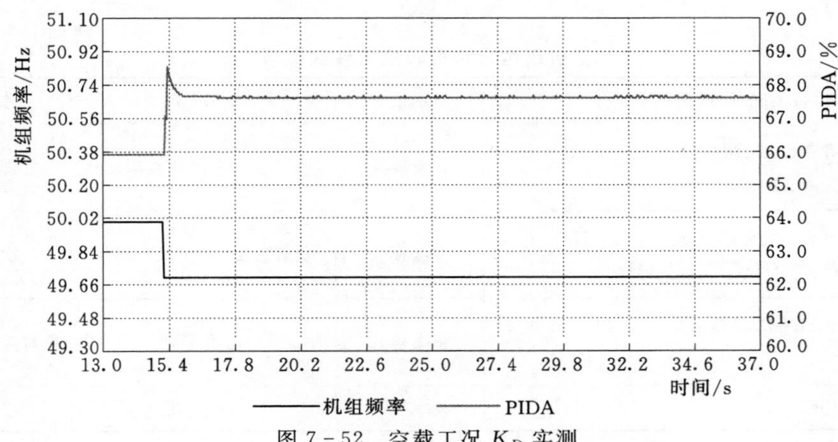

图 7-52 空载工况 K_D 实测

7.4.2.5 主接力器反应时间常数测试方法

主接力器反应时间常数为一个变量，测试方法很多，这里给出其中一种，供参考。

在调速器上短接机组主开关“闭合”信号线，并将调速器切为“自动”运行方式，设置调速器的 K_P 为最大值，K_I 为最小值，K_D 为最小值，设置永态转差系数为 0，同时设置人工转速死区为 0，人工开度死区为 0。投入紧急停机电磁阀，记录主配关方向最大值位移 z_{min}，接力器最小值 y_{min}，再通过调速器给定导叶开度 100%，记录主配开方向最大值位移 z_{max} 及接力器最小值 y_{max}，达到稳定后记录主配中间位置 z。使用计算机打开调速器 PLC 控制程序，并连接 PLC，修改主接反馈信号为固定值。通过 PLC 控制程序向电液转换环节输出阶跃信号，同时通过记录仪记录在主接力器速度稳定时的主配位移 Z_i（其中 $i=1, 2, \cdots, N$）和主接力器行程曲线 $Y_i(t)$。逐渐增加正负阶跃信号大小，使主配位移达到开关方向的最大位移，记录 Z_i 和 $Y_i(t)$。根据记录的主配位移 Z_i 和主接力器行程曲线 $Y_i(t)$，以接力器移动速度 $dY_i(t)/dt$ 作为 Y 轴，以主配位移的相对位移 $(Z_i-z)/(z_{max}-z_{min})$ 作为 X 轴，拟合曲线（图 7-53）。通过一次方程对曲线进行拟合得到公式 $y=ax+b$，计算得出主接力器反应时间常数 $T_Y=1/a$。

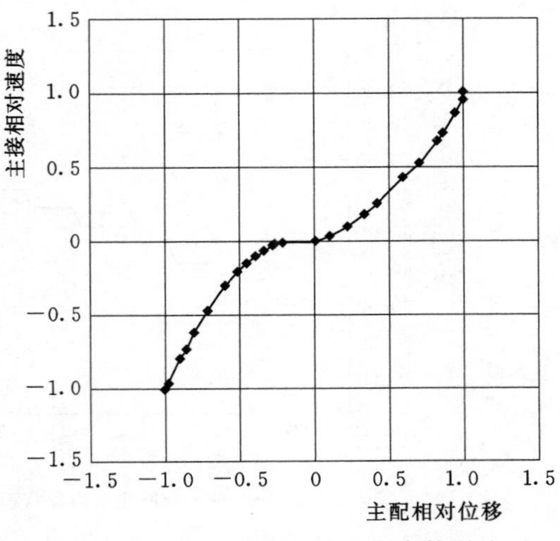

图 7-53 主接力器反应时间常数测试

7.4.2.6　机组运行工况转换条件测试

测试目的是得到机组运行工况的设置情况及转换条件。试验前对调节系统原理图进行分析，并与调节系统程序编写者进行充分沟通，通过发频、人为条件强制等方法进行有针对性的模拟试验，验证调速系统的实际转换条件。某机组运行工况转换条件实测见表7-8。

表7-8　　某机组运行工况转换条件实测表

运行工况条件(机频 F)	显示模式	显示工况	选择参数
出口开关闭合、一次调频投入，49.95Hz＜F＜50.05Hz	开度模式	负载工况，一次调频未动作	常规负载参数
出口开关闭合、一次调频投入，49.0Hz＜F≤49.95Hz或者50.05Hz≤F＜51.0Hz	开度模式	负载工况，一次调频动作	一次调频参数
出口开关闭合、一次调频退出，F≤49.7Hz或者F≥50.3Hz	频率模式	负载工况	负载频率调节参数
出口开关断开	频率模式	空载工况	空载参数

7.4.2.7　机组全程升负荷试验及导叶开度与有功功率对应关系实测

确认机组带负荷稳定运行，将调速器切为“自动”运行方式。通过上位机操作机组负荷至额定负荷，检验负荷调节是否稳定，是否超调。

机组并网带零负荷，为准确获得导叶开度和有功功率的对应关系，推荐通过调速器的开度给定功能，依次增加导叶开度直至机组的最大负荷，波形图如图7-54所示。等待机组有功功率稳定后，记录当时的测试水头、导叶开度和有功功率，并拟合 $P=F(Y)$ 曲线。

某机组工作水头为 H_g=131.15m时实测数据和曲线见表7-9和图7-55。

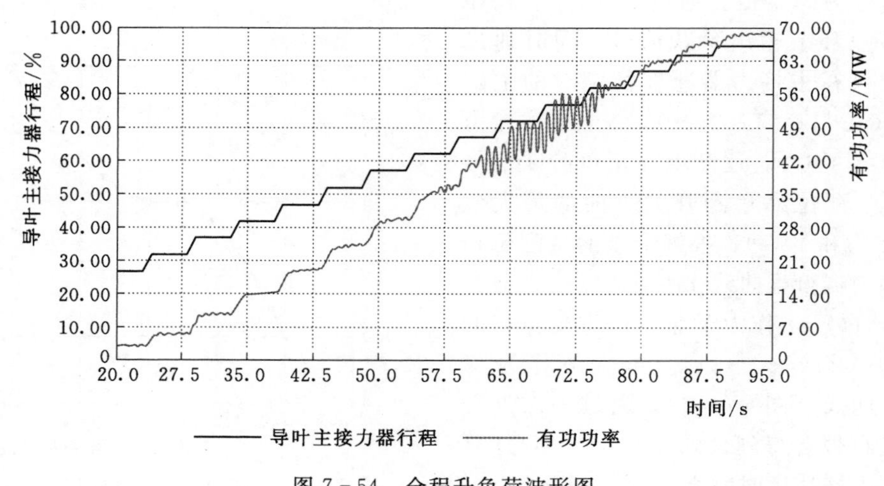

图7-54　全程升负荷波形图

表 7-9　　机组有功对应导叶开度实测数据表

序　号	导叶开度/%	机组有功/MW	序　号	导叶开度/%	机组有功/MW
1	26.23	2.57	10	62.23	36.05
2	29.98	4.44	11	66.23	39.79
3	33.98	7.52	12	70.15	43.87
4	38.05	10.88	13	74.14	48.91
5	42.01	14.43	14	78.08	53.78
6	45.98	18.37	15	82.08	58.60
7	50.06	22.48	16	86.06	62.71
8	54.09	26.72	17	90.01	65.61
9	58.17	31.63	18	93.81	68.36

7.4.2.8 机组惯性时间常数实测

1. 试验方法

机组惯性应包括发电机、水轮机以及流道水体惯性，宜通过甩 50%以上额定负荷测试机组惯性时间常数，推荐甩额定负荷进行。

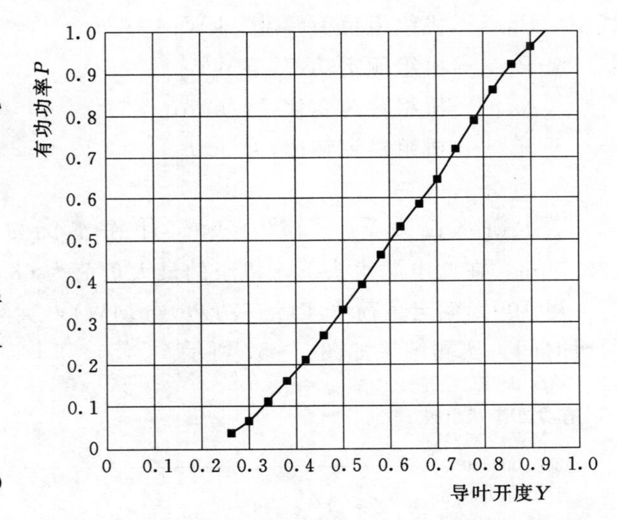

图 7-55　机组导叶开度和有功功率对应关系实测曲线

2. 计算方法

(1) 方法一。假定甩负荷后，导叶开始动作到最大转速时刻之间的水轮机力矩随时间呈直线减至零。

机组惯性时间常数 T_a 为

$$T_a = \frac{2T_c + T_n f}{2\beta} \tag{7-26}$$

其中　$f = 1 + \frac{\xi_{max}}{3}$

式中　T_a——机组惯性时间常数；

T_c——调速器迟滞时间；

T_n——升速时间；

β——转速上升率；

f——水击修正系数；

ξ_{max}——水压上升率。

发电机动能 E_{MWS} 为

$$E_{MWS} = \frac{T_J}{2} S_{N\_GEN} \tag{7-27}$$

式中　S_{N_GEN}——发电机组额定容量；

T_J——机组惯性时间常数，$T_J = T_a$。

机组转动惯量 GD^2 为

$$GD^2=\frac{3580P_0T_a}{n_0^2} \tag{7-28}$$

式中 GD^2——机组转动惯量，kN·m²；

P_0——机组额定出力，kW；

n_0——机组额定转速，r/min；

T_a——机组惯性时间常数，s。

（2）方法二。根据甩负荷录波图（图7-56），求出甩负荷起始时刻转速变化曲线的斜率 $\mathrm{d}(\Delta n/n_r)_0/\mathrm{d}t$，即

$$T_a=\frac{P_0/P_r}{\mathrm{d}(\Delta n/n_r)_0/\mathrm{d}t} \tag{7-29}$$

式中 P_0——机组甩负荷幅度，kW；

P_r——机组额定功率，kW；

Δn——机组转速变化，r/min；

n_r——机组额定转速，r/min。

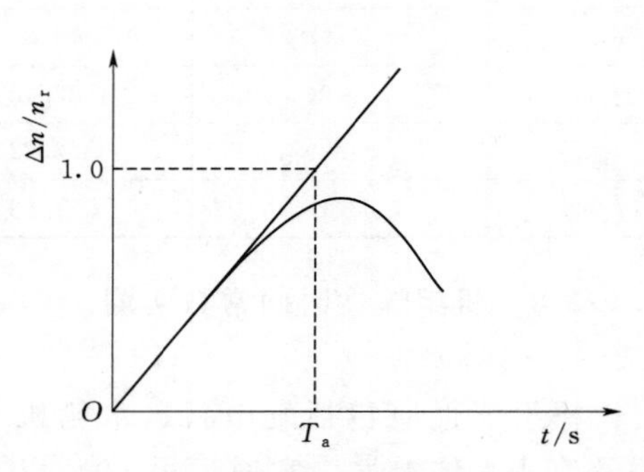

图7-56 甩负荷时机组加速过程曲线

3. 计算实例

若上游水位为 $\nabla_{上}=1320.46$m，下游水位为 $\nabla_{下}=1189.96$m，电站水头为 $H_g=130.50$m。在此电站水头下，机组的最大负荷为68.46MW，机组额定负荷为68MW。

甩100%额定负荷（实际有功68.46MW），实测机组转速上升率、蜗壳水压上升率及关机时间，实测结果如图7-57所示。

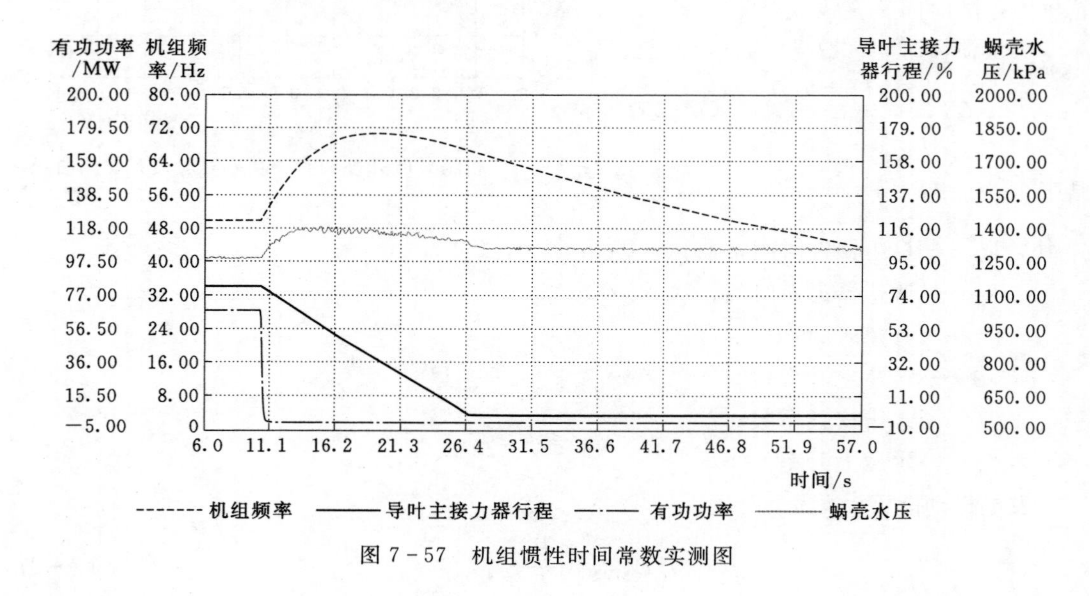

图7-57 机组惯性时间常数实测图

机组惯性应包括发电机、水轮机以及流道水体惯性，通过甩100%额定负荷计算机组惯性时间常数。

根据甩负荷录波图，求出甩负荷起始时刻转速变化曲线的斜率 $d(\Delta n/n_r)_0/dt$，即可按式（7-28）机组惯性时间常数。

甩负荷起始时刻为 10.26s，机组频率为 49.957Hz，甩负荷后一秒时刻为 11.26s，机组频率为 54.785Hz，将数据代入式（7-28）得

$$T_a=\frac{P_0/P_r}{d(\Delta n/n_r)_0/dt}=\frac{68.46/68}{\frac{(49.957-54.785)}{50}/(10.26-11.26)}=10.43\ (s)$$

发电机动能 E_{MWS} 的计算公式为式（7-26），将数值代入求得

$$E_{MWS}=\frac{T_J}{2}S_{N\_GEN}=\frac{10.43}{2}\times 68=354.62\ (MW\cdot s)$$

经计算，机组惯性时间常数 T_a 为 10.43s，发电机动能 E_{MWS} 为 354.62MW·s。

7.5 基于 PSD-BPA 及 Matlab 软件模型参数辨识方法

模型参数试验结果辨识得到的参数需要在电力系统专用的计算程序中校核，目前各调度系统基本采用中国电科院的 PSD-BPA 软件进行方式计算。

7.5.1 PSD-BPA 中常用模型介绍

7.5.1.1 水轮机调速器和原动机模型（GH 卡）

在 PSD-BPA 暂态稳定程序中，GH 卡为水轮机及调节系统组合在一起的综合模型，如图 7-58 所示，参数见表 7-10。

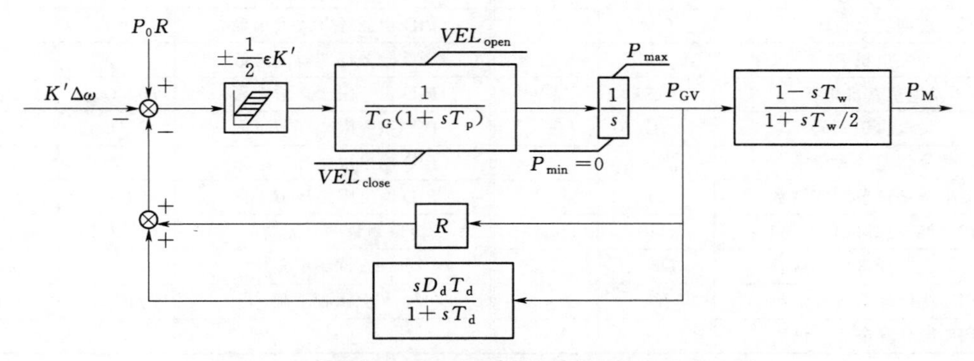

图 7-58 水轮机调速器和原动机模型（GH 卡）图

表 7-10 水轮机调速器和原动机模型（GH 卡）参数表

参数名称	符号	单位	参数名称	符号	单位
最大原动机输出功率	P_{max}	MW	水锤效应时间常数	$T_w/2$	s
调差系数	R	p.u.	最大水门关闭速度	VEL_{close}	p.u./s
调速器响应时间	T_G	s	最大水门开启速度	VEL_{open}	p.u./s
引导阀门时间常数	T_p	s	软反馈环节系数	D_d	—
软反馈时间常数	T_d	s	频率死区	ε	p.u.

7.5.1.2　调节系统模型（GM \ GM+）

在PSD-BPA暂态稳定程序中，微机调节器模型可采用调节系统模型4（GM \ GM+）表示，如图7-59所示。该模型需要两张数据卡，即GM卡和GM+卡，GM卡主要用于填写频率控制参数、PID控制参数（表7-11），GM+卡主要用于填写功率模式和开度模式对应的参数（表7-12）。

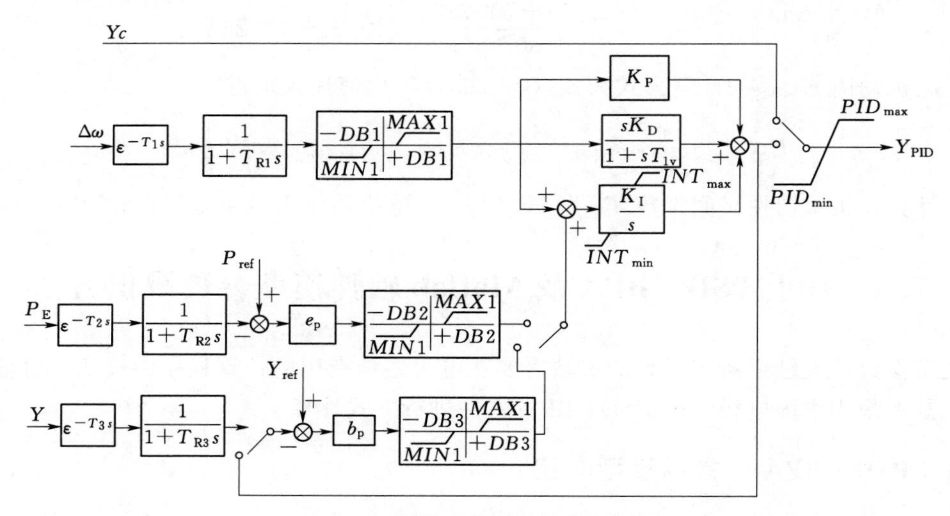

图7-59　调节系统模型4（GM \ GM+）

表7-11　调节系统模型（GM卡）参数

参数名称	符号	单位	参数名称	符号	单位
模型类型代码	GM	—	PID积分环节放大倍数	K_I	—
发电机名	NAME	—	PID微分环节时间常数	T_D	s
发电机基准电压	*BASE*	kV	PID积分限幅环节上限	$INTG_{max}$	p. u.
发电机识别码	ID	—	PID积分限幅环节下限	$INTG_{min}$	p. u.
频率偏差放大倍数	K_W	—	PID输出限幅环节上限	PID_{max}	p. u.
频率测量环节时间常数	T_R	s	PID输出限幅环节下限	PID_{min}	p. u.
转速调节死区（负方向）	$-DB_1$	p. u.	转速测量的延迟时间	*DELT*	s
转速调节死区（正方向）	DB_1	p. u.	一次调频上限	DB_{max}	p. u.
PID比例环节放大倍数	K_P	—	一次调频下限	DB_{min}	p. u.
PID微分环节放大倍数	K_D	—			

表7-12　调节系统模型（GM+卡）参数

参数名称	符号	单位	参数名称	符号	单位
模型类型代码	GM+	—	负方向死区	$-DB_2$	p. u.
发电机名	NAME	—	正方向死区	DB_2	p. u.
发电机基准电压	*BASE*	kV	限幅上限	DB_{max2}	p. u.
发电机识别码	ID	—	限幅下限	DB_{min2}	p. u.
测量延迟时间	*DELT*2	s	模式选择	ITYP	—
测量环节时间常数	T_{R2}	s	开度模式选择	ITYP2	—
永态转差系数	e_p				

7.5.1.3 电液伺服系统模型（GA 卡、GA+卡）

执行机构模型采用电液伺服系统模型（GA 卡、GA+卡）表示，如图 7-60 所示。该模型需要一张或者两张数据卡，即 GA 卡和 GA+卡，参数见表 7-13 和表 7-14。

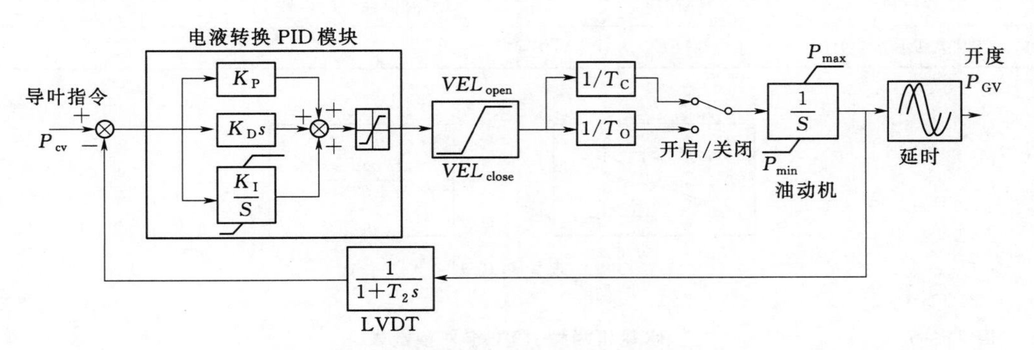

图 7-60 电液伺服系统模型（GA 卡、GA+卡）

表 7-13 电液伺服系统模型（GA 卡）参数表

参 数 名 称	符号	单位	参 数 名 称	符号	单位
模型类型代码	GA	—	最小原动机输出功率	P_{min}	p. u.
发电机名	NAME	—	油动机行程反馈环节时间	T_1	s
发电机基准电压	*BASE*	kV	PID 模块比例放大环节倍数	K_P	—
发电机识别码	ID	—	PID 模块微分环节倍数	K_D	—
原动机额定输出功率	P_e	MW	PID 模块积分环节倍数	K_I	—
油动机关闭时间常数	T_c	s	PID 模块积分环节限幅最大值	$INTG_{max}$	p. u.
油动机开启时间常数	T_o	s	PID 模块积分环节限幅最小值	$INTG_{min}$	p. u.
过速关闭系数	VEL_{close}	p. u.	PID 模块输出的限幅最大值	PID_{max}	p. u.
过速开启系数	VEL_{open}	p. u.	PID 模块输出的限幅最小值	PID_{min}	p. u.
最大原动机输出功率	P_{max}	p. u.			

表 7-14 电液伺服系统模型（GA+卡）参数表

参 数 名 称	符号	单位	参 数 名 称	符号	单位
模型类型代码	GA+	—	发电机识别码	ID	—
发电机名	NAME	—	功率输出信号的纯延迟时间	PGV_{DELAY}	s
发电机基准电压	*BASE*	kV			

7.5.1.4 水轮机模型（TW 卡、TV 卡）

TW 卡水轮机模型如图 7-61 所示，参数见表 7-15。TV 卡水轮机模型如图 7-62 所示，参数见表 7-16。

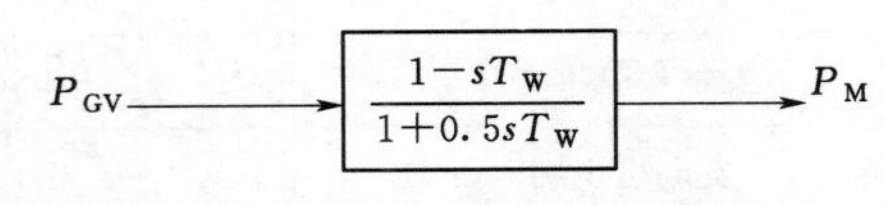

图 7-61 水轮机模型（TW 卡）

表 7-15　　水轮机模型（TW 卡）参数表

参数名称	符号	单位	参数名称	符号	单位
模型类型代码	TW	—	发电机识别码	ID	—
发电机名	NAME	—	水流惯性时间常数	T_W	s
发电机基准电压	*BASE*	kV			

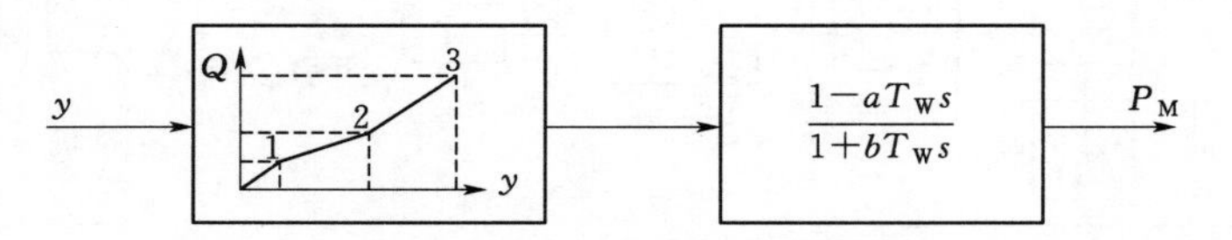

图 7-62　水轮机模型（TV 卡）

表 7-16　　水轮机模型（TV 卡）参数表

参数名称	符号	单位	参数名称	符号	单位
模型类型代码	TV	—	折线第一个点功率	*P*1	p. u.
发电机名	NAME	—	折线第二个点开度	*Y*2	p. u.
发电机基准电压	*BASE*	kV	折线第二个点功率	*P*2	p. u.
发电机识别码	ID	—	折线第三个点开度	*Y*3	p. u.
折线第一个点开度	*Y*1	p. u.	折线第三个点功率	*P*3	p. u.

7.5.2　PSD-BPA 模型仿真实例

7.5.2.1　PSD-BPA 模型及参数设置

在 PSD-BPA 暂态稳定程序中，调速器模型采用调节系统模型 4（GM 卡、GM＋卡）表示。该模型需要两张数据卡，即 GM 卡和 GM＋卡，GM 卡主要用于填写频率控制参数、PID 控制参数，GM＋卡主要用于填写功率模式和开度模式对应的参数。执行机构模型采用电液伺服系统模型（GA 卡、GA＋卡）表示。该模型需要一张或者两张数据卡，即 GA 卡和 GA＋卡。水轮机及引水系统模型采用水轮机模型（TV）表示。依据模型参数实测结果，在 BPA5.0 软件平台下，建立单机无穷大系统，将模型中的调速系统、水轮机及引水系统分别用 BPA 程序中 GM 卡、GM＋卡、GA 卡、GA＋卡和 TV 卡代替，并在 Matlab 中建立等价模型。相关参数见表 7-17～表 7-21。

表 7-17　　调节系统模型（GM 卡）参数

模型参数名称	参数符号	参数单位	参数数值
模型类型代码	—	—	GM
发电机名	NAME	—	4MMg1
发电机基准电压	*BASE*	kV	13.8
发电机识别码	ID	—	—
频率偏差放大倍数	kW	—	1

续表

模型参数名称	参数符号	参数单位	参数数值
频率测量环节时间常数	T_R	s	0.02
转速调节死区(负方向)	$-DB_1$	p.u.	−0.0
转速调节死区(正方向)	DB_1	p.u.	0.0
PID 比例环节放大倍数	K_P	—	5.93
PID 微分环节放大倍数	K_D	—	0
PID 积分环节放大倍数	K_I	—	8.00
PID 微分环节时间常数	T_D	s	0.0
PID 积分限幅环节上限	$INTG_{max}$	p.u.	0.051
PID 积分限幅环节下限	$INTG_{min}$	p.u.	−0.05
PID 输出限幅环节上限	PID_{max}	p.u.	1
PID 输出限幅环节下限	PID_{min}	p.u.	−1
转速测量的延迟时间	$DELT$	s	0.00
一次调频上限	DB_{max}	p.u.	1
一次调频下限	DB_{min}	p.u.	−1

表 7-18　　调节系统模型（GM+卡）参数表

模型参数名称	参数符号	参数单位	参数数值
模型类型代码	—	—	GM+
发电机名	NAME	—	4MMg1
发电机基准电压	$BASE$	kV	13.8
发电机识别码	ID	—	—
测量延迟时间	$DELT_2$	s	0.0
测量环节时间常数	T_{R2}	s	0.01
永态转差系数	E_P		0.04
负方向死区	$-DB_2$	p.u.	0.0
正方向死区	DB_2	p.u.	0.0
限幅上限	DB_{max2}	p.u.	1
限幅下限	DB_{min2}	p.u.	-1
模式选择	ITYP	—	2
开度模式选择	ITYP2	—	1

表 7-19　　电液伺服系统模型（GA 卡）参数表

模型参数名称	参数符号	参数单位	参数数值
模型类型代码	—	—	GA
发电机名	NAME	—	4MMg1
发电机基准电压	$BASE$	kV	13.8
发电机识别码	ID	—	—
原动机额定输出功率	P_e	MW	180

续表

模型参数名称	参数符号	参数单位	参数数值
油动机关闭时间常数	T_c	s	7.92
油动机开启时间常数	T_o	s	16.4
过速关闭系数	VEL_{close}	p. u.	-1
过速开启系数	VEL_{open}	p. u.	1
最大原动机输出功率	P_{max}	p. u.	1
最小原动机输出功率	P_{min}	p. u.	0
油动机行程反馈环节时间	T_1	s	0.02
PID 模块比例放大环节倍数	K_P	—	17
PID 模块微分环节倍数	K_D	—	0
PID 模块积分环节倍数	K_I	—	0
PID 模块积分环节限幅最大值	$INTG_{max}$	p. u.	1
PID 模块积分环节限幅最小值	$INTG_{min}$	p. u.	-1
PID 模块输出的限幅最大值	PID_{max}	p. u.	1
PID 模块输出的限幅最小值	PID_{min}	p. u.	-1

表 7-20　　电液伺服系统模型（GA＋卡）参数表

模型参数名称	参数符号	参数单位	参数数值
模型类型代码	—	—	GA＋
发电机名	NAME	—	4MMg1
发电机基准电压	$BASE$	kV	13.8
发电机识别码	ID	—	—
功率输出信号的纯延迟时间	PGV_{DELAY}	s	0.7

表 7-21　　水轮机模型（TV 卡）参数表

模型参数名称	参数符号	参数单位	参数数值
模型类型代码	—	—	TV
发电机名	NAME	—	4MMg1
发电机基准电压	$BASE$	kV	13.8
发电机识别码	ID	—	—
折线第一个点开度	Y1	p. u.	0.5216
折线第一个点功率	$P1$	p. u.	0.6724
折线第二个点开度	Y2	p. u.	0.6000
折线第二个点功率	$P2$	p. u.	0.8167
折线第三个点开度	Y3	p. u.	0.6810
折线第三个点功率	$P3$	p. u.	0.9452
水流效应时间常数	T_W	s	1.6
系数	A	—	1.0
系数	B	—	0.5
额定功率	P_N	MW	180

7.5.2.2 PID 仿真校验

在 Matlab 等价模型中输入各参数，进行仿真与辨识，并与参数实测结果进行对比，校验 PID 参数。

调节参数 K_P 和 K_I 的设定值与仿真值对照见表 7-22。

表 7-22　调节参数 K_P 和 K_I 设定值与仿真值对照表

校验工况	参数	设定值	仿真值
一次调频	K_P	6.00	5.93
	K_I	8.00	8.00

将调节参数 K_P 和 K_I 设置为一次调频工况参数，即 $b_p=0.0\%$、$K_P=5.93$、$K_I=8.00/s$、$K_D=0.0s$，并对调节器模块发出频率扰动信号 50.00Hz→49.70Hz（图 7-63），录制频率改变前后 Y_{PID} 输出变化过程曲线。将常规负载工况的模型仿真曲线与真机实测曲线进行比对，校验结果如图 7-64 所示。

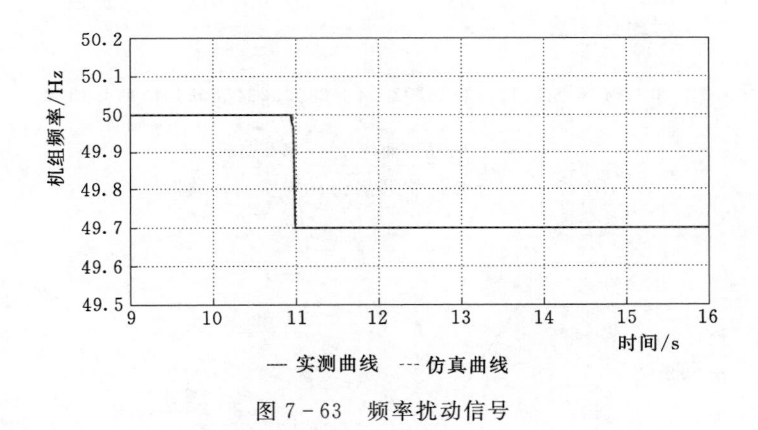

图 7-63　频率扰动信号

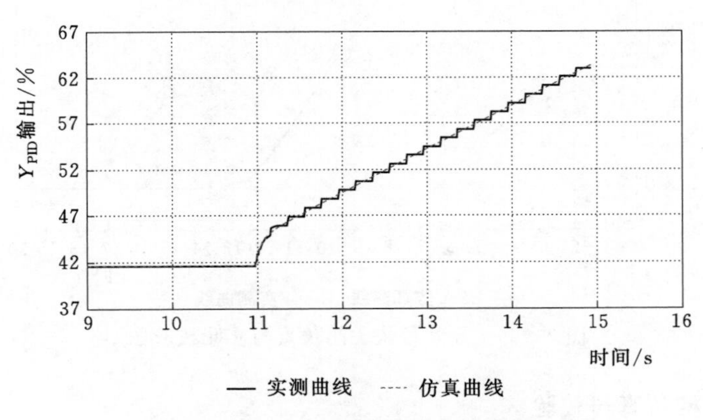

图 7-64　K_P 和 K_I 仿真与校验图

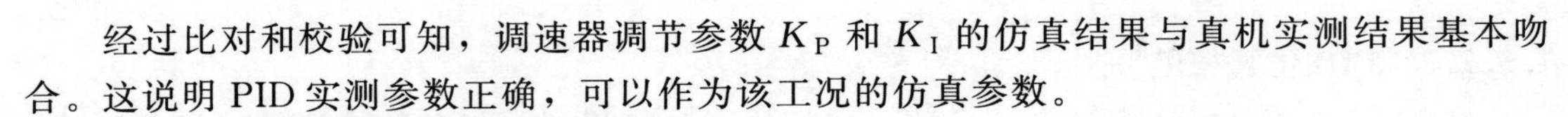

经过比对和校验可知，调速器调节参数 K_P 和 K_I 的仿真结果与真机实测结果基本吻合。这说明PID实测参数正确，可以作为该工况的仿真参数。

7.5.2.3　主接力器最快动作时间仿真与校验

通过大频差扰动或开度给定的方式进行主接力器最快动作时间仿真，验证仿真模型执行机构最快动作时间是否与实测结果一致。导叶最快开启与关闭仿真曲线与实测曲线比对结果如图7-65和图7-66所示。

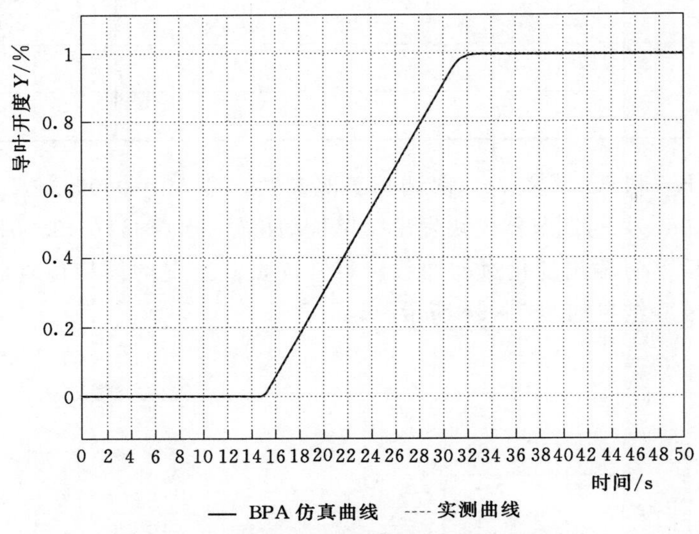

图7-65　导叶最快开启仿真与实测校验图

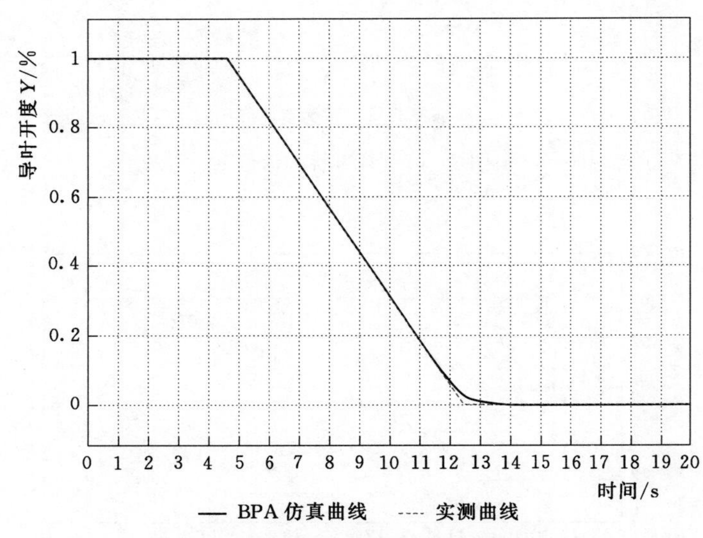

图7-66　导叶最快关闭仿真与实测校验图

7.5.2.4　执行机构仿真与校验

在PSD-BPA模型中进行49.75Hz和50.25Hz频率扰动，导叶开度仿真曲线与实测

曲线比对结果如图 7-67 和图 7-68 所示。

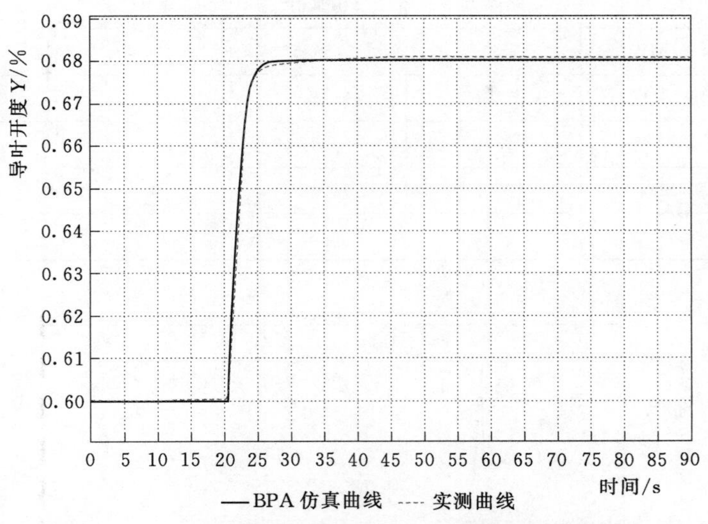

图 7-67　49.75Hz 频率扰动导叶开度仿真与实测校验图

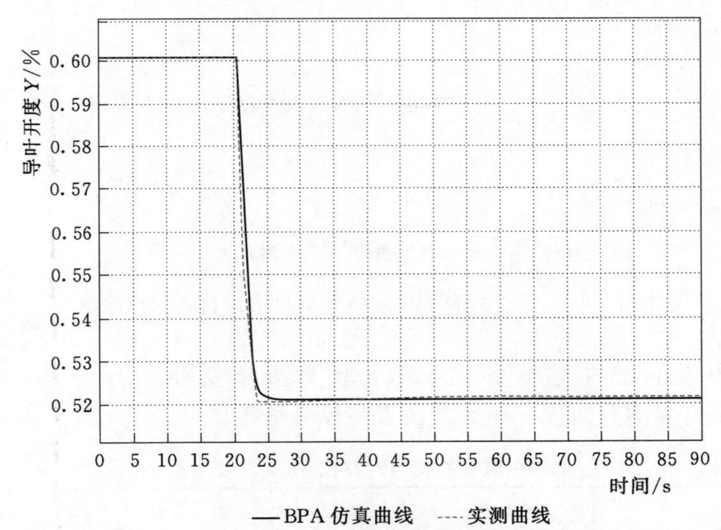

图 7-68　50.25Hz 频率扰动导叶开度仿真与实测校验图

7.5.2.5　PSD-BPA 模型整体仿真校核

在 PSD-BPA 模型中，仿真频率扰动信号 50.0Hz→50.25Hz→50.0Hz，并与真机实测曲线进行比对，仿真与校验结果见表 7-23 及图 7-69。

表 7-23　PSD-BPA 模型 50.25Hz 仿真与校验表

品　质　参　数	实测值	仿真值	偏　差	偏差允许值
起始阶跃时间	20.12	20.12	0.0	—
初始功率 P_{ref}/MW	147.2	147.2	0.0	—
阶跃后稳态功率/MW	120.9	120.9	0.0	—

续表

品　质　参　数	实测值	仿真值	偏　差	偏差允许值
反调峰值绝对功率/MW	159.5	159.6	0.1	—
反调峰值功率 P_{RP}/MW	−12.3	−12.4	0.1	±10%阶跃量为±2.63
反调峰值时间 T_{FP}/s	1.30	1.17	0.13	±0.2
调节 95%时功率/MW	122.22	122.22	0.0	—
调节时间 t_s/s	5.02	5.69	0.67	±2.0

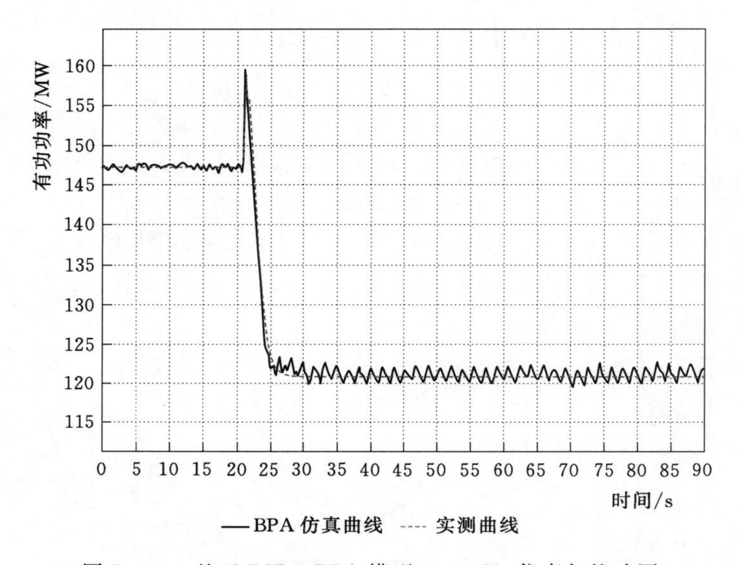

图 7-69　基于 PSD-BPA 模型 50.25Hz 仿真与校验图

在 PSD-BPA 模型中输入各项参数，仿真频率扰动信号 50.0Hz→49.75Hz→50.0Hz，并与真机实测曲线进行比对，仿真与校验结果详见表 7-24 及图 7-70。

表 7-24　　PSD-BPA 模型 49.75Hz 仿真与校验表

品　质　参　数	实测值	仿真值	偏　差	偏差允许值
起始阶跃时间	19.88	19.88	0.0	—
初始功率 P_{ref}/MW	146.9	146.9	0.0	—
阶跃后稳态功率/MW	169.95	169.95	0.0	—
反调峰值绝对功率/MW	141.1	140.57	0.1	—
反调峰值功率 P_{RP}/MW	5.8	6.33	−0.53	±10%阶跃量为±2.31
反调峰值时间 T_{FP}/s	1.30	1.25	0.05	±0.2
调节 95%时功率/MW	168.80	168.80	0.0	—
调节时间 t_s/s	8.27	6.92	1.35	±2.0

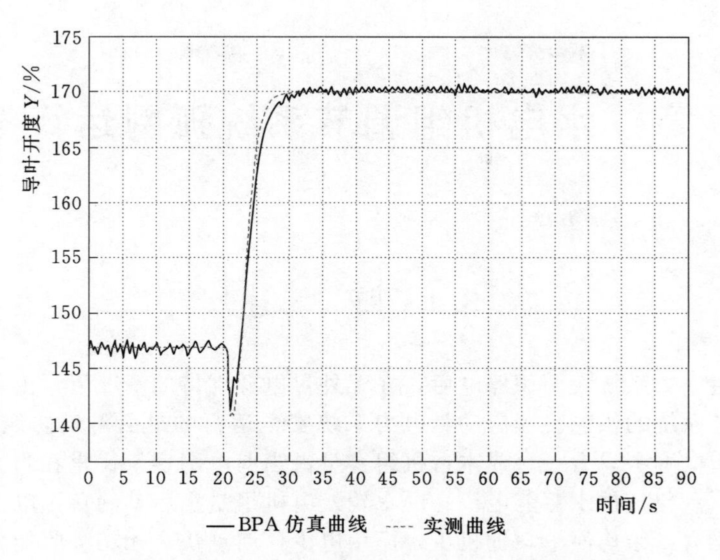

图 7－70 基于 PSD－BPA 模型 49.75Hz 仿真与校验图

由仿真曲线与实测曲线比对可知，进行一次调频频率扰动仿真时，PSD－BPA 模型仿真结果与真机实测结果基本吻合。

第8章　水电机组调节系统孤网运行控制

8.1　概　　述

黑启动是指电力系统大面积停电后，在无外界电源支持的情况下，由具备自启动能力机组启动并恢复系统的供电。黑启动是电力系统安全运行的最后一道防线。孤网（孤立、孤岛）运行是指电网中只有一台或本台机组容量占当前电网容量比重相当大的运行方式。

水力发电厂（包括抽水蓄能电厂）的水轮发电机组是黑启动的首选电源。水电机组一般具有自启动能力，结构简单，辅机少，厂用电少，启动快，无功吸收能力强，是理想的黑启动电源，所以区域电力系统往往选择水电机组作为黑启动电源，但电网黑启动及孤网运行过程中的网架结构薄弱，频率、电压都处于极不稳定的快速变化过程中，稳定性存在着很大的复杂性和不确定性。水电厂的黑启动及孤网运行作为特殊情况下的特殊运行方式，要满足一定的条件。如果事先没有一套行之有效的黑启动预案、操作程序及控制策略，很难在短时间内恢复发电。

目前，国内外很多电网及研究机构都开展了黑启动及恢复的试验和仿真研究，为进一步深入探讨积累了丰富的经验。从相关的研究论文来看，多是针对电网侧黑启动策略的研究，以及电厂侧黑启动带厂用电，尚缺乏电厂侧孤网运行策略的深入研究。各调节系统生产厂家的孤网模式设置各不相同，很多运行中的调节系统中没有孤网模式或即使有孤网模式，也尚不能实际运行。水电厂一般以带厂用电为目的，即开机空载带厂用电，加之孤网模式在大网常规运行中很少用到，很少有条件进行实际孤网试验及调试，致使对孤网运行模式重视不够，目前对电厂侧调节系统孤网运行的管理及研究尚处于薄弱环节，对其进行深入研究对电网的安全稳定有着重要的意义，所以有必要对孤网运行模式的控制策略进行详细的研究，以确保电网事故时能够发挥作用，以最大限度地抑制电网全黑的发生，即使解裂为孤网，也能够迅速恢复负荷。本章针对试验过程中和黑启动孤网运行中可能出现的频率问题、扰动问题、并网控制问题等，结合现场实际进行了分析，提出了水电机组控制系统考虑黑启动及孤网运行控制策略，为减少事故损失、合理配置黑启动中的控制，快速恢复系统供电提供一些理论及实践依据。

8.2　水电机组调节系统孤网运行控制策略

8.2.1　控制系统的供电

1. 控制系统供电配置

调速器控制柜和机组油压装置等控制系统工作电源须按照交直流双重供电方式配置，

采用交直流双供电系统确保供电的可靠性。在厂用动力电源消失的情况下，调速器能保证在黑启动过程中可靠操作并稳定运行。

2. 直流供电系统

蓄电池是黑启动时全厂仅有的直流电源，是电站的继电保护、操作、控制、励磁、调速器、通信、事故照明等运行的前提条件。根据蓄电池容量及直流负荷可计算或试验得出电站直流系统正常供电时间。黑启动时为延长直流供电时间，只需保留黑启动的最基本直流负荷，可拉开如事故照明等不必要负荷。

3. 动力电源系统

动力电源主要是由柴油发电机提供，当全厂用电全部消失后，柴油机既可以为调速器提供电源，也可以保证油压装置的正常运行，必要时可以采取分时分段运行厂用电负荷，使机组能够顺利并安全地进行黑启动。柴油机应该进行定期巡检和启动试验，以确保在关键时能够顺利启动。

8.2.2 调节系统油压装置

机组油压装置控制系统工作电源须按照交直流双重供电方式配置。在厂用动力电源消失、油泵全停的情况下，机组油压装置所储备的液压操作能力能保证机组黑启动完成，当黑启动不成功时，能保证机组安全停机。

机组黑启动成功与否，油压装置的油压、油位很关键，由于油压装置的油压、油位随着时间的推移而逐渐降低，因此，在进行事故处理时要迅速、果断、准确。应注意监视、记录机组油压装置油压、油位、高压顶起油泵、轴承润滑油泵，若油压装置油压下降较快，可以考虑手动临时补气。

根据实际要求可以退出机组事故低油压、低油位保护，以手动方式启动机组，如遇到紧急情况，手动快速事故停机或紧急事故停机。

事故低油压保护整定值的设定对水电机组黑启动能力影响较大，为有效提高水电机组黑启动能力，应对机组事故低油压值进行复核试验，可对工作油泵启动油压设定值根据实际情况进行调整。事故低油压的选择应能做到在完成一次全行程的关机操作后压力不降到最低操作压力以下。

各水电机组须通过黑启动试验，测试机组油压装置在黑启动条件下的特征参数，如漏油量应能满足相关规范要求，否则不宜作为黑启动机组，机组带孤网运行时要观察油温、油泵的启动频次，如导水机构快速振荡、油泵频繁启动，可能会引起油温升高，会面临低油压紧急停机事故的发生，可将调速器切手动临时处理，保证油温为10～50℃。

在无柴油发电机供电的情况下，在正常工作油压下限和油泵不打油时，压力罐的容积至少应能在压力降不超过正常工作油压下限和最低操作油压之差的条件下提供规定的各接力器行程数，对混流式水轮机为3个导叶接力器行程；对转桨式水轮机，除3个导叶接力器行程外，还要求1.5～2个轮叶接力器行程；对冲击式水轮机，除3个折向器接力器行程外，还要求1.5～2个喷针接力器行程。

8.2.3　调节系统运行方式

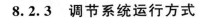

考虑黑启动及孤网运行的机组应具备手动和自动两种运行方式，在开机和带负荷调节过程中，两种方式可以无扰动切换，且调节曲线连续、光滑。机组黑启动时具体采用何种方式主要是看运行人员的要求以及黑启动时电厂的实际情况。如果计算机监控系统或自动回路失灵，可用手动方式开机，优点是可靠，缺点是步骤较为繁琐，速度慢。自动方式开机机组升速控制稳定，操作简单。由于黑启动或孤网运行时，与机组正常开机及运行时环境有所不同（如黑启动时没有网频等），为满足黑启动要求，调速系统可以从监控系统接收一个“孤网运行”命令，此时监控系统和调速系统等可以安装预先设定好的黑启动开机条件进行开机，以保证机组能够在特殊条件下顺利自动开机。例如：某电厂黑启动试验中，由于LCU设置问题，在没有网频的情况下，LCU自动闭锁，不能自动开机，只能手动，延长了黑启动时间，此种情况应在LCU设备检修期间增加考虑机组黑启动的特殊情况，以提高黑启动速度。

在孤网运行时，在电网负荷出现大幅波动的情况下，很有可能导致机组的出力、频率及导水机构产生小幅快速振荡的情况，如机组导水机构不能快速摆脱振荡，就会导致低油压紧急停机事故的发生，使本来刚刚要恢复的电网重新陷入瘫痪。此时应立即将调速系统切为手动运行，通过人工调节负荷，消除振荡，对电网的快速恢复至关重要。2008年年初。由于冰灾引起贵州电网多次出现大面积停电事故，大花水水电站孤网运行，带福泉、贵定、麻江、瓮安等县市生活用电时，曾多次出现振荡问题，通过切手动运行，人工调节负荷，消除振荡后投入自动，保证了电网的迅速恢复。

8.2.4　调节系统运行模式

水轮机调节系统应能对空载运行频率调节模式、并网运行开度调节模式、功率调节模式、孤网运行频率调节模式以及一次调频模式分别设置相应的调节参数，调节模式切换时调节参数能自动切换。要求具备孤网运行能力的机组要具备完整的空载频率模式、一次调频模式、开度模式及孤网频率模式。

水轮机调节系统应具有孤网自动识别能力，带孤立负荷能稳定运行。当机组与大电网解列或部分线路跳开（但发电机出口断路器依然闭合）或带孤立负荷运行时，水轮机调节系统应能自行判断并切至孤网运行模式，即当频差超过设置门槛值时应自动切入孤网频率模式。电网出现问题后，往往是先由大网解裂为小网，此时如调节系统能够自动识别孤网，将会有效抑制电网的瘫痪，快速恢复供电范围，对减少电网事故的扩大及迅速恢复电网的供电有着极其重要的意义。

门槛值的设置要根据当地可能会出现的孤网负荷情况及其机组的特点进行设置，关于门槛值的设置，目前没有统一的规定，水电厂一般设置为0.2Hz或0.3Hz。在《电能质量　电力系统频率偏差》（GB 15945—2008）中规定：电力系统正常运行条件下，频率偏差限值为±0.2Hz，当系统容量较小时，偏差限值可以放宽到±0.5Hz。根据《电网运行准则》（DL/T 1040—2007），汽轮机应在48.5～50.5Hz范围内能够连续运行，所以在±0.5Hz内带动汽轮发电机组启动并网是没有问题的。另外根据《工业和商业用的应急

和备用电力系统》(IEEE 446—1995)和《公共配电系统的电压特性》(BS EN 50160—1999),0.5Hz是许多终端用户设备频率波动的最大容限。所以,在系统容量较小的孤网运行模式下,门槛值设置为0.5Hz以下是能够基本能够满足要求的,但一般不宜大于0.5Hz,极端情况下除外。

水轮机调节系统孤网运行模式的投入和退出应允许人工切换,其状态宜在人机界面上有明显标识。

水轮发电机组在并入大网运行中,一次调频基本处于投入状态,但由于一次调频的调节参数一般变化较快,所以,水轮机调节系统在孤网调节过程中应闭锁一次调频控制参数,以避免频率调节过程不稳定或出现垮网事故。闭锁后,孤网运行状态下为开度模式和孤网频率模式,此时一次调频运行要通过运行人员手动方可投入。

8.3 孤网运行参数

8.3.1 孤网运行特点

孤网频率的稳定性与水轮机的调速器参数关系密切。由于空载时水流不稳定造成压力脉动、功率摆动等现象,故我国一般将空载作为稳定性最不利的工况,然而,实际上水轮机还存在一种更为恶劣的工况,即单机带负荷或并入小电网的情况。因为无负荷时,机组的机械惯性时间和自调节系统完全取决于机组本身;而当机组带负荷孤网运行,负荷容量较小,又有较大比例的纯电阻性负荷时,负荷的自调节系数较小,引水系统水流惯性时间常数较大,水锤效应影响大,因而调速器速度与机组惯性、水流惯性不同步,就会导致系统稳定性很差。需要针对孤网的实际情况,整定适合孤网运行的调速器参数,以保证系统的稳定运行。

8.3.2 孤网运行参数基本要求

孤网运行模式下,水轮机调节系统宜采用PID调节,PID调节参数、人工频率/转速死区、永态转差系数等参数应结合电网实际情况通过试验优化选择,且投入微分参数,微分对大波动的作用不大,但是对系统的稳定将起到较大作用。

水轮机调节系统应能保证机组在单机带负荷、孤网运行工况下的稳定运行,不出现大范围的波动,频率变化衰减度(与起始偏差符号相同的第二个转速偏差峰值与起始偏差峰值之比)应不大于25%。

8.3.3 孤网运行参数的初步整定原则

孤网带负荷运行是水轮机调节系统最恶劣的工况,特别是对于水锤效应较大的引水系统。此时为了保证调节系统的稳定性,需要整定稳定性较大的调速器参数。针对这种外送通道故障而形成水电机组带地区负荷的情况,国内专家根据仿真及水电站试验经验,推荐整定原则如下:

$$1.0\frac{T_w}{T_a} \leqslant B_t \leqslant 1.5\frac{T_w}{T_a} \tag{8-1}$$

$$3T_w \leqslant T_d \leqslant 5T_w \tag{8-2}$$

$$T_n = 0.5T_w \tag{8-3}$$

但是以上整定原则都是根据特定的数学模型、特定的水轮机传递函数和特定的品质指标提出的参数整定推荐值，因而具有一定的局限性，可以作为初始参数的参考值，也可将空载参数作为孤网运行的初始参数，一般情况下，孤网运行工况下调速器的比例增益和积分增益要大于机组空载运行工况，而实际上的运行参数要通过现场试验来确定。

8.3.4　孤网运行参数试验方法

调速器处于真实发电运行状态或模拟的孤网运行状态，调整孤网发电的相关调节参数，通过较大幅度的负荷/频率扰动，记录频率、开度/有功等信号的变化过程，选择一组稳定性好、频率变化衰减度小的调节参数，以供孤网调节使用。

也可以进行实际孤网调节试验，即机组并网运行，带不少于 25% 的额定负荷，待负荷稳定后，通过线路开关的操作，使机组突然切入孤网，观测并记录频率、接力器位移/有功等信号在大网转孤网过程中的变化，及其随后的孤网运行中的调节过程，验证调节过程是否正常稳定，并进一步调整、优化调节参数。

在孤网运行过程中，也可以通过突然开启大功率用电器（如深井泵等）进行负荷扰动（一般负荷量不宜超过发电机组额定容量的 5%），调整和优化孤网参数。

但是，这些方法对用户冲击较大。可以采用结合仿真仪等设备，并借助于实时孤网仿真，获取优化 PID 参数。

8.3.5　孤网运行中的永态差值系数

永态差值系数是水轮机控制系统和调节系统静态特性的重要参数。与永态差值系数 b_p 相类似的是功率永态差值系数 e_p，在实际孤网运行程序中一般只引入 b_p 概念，对于水轮机微机调速器的频率调节模式和开度调节模式，其静态特性是机组频率与接力器行程之间的特性。实际上 b_p 的大小，决定了机组孤网调频能力，其值越小，调节速度越快，值为 0 时为无差调节，大于 0 时为有差调节。孤网模式下，一般情况下 b_p 值取 0；对于主要担负调频任务的机组，为防止频率稳定值过于偏离额定值，一般小于 2% 为宜；主要承担基荷任务的机组，可根据机组所带负荷的比重，适当增加 b_p 值。

8.3.6　微分增益对孤网运行稳定的影响分析

1. D-分割法

线性系统的闭环极点在复平面上的位置决定了该系统的稳定性，只有当闭环传递函数的极点全部位于左半复平面时，系统才是稳定的。根据该充分必要条件，判断水轮机调节系统的稳定性需要求解出系统特征方程全部的特征根。劳斯和赫尔维茨分别于 1877 年和 1895 年独立提出了一种间接判断系统稳定的方法，该方法只需要利用特征方程的系数就可以确定系统特征根是否全部位于左半复平面，即劳斯-赫尔维茨稳定判据。

在早期的文献中，Hagihara 率先使用劳斯-赫尔维茨稳定判据确定了水轮机调节系统的稳定边界，并特别分析了 PID 调速器微分增益对稳定性的影响。然而该方法具有下列缺点：

(1) 随着系统传递函数阶数的提高，判定条件显著增加。因此，为了降低系统阶数，忽略了调速器中执行机构的动态特性。

(2) 无法考虑压力管道中的弹性效应。

D-分割法很好地克服了以上缺点，而且特别适用于计算机辅助下的计算和分析。由于该方法能将复平面上特定的等高线等价转换到参数平面，因此也被称为参数平面法。

假设一个系统的特征方程为

$$H(s)=\alpha P(s)+\beta Q(s)+R(s) \tag{8-4}$$

式中 α，β——可变参数；

$P(s)$，$Q(s)$，$R(s)$——拉普拉斯算子 s 的多项式。

如果令系统的闭环特征根为

$$s=-\zeta\omega_n+j\omega_n\sqrt{1-\zeta^2} \tag{8-5}$$

式中 ω_n——无阻尼振荡频率；

ζ——相对阻尼系数。

则 s^k 的表达式为

$$s^k=\omega_n^k[T_k(-\zeta)+j\sqrt{1-\zeta^2}U_k(-\zeta)] \tag{8-6}$$

其中，

$$T_k(-\zeta)=(-1)^kT_k(\zeta) \tag{8-7}$$

$$U_k(-\zeta)=(-1)^{k+1}U_k(\zeta) \tag{8-8}$$

式中 $T_k(-\zeta)$，$U_k(-\zeta)$——第一类和第二类契比雪夫多项式。

并可通过下列递推关系求解：

$$T_{k+1}(\zeta)-2\xi T_k(\zeta)+T_{k-1}(\zeta)=0 \tag{8-9}$$

$$U_{k+1}(\zeta)-2\xi U_k(\zeta)+U_{k-1}(\zeta)=0 \tag{8-10}$$

$$T_0(\zeta)=1,T_1(\zeta)=\zeta,U_0(\xi)=0,U_1(\zeta)=1 \tag{8-11}$$

将 s^k 代入式 (8-4) 整理得

$$[\alpha P_1(\omega_n,\zeta)+\beta Q_1(\omega_n,\zeta)+R_1(\omega_n,\zeta)]+j[\alpha P_2(\omega_n,\zeta)+\beta Q_2(\omega_n,\zeta)+R_2(\omega_n,\zeta)]=0 \tag{8-12}$$

从而有

$$\left.\begin{array}{l}\alpha P_1(\omega_n,\zeta)+\beta Q_1(\omega_n,\zeta)+R_1(\omega_n,\zeta)=0\\ \alpha P_2(\omega_n,\zeta)+\beta Q_2(\omega_n,\zeta)+R_2(\omega_n,\zeta)=0\end{array}\right\} \tag{8-13}$$

并解得

$$\left.\begin{array}{l}\alpha=\dfrac{Q_1(\omega_n,\zeta)R_2(\omega_n,\zeta)-Q_2(\omega_n,\zeta)R_1(\omega_n,\zeta)}{\Delta}\\ \beta=\dfrac{P_2(\omega_n,\zeta)R_1(\omega_n,\zeta)-P_1(\omega_n,\zeta)R_2(\omega_n,\zeta)}{\Delta}\end{array}\right\} \tag{8-14}$$

其中，$$\Delta=P_1(\omega_n,\zeta)Q_2(\omega_n,\zeta)-P_2(\omega_n,\zeta)Q_1(\omega_n,\zeta)$$

在 $\alpha-\beta$ 平面中，式（8－14）描绘的轨迹对应着复平面上特定的等高线。该轨迹将 $\alpha-\beta$ 平面分割为若干区域，对每个区域而言，其内的点所拥有的性质与复平面上对应区域内特征根的性质完整一致。如果一个点在 $\alpha-\beta$ 平面上，从一个区域穿越到另一个区域，那么可以视为特征根在复平面上穿越了相应的等高线。

图 8－1 给出了复平面上的等高线与 $\alpha-\beta$ 平面上对应的轨迹，后者的阴影区域可根据 Δ 的正负来判断。当复平面的阴影区域位于 ω_n 增大方向的左侧时，在 $\Delta>0$ 的情况下，$\alpha-\beta$ 平面的阴影也在 ω_n 增大方向的左侧；而当 $\Delta<0$ 时，阴影则在其增大方向的右侧。根据两个平面内点对点的这种等价关系，复平面上的特定区域可以很方便地转化为 $\alpha-\beta$ 平面上对应的区域。特别地，复平面上的等高线 $\zeta=0$ 在 $\alpha-\beta$ 平面对应的轨迹与其横、纵正半轴围成的区域即是系统的稳定区域。

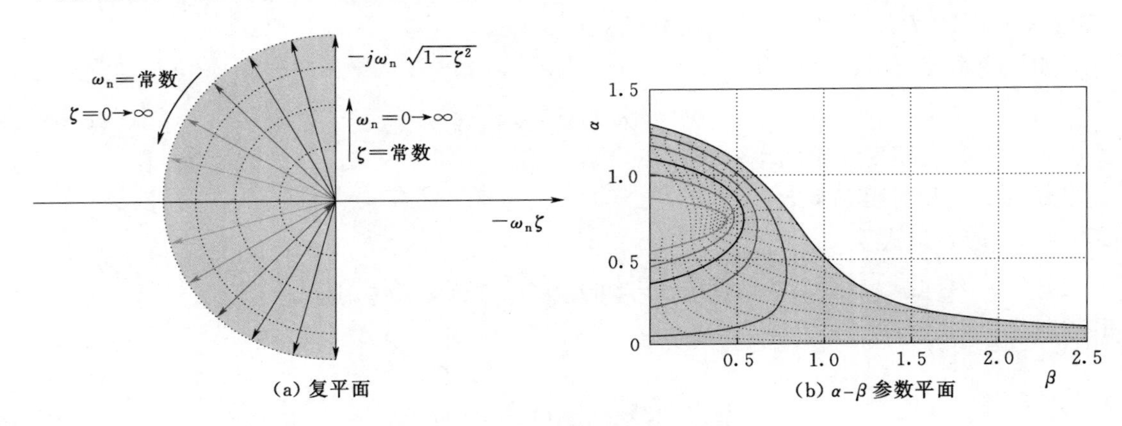

图 8－1　复平面与参数平面的对应关系

下面将使用 D－分割法分析水轮机调节系统中微分增益对系统稳定性的影响，主要是在调速器控制参数决定的立体空间中观察系统稳定区域的变化趋势。

2. 微分增益 k_d 的影响

对水轮机 PID 调速器的微分环节而言，由于其输出信号只反映输入误差的变化率，因此并不影响系统的稳态误差，但由于微分行为在原点引入了一个零点（90°相位超前）以增加相位裕度，从而增强了系统的阻尼。

为了探讨 k_d 对系统稳定性的影响，采用无量纲化处理方法，该方法的优点在于其研究结果具有一般性，可以适用于任意的水轮机调节系统。

无量纲时间常数和拉普拉斯算子定义为

$$\tau=\frac{t}{T_w},q=\frac{\mathrm{d}}{\mathrm{d}\tau}=T_w s \tag{8-15}$$

并引入无量纲参数 λ_i（$i=1$，2，…，6）重新表达 PID 控制参数及其他系统特征参数，即

$$\lambda_1=\frac{K_P T_w}{T_a},\lambda_2=\frac{K_I T_w}{K_P},\lambda_3=\frac{K_D}{T_a},\lambda_4=\frac{T_w}{T_y},\lambda_5=\frac{T_w e_n}{T_a},\lambda_6=\frac{T_e}{T_w} \tag{8-16}$$

将λ_i代入闭环特性方程，整理得到新的无量纲特征方程为

$$(A_3q^3+A_2q^2+A_1q+A_0)+(A'_3q^3+A'_2q^2+A'_1q+A'_0)\tanh(\lambda_6 q)=0 \quad (8-17)$$

其中，$A_3=\lambda_6$，$A_2=\lambda_3\lambda_4\lambda_6e_y+\lambda_4\lambda_6+\lambda_5\lambda_6$，$A_1=\lambda_1\lambda_4\lambda_6e_y+\lambda_4\lambda_5\lambda_6$，$A_0=\lambda_1\lambda_2\lambda_4\lambda_6e_y$，$A'_3=e_{qh}$，$A'_2=\lambda_4e_{qh}+\lambda_5e_{qh}-\lambda_3\lambda_4e$，$A'_1=\lambda_4\lambda_5e_{qh}-\lambda_1\lambda_4e$，$A'_0=-\lambda_1\lambda_2\lambda_4e$

由于新特征方程中含有无理项 $\tanh(\lambda_6q)$，如果使用传统的劳斯-赫尔维茨判据对系统进行稳定性分析，需要采用级数逼近的方式将其转化为有理项，这势必会影响研究结果的准确性并增加问题的复杂性。而D-分割法在这种情况下是一种精确且简便地获取系统稳定区域的有效手段。

在利用D-分割法绘制系统稳定区域时，只需令$\zeta=0$，解得λ_1与λ_2的表达式为

$$\left.\begin{aligned}\lambda_1&=\frac{e_{qh}e(\lambda_4\lambda_5-\omega_n^2)\tan^2(\lambda_6\omega_n)+(e_{qh}e_y+e)(\lambda_4\lambda_6+\lambda_5\lambda_6)\omega_n\tan(\lambda_6\omega_n)+e_y(\lambda_6^2\omega_n^2-\lambda_4\lambda_5\lambda_6^2)}{e^2\lambda_4\tan^2(\lambda_6\omega_n)+e_y^2\lambda_4\lambda_6^2}\\\lambda_2&=\frac{e(e_{qh}\lambda_4\lambda_5-e\lambda_1\lambda_4-e_{qh}\omega_n^2)\omega_n\tan(\lambda_6\omega_n)+e(\lambda_3\lambda_4\lambda_6e_y+\lambda_4\lambda_6+\lambda_5\lambda_6)\omega_n^2}{e_ye\lambda_1\lambda_4\lambda_6}\end{aligned}\right\}$$

(8-18)

然后令$\omega=0\to\infty$变化，即可在λ_1-λ_2参数空间绘制出系统的稳定区域，如图8-2所示。

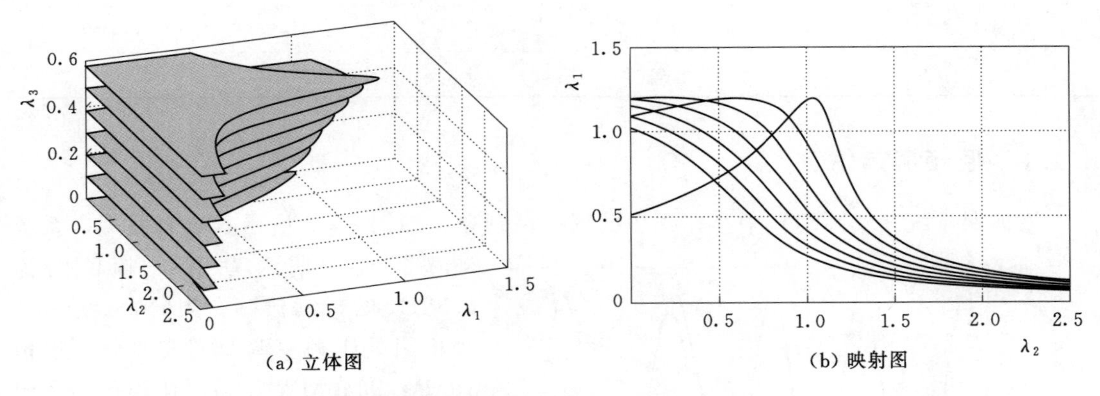

图8-2 水轮机调节系统稳定区域（$\lambda_4=10$，$\lambda_5=0.2$，$\lambda_6=0.1$）

图8-2给出了$\lambda_4=10$、$\lambda_5=0.2$、$\lambda_6=0.1$时，水轮机调节系统稳定区域的空间立体图和底平面映射图，这里采用了理想无损失水轮机传递系数（下文不做特别说明时均采用该组系数：$e_y=1$、$e_h=1.5$、$e_{qy}=1$、$e_{qh}=0.5$）。图中任何位于阴影范围内的点都能够保证系统稳定。可以观察到，随着λ_3的增加（K_D增加），λ_1和λ_2的限制范围都得到一定的拓展，系统稳定区域逐渐增大。但同时也要注意到，明显存在一个临界状态，当λ_3的取值过大时，系统稳定区域的变化模式会发生改变，λ_1的上限范围开始逐步减少，这意味着此时如果继续增加K_D值将不利于系统的稳定。

通过上述讨论可知，与PI调速器相比，K_D的引入不仅增加了调节的灵活性，而且有效地扩大了系统的稳定区域，从而可以选用更大的K_P和K_I值，加快水轮机调节系统的响应速度。但同样也需要谨慎地使用K_D，其过大的取值反而会有损系统的性能。

8.4　多机组小网运行协调控制

虽然机组在孤网和小网中运行面临相似的问题，但小网运行有其特殊性。在小网运行时（或孤网向大网过渡过程中），存在多台（2～4 台）发电机组并列运行，处理不当会加剧电网的频率波动，从而面临电网再次崩溃的风险。通过仿真，研究在此情况下各机组的协调控制策略，避免相互之间抢负荷等情况导致电网频率大幅波动，加快电网恢复过程。

某水电站是一个集发电、供电、配电自成一体的小规模综合性孤网系统，在该系统中，电站 1 号、2 号两台发电机组通过变电站上网，经过 140km 双回 220kV 线路送出。

孤网系统模型主要参数见表 8-1。

表 8-1　孤网系统模型主要参数

参　数	1 号机	2 号机	参　数	1 号机	2 号机
K_P	5	4	T_w/s	2.1	2.1
K_I/s^{-1}	1	4	T_y/s	0.11	0.11
K_D/s	1	0	$k_{1,2}$	0.5	0.5
E_f/Hz	0.05	0.3	T_a/s	8.47	8.47
b_p	0	0.02	e_n	0.5	

8.4.1　低频振荡仿真

该孤网系统在实际运行中存在频率低频振荡现象，如图 8-3 所示。可以发现，系统频率出现周期约为 70s，幅值约为 0.33Hz 的持续振荡。当时，1 号和 2 号机组处于频率调节模式并分别承担 15MW 和 40MW 负荷。使用孤网系统模型进行仿真，结果如图 8-3 所示。从图中观察到，模型仿真结果与实测数据基本重合，仿真频率周期与实际情况几乎一致，而仿真振荡幅值仅略小 0.075Hz。这表明所建模型较为准确地反映了孤网系统的动态特征。以该模型为基础，进一步分析调速系统参数对孤网频率稳定性的影响。

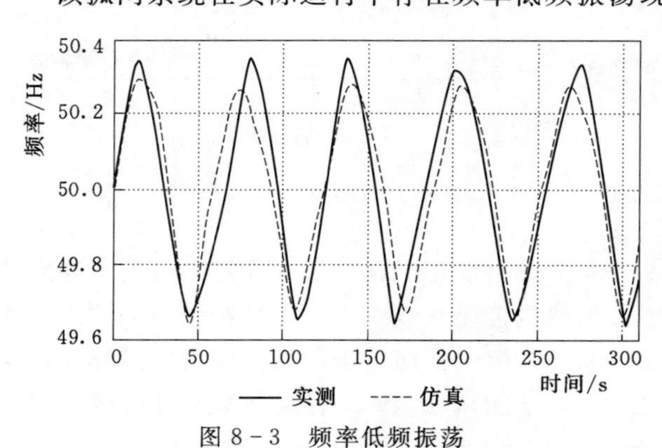

图 8-3　频率低频振荡

8.4.2　人工频率死区影响及其整定

在孤网系统中，由于频率频繁波动，常通过增大调速系统人工频率死区 E_f 以减少机组的动作，增加系统的稳定性；但同时 E_f 增大后，又可能导致机组动作延误。为分析 E_f

对孤网系统频率稳定性的影响，分别对1号和2号机调速系统设置不同 E_f 值进行仿真，结果如图8-4所示，其中故障扰动设置为在50s切除受端1.5MW负荷，以激发孤网系统低频振荡。从图8-4（a）中可以发现，随着1号机 E_f 增加，系统频率的振幅幅值逐渐增大，同时振荡周期逐渐延长；在图8-4（b）中，当2号机 E_f 为0.05Hz时，频率振荡逐渐发散，系统不稳定；当 E_f 增加到0.15Hz时，系统频率呈±0.35Hz等幅振荡；而当 E_f 继续增加至0.25Hz时，频率后期振荡幅值减小，但扰动后第一摆幅值略微增大。

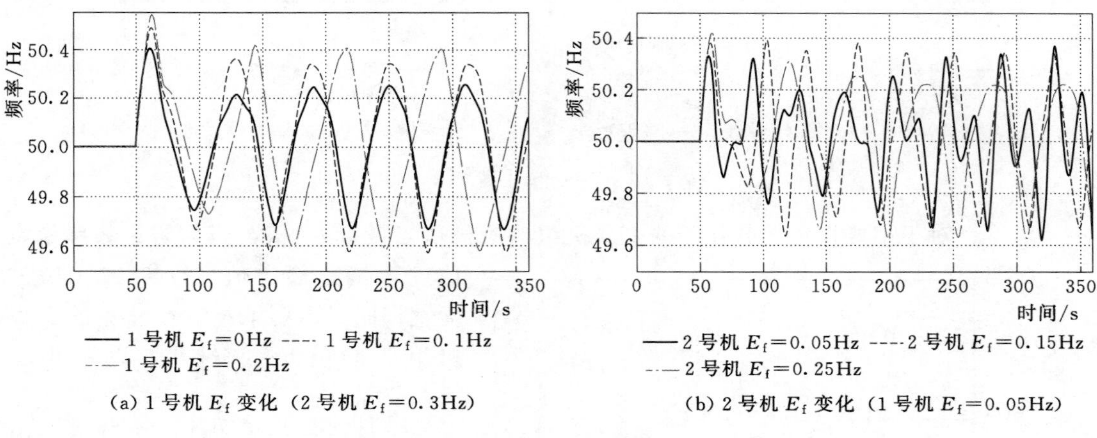

（a）1号机 E_f 变化（2号机 E_f=0.3Hz）

（b）2号机 E_f 变化（1号机 E_f=0.05Hz）

图8-4 E_f 的影响仿真

在所述孤网系统中，1号机主要用于调频，2号机则主要承担基荷。因此，1号机的 E_f 应该较小或为零，以便能够快速对频率变化作出响应；而2号机应该适当增加 E_f，以确保出力平稳，但也不宜设置过大，以减小第一摆幅值的振荡程度。

8.4.3 永态转差系数影响及其整定

永态转差系数 b_p 用于实现调速系统的有差调节特性，它决定了负荷改变时相应的频率偏移量，对维持孤网系统稳定性有着重要影响。图8-5是孤网系统在1号机不同 b_p 值下的稳定域，随着 b_p 增加，稳定域逐渐增大，系统稳定性得到明显改善。为了分析 b_p 对系统频率的影响，在图8-6中分别对1号和2号机调速系统设置不同 b_p 值进行仿真。在图8-6（a）中可以观察到，通过增加1号机 b_p 值，系统频率振荡明显减弱，但由于有差调节特性，致使频率振荡中心偏离额定值更远；在图8-6（b）中，2号机 b_p 值从0.02增加到0.04时，系统频率振荡明显改善，但从0.04继续增加到0.06时，频率振荡变化不大，仅略微延长振荡周期。

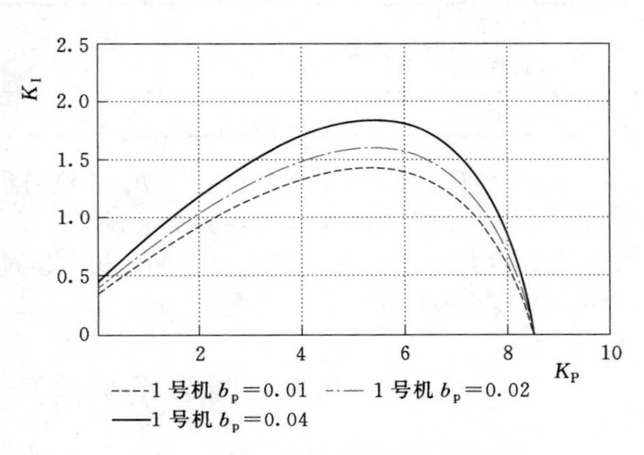

图8-5 b_p 对系统稳定性的影响

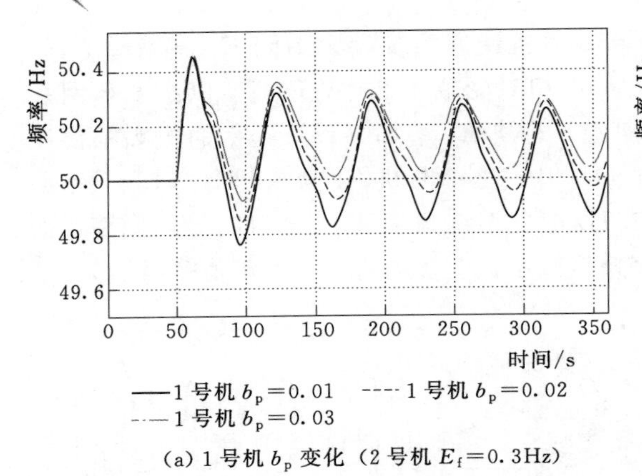

(a) 1 号机 b_p 变化（2 号机 E_f=0.3Hz）

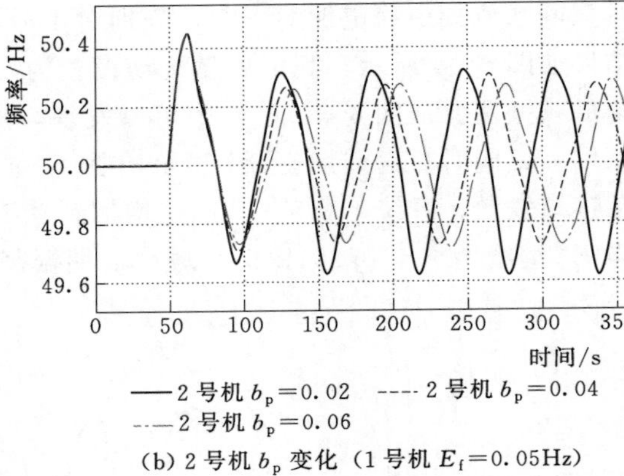

(b) 2 号机 b_p 变化（1 号机 E_f=0.05Hz）

图 8-6　b_p 的影响

可见，对于主要担负调频任务的 1 号机组，应该适当设置 b_p 值，但为防止频率稳定值过于偏离额定值，以 0.01～0.02 为宜；同时主要承担基荷任务的 2 号机组应避免 b_p 值过小，以不小于 0.04 为宜。

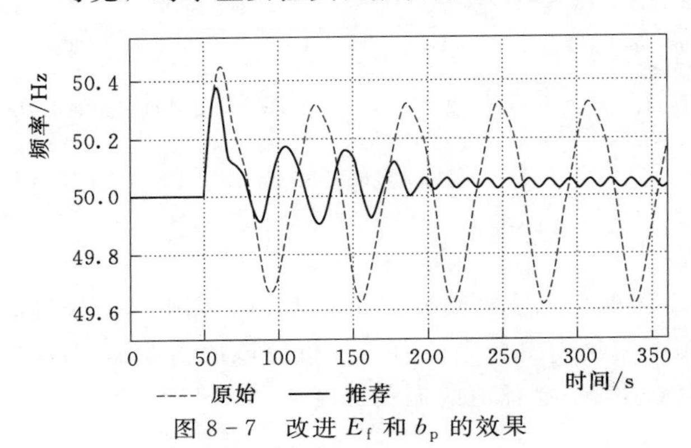

图 8-7　改进 E_f 和 b_p 的效果

大量仿真分析表明，孤网系统中承担不同任务的机组应合理地差异化配置人工频率死区 E_f 和永态转差系数 b_p。图 8-7 对比了 E_f 和 b_p 原始配置和推荐配置下的孤网仿真结果，参数设置见表 8-2。很明显，通过改进 2 台机组调速系统的 E_f 和 b_p 配置，孤网频率振荡得到有效抑制。

表 8-2　**E_f 和 b_p 设置值**

配置	1 号机 E_f/Hz	1 号机 b_p	2 号机 E_f/Hz	2 号机 b_p
原始配置	0.05	0	0.3	0.02
推荐配置	0	0.01	0.15	0.04

上述研究表明，调速系统中 E_f、b_p 和控制参数对孤网频率稳定性影响较大；在孤网中承担基荷与调频任务的机组应差异化配置各自的 E_f、b_p，对于主要担负调频任务的机组，应该适当设置 b_p 值，但为防止频率稳定值过于偏离额定值，以 0.01～0.02 为宜；主要承担基荷任务的机组，应避免 b_p 值过小。

8.5　调节系统油压装置储能试验

8.5.1　试验条件

确定进行黑启动试验的机组，且机组处于停机状态；关闭机组进水口工作闸门（或蝴

蝶阀或筒阀）；关闭技术供水取水阀，转轮室排水至无水压，或与尾水平压；机组油压装置的工作油泵及备用油泵均采用手动方式。打开调速器操作油源，拔出接力器锁定装置，并将调速器切为手动运行方式。

8.5.2　试验方法

将接力器手动调到100%开度位置。手动启动油泵，使油压上升至停泵整定值，记录油压装置的油压值和油位值（工况1）。

投入调速器紧急停机电磁阀，将接力器由100%开度关至0开度，观察并记录油压装置的油压值和油位值（工况2）。

复归调速器紧急停机电磁阀，将接力器调到正常带满负荷开度位置。手动启动油泵，使油压上升至停泵整定值，观察并记录油压装置的油压值和油位值（工况3）。

将接力器调到空载开度位置，观察并记录油压装置的油压值和油位值（工况4）。

将接力器关至0开度，并将调速器切为自动运行方式，观察并记录油压装置的油压值和油位值（工况5）。

保持接力器在0开度约15min，记录油压装置的油压值和油位值（工况6）。

手动开启接力器至空载开度，记录油压装置的油压值和油位值（工况7）。

以上操作过程中，应监控油压装置的油压值不低于事故低油压整定值，油位值不低于下限报警值。

完成表8-3的数据记录，恢复油压装置至试验前的工作状态。

表8-3　　油压装置储能试验记录

工　况	油罐压力/MPa	油位/mm	导叶开度/%
工况1(油压停泵值)			
工况2(满开度关机)			
工况3(油压停泵值)			
工况4(空载至关机)			
工况5(停机等待前)			
工况6(停机等待后)			
工况7(开机至空载)			

第9章 水轮机调节系统常见故障分析

9.1 概　　述

随着技术的进步，现代水轮机微机调速器由于采用了高可靠性的器件，可靠性大幅提高。但因产品质量、调试水平及维护情况等方面的因素，难免会出现异常现象。此外，水轮机调节系统是由调速器和调节对象所构成的闭环控制系统，水轮机调节系统的调节品质不仅取决于调速器的产品质量、参数调整与正确的运行维护，还与调节对象特征与运行工况密不可分，调节对象的某些特性可能对调速器产生影响，导致控制系统不能稳定或动态性能变差。本章就运行中水轮机调速系统故障处理方法及主要常见故障进行总结分析。

9.1.1 故障处理的基本要求

（1）在水轮机调节系统及装置发生故障时，应采取有效措施遏制故障的发展，消除对人身和设备造成的危害，恢复设备的安全稳定运行，并及时将故障处理情况向领导或技术部门汇报。

（2）在故障处理过程中，值班人员应坚守岗位，迅速正确地执行值（班）长的命令。对重大突发事件，值班员可依照有关规定先行处理，然后及时汇报。

（3）如果故障发生在交接班过程中，应停止交接班，所有人员在交班值长指挥下进行故障处理。故障处理告一段落，由交接双方值长商定是否进行交接班。

（4）故障处理完毕后，应如实记录故障发生的经过、现象和处理情况，并对故障发生的原因进行分析，必要时要注意保护故障现场：未经当班值（班）长同意不得复归事故信号或任意改动现场设备状况，紧急情况除外（如危及人身安全时）。

（5）故障处理完毕后，应针对故障发生原因制定相应的防范措施。

9.1.2 常见故障分类

调速器故障分为一般故障和严重故障。应设置相应的指示灯，以提醒运行值班人员调速器发生故障。

一般故障发生时，触摸屏上显示对应的故障信息，“一般故障”指示灯点亮，“一般故障”继电器动作，“调速器一般故障”信号报至机组LCU，调速器的主用状态不发生改变。

严重故障发生时，触摸屏上显示对应的故障信息，“严重故障”指示灯点亮，事故继电器动作，“调速器事故”信号报至LCU。

一般故障一般包含以下故障：水头故障、功率给定故障、功率反馈故障、网频故障、残压测频故障或者齿盘测频之一发生故障。

严重故障一般包含以下故障：残压测频和齿盘测频同时发生故障（触摸屏显示机组频率故障）、导叶反馈故障、主配压阀反馈故障、PLC 模块故障、液压系统故障（如比例阀阀芯卡涩）。

9.1.3 水轮机调节系统的异常运行方式

（1）发生下列情况之一即为水轮机调节系统的异常运行方式：

1）调速器冗余系统出现某一冗余部件故障。

2）水头信号测量故障。

3）机组有功功率、系统频率（电网频率）信号测量故障。

4）接力器位移信号、机组频率/转速信号测量故障。

5）机械液压随动系统故障。

6）调速器出现溜负荷等负荷异常波动现象。

7）调速器出现抽动和振动现象。

8）调速器出现电源消失。

9）油泵启动频率明显提高，系统耗油明显增加。

（2）异常运行方式的处理原则。出现水轮机调节系统异常运行方式时，运行人员应密切监视水轮机调节系统的运行状况，并采取必要的应急措施，以防止故障范围扩大。

1）当出现（1）中 1）、2）、3）、9）所列故障现象时，水轮机调节系统可以继续保持自动运行；出现其他故障时，可切手动临时运行。操作人员必须在现地值守，做好相应的安全措施，并向调度说明情况，必要时申请停机进行检修。

2）冗余通道的某一通道因故障退出运行后，可继续使用备用通道运行。退出的冗余故障通道应及时检修。

3）水轮机调节系统出现下列任一情况时，应立即停机退出运行：①油压装置系统故障不能维持正常油压；②调速器机械液压系统渗漏油现象严重；③调速器机械液压系统卡阻严重；④自动或手动方式运行不能正常维持接力器位置稳定；⑤调速器全部失电，且无法手动控制。

9.1.4 调速器控制系统常见故障容错方式

调速器控制系统常见故障容错方式见表 9-1。

表 9-1　调速器控制系统常见故障容错方式

故障名称	故障属性	触摸屏显示	指示灯指示	调速器操作
导叶反馈故障	严重故障	导叶反馈故障、调速器事故、导叶侧大故障	一般故障灯亮 严重故障灯亮	切机械手动
导叶比例阀故障	严重故障	导叶比例阀故障、调速器事故、导叶侧大故障	一般故障灯亮 严重故障灯亮	电机无故障时切电机主用，否则切手动

续表

故障名称	故障属性	触摸屏显示	指示灯指示	调速器操作
导叶电机故障	严重故障	导叶电机故障、调速器事故、导叶侧大故障	一般故障灯亮 严重故障灯亮	比例阀无故障时切比例阀主用，否则切手动
导叶主配传感器故障	严重故障	导叶主配传感器故障、调速器事故、导叶侧大故障	一般故障灯亮 严重故障灯亮	电机无故障切电机主用，否则切手动
机组频率故障	严重故障	残压机频故障、齿盘探头 1 故障、调速器事故	一般故障灯亮 严重故障灯亮	保持自动，机组频率显示 50Hz
开机失败	一般故障	开机失败	一般故障灯亮	自动关闭导叶，调速器回到停机等待
增减接点超时	一般故障	增减接点超时	一般故障灯亮	故障可自动复归，未复归之前导叶增减操作无效
残压机频故障	一般故障	残压机频故障	一般故障灯亮	故障可自动复归，未复归之前取齿盘测频为机频
齿盘测频故障	一般故障	齿盘探头 1 故障	一般故障灯亮	故障可自动复归，未复归之前取残压机频为机频
电网频率故障	一般故障	网频故障	一般故障灯亮	故障可自动复归，未复归之前跟踪频率给定
自动水头故障	一般故障	水头传感器 1 故障、水头传感器 2 故障	一般故障灯亮	故障可自动复归，未复归之前跟踪水头人工设置值
开度限制模拟量故障	一般故障	开限模拟量故障	一般故障灯亮	故障可以自动复归，未复归之前取根据水头运算得到的自动开限
功率给定模拟量故障	一般故障	功率给定模拟量故障	一般故障灯亮	故障可以自动复归，未复归之前取故障瞬间的实际有功功率作为功率给定，并切至脉冲调节有功功率给定
功率反馈故障	一般故障	功率反馈故障	一般故障灯亮	故障可自动复归，复归前不能切功率模式运行，调速器切开度模式

9.2　常见故障分析及处理方法

9.2.1　开停机过程常见故障

1. 机组开机不成功

机组开机不成功按现象不同有如下多种可能的原因：

(1) 调速器非自动。手/自动切换阀未置于自动侧，检查调速器上的选择旋钮是否在自动动位置。

(2) 紧急停机电磁阀或事故配压阀未复归。调试中或运行中是否因事故（或模拟事故）导致紧急停机电磁阀（或事故配压阀）动作，而开机前，没有复位紧急停机电磁阀，

因而自动开机时接力器不能开启。

(3) 压力油供油阀未开启。检查压力油供油阀是否开启。

(4) 接力器锁定装置投入。检查接力器锁定装置是否是退出位置。

(5) 调速器未收到开机令。对此应检查触摸屏上显示的是否是停机等待状态。检查调速器开机令输入端是否有开机信号(即可编程控制器开机令输入端口指示灯是否亮),若指示灯未亮,应检查其连接电缆是否未接牢或者连接错误。

(6) 综合放大器无输出。对于伺服系统为电液随动系统的微机调速器,当综合放大器开侧功率三极管损坏,造成无增加开度调节信号输出,对此,可检查综合放大器输出有无开机电平就可判断。

(7) 电液转换元件卡在关侧。检查调速器机械液压机构的主配阀是否被向关方向动作。特别对于采用电液伺服阀的微机调速器(包括电液调速器),当电液转换元件卡在关机侧时,则不能开机。此时可观察平衡表是否有开机信号,或测量综合放大器输出电平就可判断。对电液转换元件卡阻应重新清洗排除。

2. 自动开机后转速达不到额定值

机组自动开机后,转速达不到额定值,其原因可能有:

(1) 空载开度(空载开限)设置不合理。检查机组频率,调速器的空载开度(空载开限)设置值偏小,导叶开度小于达到空载额定转速附近所需的开度值,机组转速达不到自动运行判断条件。对此问题,通过增大空载开度(空载开限)设定值即可解决。

(2) 水头测量值不正确或水头人工设定值高于实际水头值。微机调速器一般设置有按水头自动修正空载开度(空载开限)的功能。水头高时空载开度小;水头低时则增大空载开度,以保证较好的开机过程。当水头测量值或水头人工设定值高于实际水头值时,将导致实际的空载开度(对应于测量可设定值)小于当前实际水头所需要的空载。对此问题,主要应提高水头测量的准确度;对人工水头设定方式,应根据实际水头正确及时修改设定。

(3) 频率给定值偏低。调速器处于频率给定调节模式,频率给定值低于50Hz,导致机组转速达不到额定值。可通过正确调整或修改频率给定值解决此问题。

(4) 进水口拦污栅严重堵塞。水轮机进水口拦污栅严重堵塞,造成水轮机实际工作水头下降,导致整定的空载开度小于当前情况下维持空载额定转速所需的开度值,机组转速偏低。对此问题,可适当增大空载开度(空载开限),以保证机组转速达到额定值。但解决问题的根本是及时清污以防止拦污栅堵塞。

3. 机组无法关机

发停机令后,调速器不能自动停机,主要考虑从以下几方面查找原因:①检查调速器上的选择旋钮是否在自动位置;②检查到调速器的停机令保持时间是否满足要求;③检查调速器机械液压机构的主配阀是否被向下动作。

9.2.2 机组空载运行常见故障

机组空载运行时经常出现自动空载频率摆动较大,超出标准要求的现象。该类现象的产生可能是调速器设计不合理或参数整定不当引起;也可能是被控对象的特性所致。

1. 调节对象引起机组转速和接力器发生周期性摆动

（1）水轮机过水系统的水压产生较大幅度的周期性波动导致机组转速波动。其原因可能为：

1）过水系统中设有调压室，调压室水位周期性波动较大，导致压力钢管、蜗壳中的水压周期性波动。在此种情况下，机组转速和接力器的摆动周期与调压室水位波动的周期相同。

2）尾水管压力大幅度波动。如：对于设有长尾水隧洞的电站，尾水管中的压力受下游水位波动的影响，当电站泄洪时，由于下游水位波动较大导致尾水管压力大幅度波动；对于低水头电站，空载小开度下，尾水管涡带导致压力脉动较大。

3）多台机组共用一根压力钢管，当邻旁机组进行较大幅度的调节时，引起本机蜗壳和支管压力周期性波动。

（2）具有长引水管道的机组，即使钢管、蜗壳中的水压波动（脉动）不大，但若波动频率与调速器的自振频率接近，可能产生共振，使振幅越来越大，导致机组转速与导叶接力器产生周期性摆动。

（3）励磁系统工作不正常引起水轮机调节系统周期性摆动。

（4）同期装置调频功能投入且其参数设置不当，引起机组频率的反复调节。

对于上述原因，可按如下方法加以甄别：

（1）将励磁系统切除，若现象消失，说明是原因（3）；否则故障现象与励磁系统无关。

（2）将同期装置的调频功能退出，若现象消失，说明是同期装置的调频参数设置不当。

（3）将调速器切至手动运行方式，若摆动继续存在，说明与调速器无关。

（4）若不是过水系统压力周期性摆动、也不是励磁与同期装置引起的故障，则可能是原因（2）。此时可改相应调速器的 PID 控制参数，以改变调速器的自振频率。若经这样调整后摆动消除，则说明是长引水管道水压脉动引起的共振摆动。

2. 调速器本身引起机组转速和接力器发生周期性摆动

属于调速器本身的主要原因可能为：

（1）PID 调节参数整定不合适。在这种情况下，调速器自动空载频率摆动值一般小于手动空载频率摆动值，但仍不满足国家标准的要求。对于此类原因，可重新进行空载频率扰动试验，以选取合理的调节控制参数。

（2）接力器反应时间 T_y 过大或过小。在这种情况下，通常自动空载频率摆动值大于手动空载频率摆动值，且改变 PID 调节参数无明显效果。若接力器摆动周期较长，一般为 T_y 过大，此时，可增大随动系统的放大倍数以减小 T_y 值；若接力器摆动频率较高，则可能为 T_y 过小，此时，可减小随动系统的放大倍数以增大 T_y 值。

（3）导叶接力器反馈或接力器至导水机构有过大的死区。在这种情况下，通常自动空载频率摆动值不小于手动空载频率摆动值，且改变 PID 调节参数无明显效果。对于此类原因，应重新处理反馈机构或接力器至导水机构，以减小死区。

（4）接力器至导水机构或导水机构的机械与电气反馈装置之间有过大的死区。自动空载频率摆动大于等于手动摆动值，调 PID 参数无明显改善，处理机械与反馈机构的间隙，减小死区。

3. 非周期性摆动

若机组转速与接力器行程的摆动无周期性，则可能为如下原因：

（1）导叶反馈系统存在非线性，或反馈传感器在某区域接触不良。反馈系统存在非线性，相当于反馈信号的强弱及变化速度会随着接力器行程的变化产生变动；而反馈传感器在某区域接触不良，会导致反馈信号产生突变。这些都将产生不正常的调节扰动。如果这种情况恰好处在空载开度附近，则会引起空载时接力器和机组频率的不正常摆动。

对于此种情况，应重新检查反馈传感器的工作情况，检查反馈传感器的输出与接力器行程的关系。查出具体原因，并加以解决。反馈电位器及反馈系统进行调整后，应重新进行整机静态特性试验。

（2）油路中存在空气。当压力油路中存在空气，特别是接力器内存在空气时，当调节时，空气被压缩，而调节结束时，受压缩的空气膨胀，致使接力器活塞两腔压力不平衡，引起接力器摆动。

对于此类问题，可在机组停机和主阀关闭的情况下将调速器切至手动运行方式。然后手动操作使接力器来回走几个全行程，以排除油路中存在的空气。

（3）接力器渗漏或两腔互相渗油。当接力器两腔互相渗油时，在调节信号为零的情况下，由于渗漏的影响，渗漏的接力器会失去平衡，往油压降低的一侧移动，使机组出力和频率发生偶然性的改变而摆动，过一会儿又平衡。但由于渗漏的存在，经一段时间后，这种摆动可能再次发生。

（4）被控机组并入的电网是小电网。电网频率摆动大，被控机组频率跟踪于待并电网，而电网频率摆动大导致机组频率摆动大。调整 PLC 微机调速器的 PID 调节参数：b_t、T_d 向减小的方向改变，T_n 向稍大的方向改变。

9.2.3 机组并网运行中溜负荷

在没有任何操作的情况下机组负荷的自行减小。即指在系统频率稳定，没有对开度给定（功率给定）或频率给定进行操作的情况下，机组原先所带的负荷全部或部分自行卸掉。

1. 进入频率调节

当系统频率升高，根据电力系统一次调频的要求及调速器的工作特性，调速器会自动减小导叶开度以维持机组频率为给定值，其负荷的减小量与频率升高量成正比，与调速器的永态差值系数 b_p 成反比。该现象是调速系统的正常反映，无需处理。

若被控机组并入大电网运行，且不承担调频作用，电网频率波动较小，可能是转速人工失灵区设置不合理，可检查机组的模式转换条件及测频模块测频是否正常。

2. 电液转换元件卡阻于偏关侧

当电液转换元件卡阻于偏关侧，接力器一直往关的方向运动，导致机组所带负荷全部卸掉。此时调速器的控制部分力图将接力器开启，因此，控制器输出增加，电液转换元件的平衡表偏向开启侧。

对此种情况，应先将调速器切至机械手动运行，再检查并排除电液转换元件卡阻现象，同时切换并清洗滤油器。

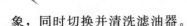

3. 发电机出口断路器辅助接点信号不正常

发电机出口断路器辅助接点是调速器判断机组是否并入电网运行的条件。当断路器辅助接点接触不良（断开）时，微机调速器判断机组已与系统解列，将接力器开度关至空载开度附近，导致卸掉全部或大部分负荷。对于此类问题应保证断路器辅助接点接触良好，且该触点直接引自断路器，不经中间继电器转接，以防当中间继电器电源消失时调速器误动作。

4. 主接力器反馈故障

运行中当导叶反馈传感器因锁紧定位螺钉松动导致传感器移位，致使传感器输出的反馈值比实际导叶开度大。此时，并网运行机组将自行卸掉部分负荷。

对此，应检查反馈传感器输出电平与导叶接力器实际行程。若两者不一致，且实际接力器行程小，则先将调速器切为机械手动，或在停机时调整反馈传感器，使其输出反馈电平与接力器相一致。

5. 综合放大器开启方向放大器件损坏

当微机调速器的综合放大器开启方向放大器件损坏时，将造成调速器不能开，只能关。这种情况遇到干扰或系统频率稍微升高一点时，调速器则自行关小导叶，使机组卸掉部分负荷；但当系统频率稍低一点时，它又不能开大导叶，增加负荷。导致机组负荷只能减不能增。

对此情况，可以人为增加开度给定（功率给定），检查接力器开度能否增大减小，就可判别是否综合放大器放大器件损坏。若放大器件损坏，可切为机械手动运行或在停机时进行更换。

6. 主配反馈故障

检查主配位置反馈，如果是主配反馈的问题，更换后需重新调整电气零点。

9.2.4　运行中机组自行增负荷

1. 进入频率调节

原因与溜负荷相同。

2. 电液转换元件卡阻于偏开侧

当电液转换元件卡阻于偏开侧，接力器一直往开的方向运动，导致机组所带负荷全部增大。此时调速器的控制部分力图将接力器关小，因此，控制器输出减小，电液转换元件的平衡表偏向关机侧。

对此种情况，应先将调速器切至机械手动运行，再检查并排除电液转换元件卡阻现象，同时切换并清洗滤油器。

3. 导叶反馈值偏小

运行中当导叶反馈传感器因锁紧定位螺钉松动导致传感器移位，致使传感器输出的反馈值比实际导叶开度小，此时，并网运行机组将自行增加部分负荷。

处理方法同导叶反馈值偏大。

4. 综合放大器关闭方向放大器件损坏

当微机调速器的综合放大器关闭方向放大器件损坏时，将造成调速器不能关，只能开的情况。这种情况遇到干扰或系统频率稍微降低一点时，调速器则自行开大导叶，使机组增加部分负荷；但当系统频率升高一点时，它又不能关小导叶，减小负荷，导致机组负荷只能增不能减。

此问题的处理方法同综合放大器开启方向放大器件损坏。

9.2.5 机组并网运行时接力器和出力摆动

机组并网运行时，出现接力器和机组出力摆动，其可能原因如下。

1. 电力系统发生频率和负荷的周期性摆动

当电力系统发生频率和负荷的周期性摆动时，则并网机组的频率、出力、接力器行程也将发生周期性摆动。如果波动不很强烈，经过一段时间的调节会趋于稳定。

但当电力系统发生振荡时，会导致电力系统频率和负荷的大幅度波动。此时，值班人员应根据实际情况和电力系统调度人员的要求按系统振荡事故的处理原则进行处理。

2. 多机并列运行时 b_p 值整定偏小

多台机组并列运行时，若各台机组的永态差值系数 b_p 值均较小，而调速系统的转速死区又相差较大，当电力系统负荷波动时，可能引起这些机组间的负荷拉锯。如系统负荷增加，导致系统频率下降时，死区小、b_p 值小的机组会首先承担更多的负荷，随后其他机组逐渐增加负荷，原先承担较多负荷的机组会将部分负荷转移到调节速度较慢的机组，从而导致在并列运行机组间的负荷拉锯。

因此，应避免并列运行机组的 b_p 值都整定较小的情况，各台机组 b_p 值的整定应根据电力系统一次调频的要求和机组的特性进行设定。对调速系统转速死区大的机组，其 b_p 值应整定得较大。

3. 调节参数设置不当

当 PID 调节参数设置不当，特别是为了保证一次调频特性而将 b_t、T_d 取的较小（或 K_P、K_I 较大）时，若并网机组从大电网转入小电网运行，可能会使调节系统的调节过程不稳定，导致机组出力与接力器行程出现摆动。对此问题，主要是解决好一次调频的速度性要求与调节稳定性之间的矛盾问题。对于采用一次调频调节参数和正常调节参数两组参数的调速器，应具有大小网识别及一次调频人工退出的功能。

4. 机组运行在振动区

水轮机发生空蚀，尤其是发生于转轮出口和尾水管的空腔空蚀，会造成尾水管内的压力脉动增大，引起机组振动、接力器和出力摆动。

对于由于空蚀引起的接力器与出力摆动，可通过尾水管补气来消除和减弱空蚀，改善运行的稳定性。

9.2.6 配压阀和接力器跳动或抖动

当运行中主配压阀和接力器出现偶然的跳动或抖动，其可能原因如下。

1. 机组测频受到干扰

测频信号源中叠加有干扰信号，使频率测量结果不正确，导致调速器产生短时大的调节信号输出。可能原因为：测频信号线未采用屏蔽线；测频信号线屏蔽层未可靠一点接地；测频信号线与动力电源线并行敷设；开机后，发电机残压太低。

2. 外部电磁干扰

当外部有功率较大的电气设备启动或停止时，或当有外部继电器或电磁铁动作时，主配压阀和接力器抖动，则可判断为外部电磁干扰引起。外部电磁干扰的引入途径主要有通过测频回路引入、通过电源回路引入、通过I/O接口引入。

对于此类问题，一方面是减小干扰信号强度，如对继电器或电磁铁等加装续流与阻容吸收回路；另一方面是屏蔽或切断干扰引入的途径，如妥善处理好调速器调节器柜体与机柜的接地，电源回路加装滤波器或采用高抗干扰能力的电源，增强测频回路的抗干扰能力。

3. 随动系统的放大倍数设置不合理

随动系统的放大倍数设置过大，相当于主配压阀与导叶接力器构成的积分环节增益偏大。此时，当有较强的调节信号输入时，会出现主配压阀跳动、油管抖动、接力器运行过头的现象。

对于此类现象，应调整随动系统的放大倍数，使随动系统增益在实用增益的范围以内。

4. 接线松动或接触不良

接力器抖动无明显规律。其一般在机组振动、有人触碰调速器柜体时或进行调速器的有关操作与调节时发生。

9.2.7　增减负荷不正常

1. 增减负荷缓慢

增减负荷缓慢可能有两方面的原因：调速器开度给定（功率给定）的调节增量设置得过小，使负荷增减速度较慢；调节PID参数整定不当。如缓冲时间常数 T_d 过大（积分系数 K_I 过小）或暂态差值系数 b_t 过大（比例增益 K_P 过小），会使机组负荷的调节速度减慢。因此，在保证调节系统稳定的前提下，应尽量选取较小的 T_d 和 b_t，或取较大的 K_P 与 K_I。

2. 增减负荷失灵

调整开度给定（功率给定）来增加机组或减少机组所带负荷时，接力器拒动，负荷不变，其原因可能如下：

(1) 功率给定（开度给定）调节回路失灵。

(2) 电液转换元件卡阻。

(3) 随动系统功率放大回路的放大器件损坏。

(4) 电液转换元件的线圈断线。

(5) 主配压阀卡死。

上述原因可检查相应的输入输出量来判断。如：功率给定（开度给定）调节回路失灵时，虽有调整信号，但调速器内的功率给定（开度给定值）不变。其他几类故障时，调节器的控制输出与实际的导叶开度不对应。

9.2.8 甩负荷异常

1. 调节时间过长或机组转速降得过低

机组甩100%负荷过程中，导叶接力器关至最小开度后，当机组转速还未接近100%时即反向开启，导致机组频率超过3%额定转速的波峰次数过多，调节时间过长。导致该种现象的可能原因如下：

（1）调速器的PID参数选择不合理。

（2）在有些微机调节器中，为了不致由微分作用过强使接力器开启过快，在控制计算时，PID输出值往负向限幅较大，从而导致机组甩100%负荷过程中，导叶接力器关至最小开度后，开启过缓，使机组频率低于额定值的负波峰过大，导致调节时间过长。此种现象只能通过修改程序解决，对单调机组PID的负限幅值应设置为10%～15%，使导叶接力器关闭到最小开度后的停留时间减少，缩短大波动过渡过程的时间。

2. 机组转速或蜗壳水压上升过大

甩负荷过程中，机组转速上升过大或蜗壳水压上升过大，不满足调节保证计算的要求。主要原因是导叶接力器关闭时间过长或关闭规律不合理。应重新对接力器的关闭时间或关闭规律进行调整。必要时还需重新进行调节保证计算。

9.3 故 障 案 例

1. 主配反馈断线引起导叶周期性波动

主配反馈断线，主配开环运行，引起主配周期性波动，主接接力器周期性波动，如图9-1所示。发生此类故障，调节系统应能正确判断故障原因，并切手动运行，但本机组因为未将主配信号引入PLC中，不能识别故障。

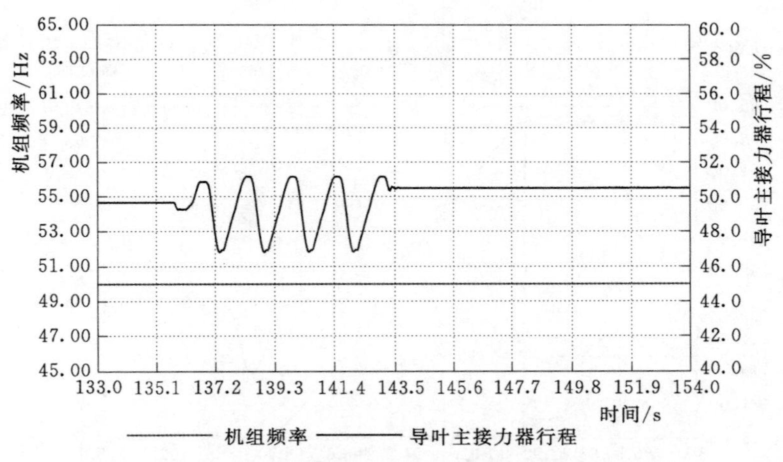

图9-1 主配反馈断线引起导叶周期性波动实测波形图

所以，调节系统中所有闭环运行系统中的反馈量（如主接力器位移反馈、主配位移反馈、功率模式下功率反馈等）都应进行容错设计，避免开环运行。

2. 甩负荷关闭规律异常

（1）比例阀控制板输出放大系数调整不当。某机组比例阀控制板输出放大系数调整过小，导致比例阀输出电压不足以驱动比例阀打开主配压阀最大油口，导致调节系统自动运行时关机时间变长，偏离最快关机时间，机组转速上升超标，如图9-2所示。

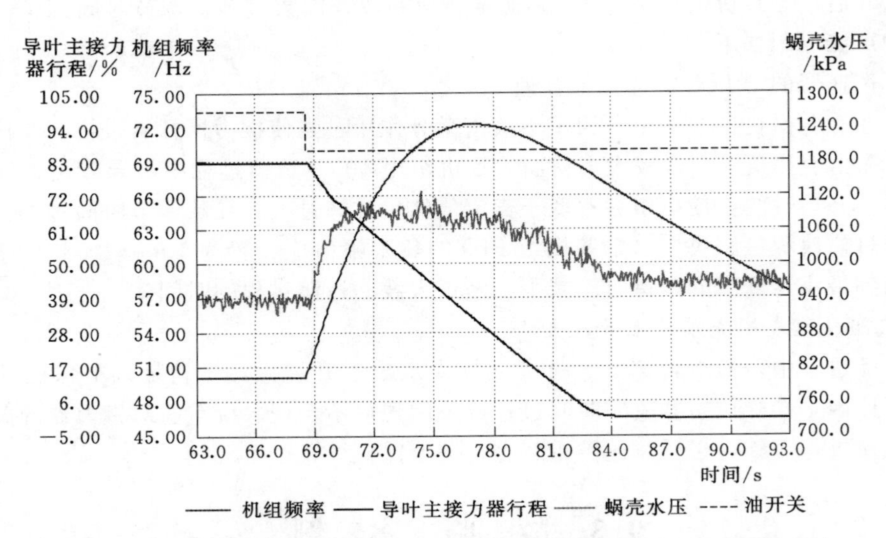

图9-2 甩负荷关闭规律异常波形图（比例阀控制板输出放大系数调整不当）

（2）事故配压阀门故障。甩负荷过程中事故配压阀动作，事故配压阀开启过程时，阀门故障，原油路没有截死，导致双油路供油，供油流量变大，关机速度加快，导致水压上升超标，图9-3为某机组甩75%负荷，水压最高值已经接近压力管道水锤压力设计最大值。

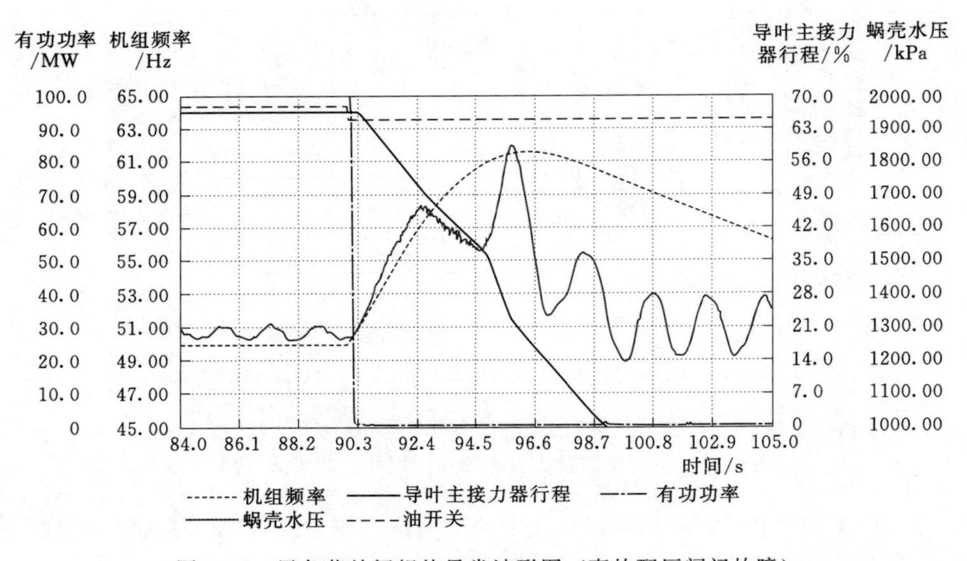

图9-3 甩负荷关闭规律异常波形图（事故配压阀门故障）

此类事故危险性较高，应引起注意，调节系统静态调试过程中，应进行模拟试验，甩负荷试验应严格按照规范进行，首次投产或调速器改造后首次甩负荷严禁直接甩最大负荷。

3. 空载摆动过大无法并网

某机组主接力器为拉杆式传感器，滑块上万向头与滑块移动方向垂直，另一端通过螺钉和焊接在接力器上的一个钢板衔接。由于螺钉松动，滑块在移动方向上衔接处约有2mm的间隙，金属杆又将误差放大，滑块在位移方向有5mm左右的死行程，，由此增大了死区，加大了随动误差，导致空载摆动过大，无法并网。紧固螺丝后，空载摆动合格。

4. 有功功率振荡

某机组调速器的主接力器传感器（反映的是水轮机导叶开度）磁致滑块与拉杆连接的万向头丝扣磨损脱落，致使导叶开度反馈值失真，引起机组出力波动并逐步扩大。

接力器传感器用于测量水轮机导叶开度，其在调速器中的作用如图9-4所示。忽略转速控制，调速器的控制分为内环和外环，内环为导叶开度控制环，以导叶开度为控制目标；外环为功率控制环，以功率为控制目标。

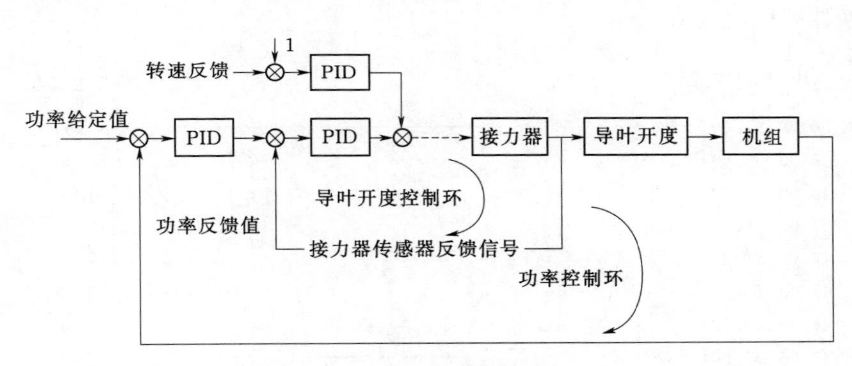

图9-4　调速器逻辑图

接力器传感器磁致滑块与拉杆连接的万向头丝扣磨损脱落后（图9-5），造成其特性发生改变，导致传感器的开度信号只能往正方向变动，其测量值反映的是此前导叶的最大开度，当导叶开度变小时，该测量值不能反映开度的变化。

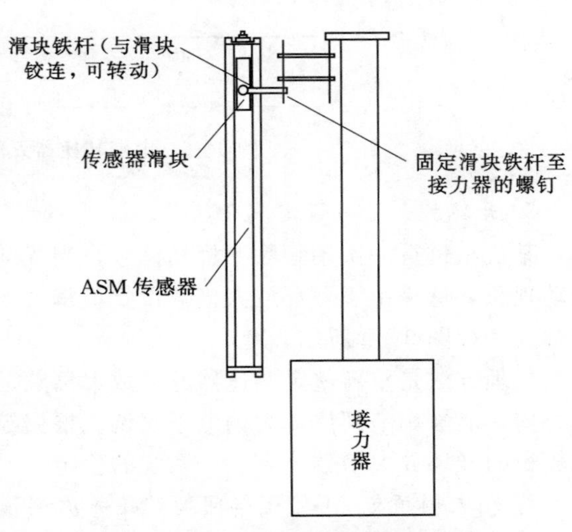

图9-5　滑块式位移传感器示意图

在波动开始的发散振荡阶段，调速器处于功率控制模式。接力器传感器故障后，其反馈值失真，总保持之前测量的最大值。

当导叶开度在运行中往正方向偏离其目标值时，在导叶开度控制环的作用下，调速器试图关小导叶，而导叶开度总取自故障信号，该信号不能反映导叶开度的变小，导致调速器持续试图关小导叶。

当导叶被关小时，机端功率变小，在功率控制环的作用下，导叶开度的目标值增大，该目标值大于反馈的导叶开度时，调速器试图开大导叶。

如此反复，在内外控制环共同作用下，机组功率开始增幅波动。

值班员将调速器的控制模式切换至导叶开度控制模式后，调速器的功率控制环被解开，剩下导叶开度控制环用于控制导叶开度。切换后瞬间导叶开度的目标值维持切换前测量到的导叶开度值。受死区的影响，在测量信号微小波动下，调速器不再动作，功率维持当前值不变。

当在转速环或水流的影响下，导叶开度出现大于死区的正向偏离时，在故障信号和导叶控制环的共同作用下，导叶持续被关小直到关闭。

导叶关闭后，机组失去原动力，从电网吸收功率，逆功率保护动作跳闸。

5. 电液转换器死区较大跟踪不到位

图9-6为某电厂电液转换器死区设置过大，跟踪不到位的情况。此种情况应重新调整电液转换器死区设定值。

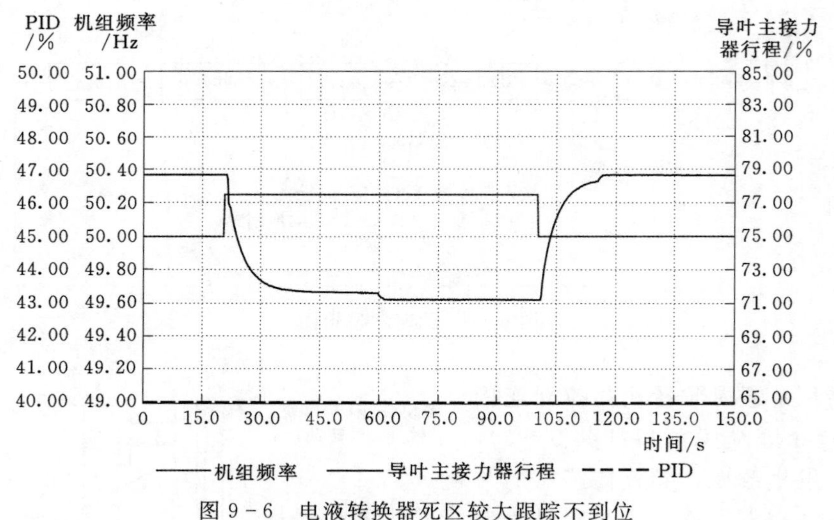

图9-6　电液转换器死区较大跟踪不到位

6. 开环放大倍数设定不合理

某机组进行一次调频频率扰动试验，当扰动频差大于等于0.15Hz时，导叶开始出现抽动现象，这是由于开环放大倍数设定值偏大，而一次调频参数调节又较快，引起主接力器抽动，如图9-7所示。

处理方法是重新整定调速器开环放大倍数。一般情况下，开环放大倍数的设定值要保证小偏差能够调节到位，大偏差不超调。根据经验，在满足控制性能的情况下，可尽量选取较小的开环放大倍数，有利于系统的稳定。

7. 一次调频与AGC逻辑问题致使一次调频动作不合格

某发电厂1号、2号机组采用二次调频优先一次调频原则，即二次调频动作时闭锁一

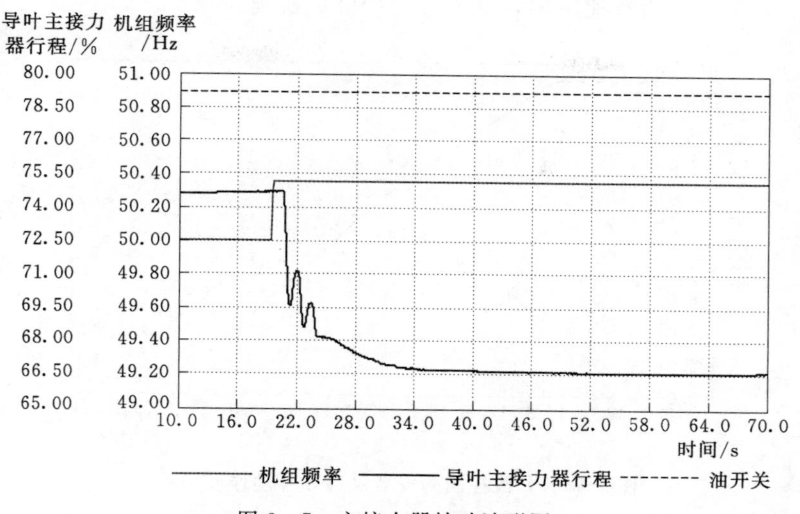

图 9-7　主接力器抽动波形图

次调频的动作。若在一个 AGC 调节周期内（8.0s），省调远方全厂有功给定值无新下发给定值，则将上一次的省调给定值与全厂有功实发值进行比较，算出差值的绝对值。若绝对值大 5.0MW，则将上一次省调给定值作为调功命令进行下发，将机组负荷始终稳定在上一次的省调给定值±5.0MW 的范围内。

2013 年 8 月 6 日 8 时 2 分，该发电厂接到集控中心令：1 号厂全厂 AGC 功能投入，1 号机并网发电，1 号机组有功成组投入；2 号机组并网发电，2 号机组有功成组投入；3 号机热备用。省调给定 1 号厂全厂总有功为 221.0MW。

在起始点到计算点整个动作过程中，该发电厂 1 号、2 号机组一次调频分别动作、复归三次。发生反复动作的原因主要是 AGC 与一次调频一直在交替动作。当时系统频率很低，一次调频动作，当机组负荷超出 AGC 给定值±5.0MW 的范围时，AGC 动作并闭锁一次调频；在 AGC 动作完成、并解除对一次调频的闭锁之后，一次调频又动作。如此反复，因而发生 1 号、2 号机组一次调频分别动作、复归三次。

处理方法：①科学合理地确定 AGC 和一次调频的逻辑关系；②重新进行一次调频与 AGC 的协调试验。

南方电网一次调频和 AGC 逻辑关系应满足如下要求：

（1）机组在执行 AGC 调节任务时不应该受到一次调频功能的干扰。

（2）一次调频在 AGC 调节完成后应该正常响应。

（3）一次调频在动作过程中如果有新的 AGC 调节命令，应该立即执行 AGC 调节命令。调度下发的和上次命令数值相同的命令视为新命令。

（4）在没有新的 AGC 命令时，监控系统不应该影响一次调频的动作。

（5）配合逻辑宜简单清晰，并应充分考虑不同机组一次调频的不同步性、一次调频动作的随机性的特点，避免因为逻辑设计缺陷引起 AGC 误调。

8. 分段控制阀安装反向

图 9-8 为某机组大修后分段控制阀安装反向后，主接力器动作图，可以看出，导叶

第一段为慢关，第二段为快速关闭，这恰好与导叶关机规律相反。

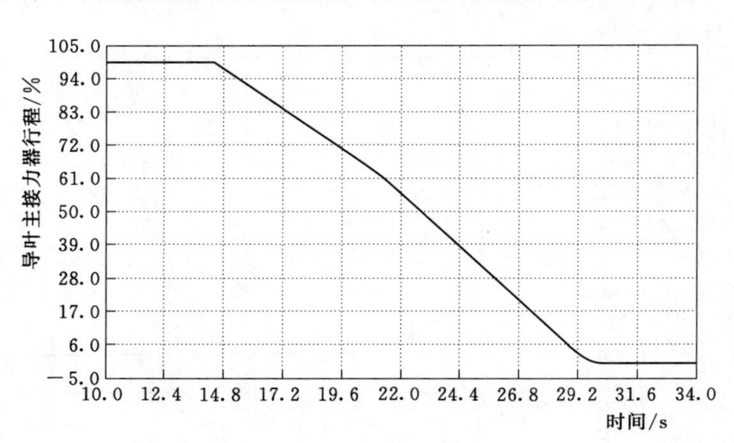

图9-8　分段控制阀安装反向导叶动作波形图

9. 导叶自关闭特性引起主接力器动态关闭规律异常

在一些新投产的电站中，偶见主接力器关闭规律异常现象，其表现为静态时，通过调整主配压阀开关机限位螺母，主接力器的关闭规律能够满足调节保证计算的要求，测试正常。但在甩负荷过程中，就会出现导叶关闭规律与静态不一致的情况，表现为先快后慢，到达某一开度后，缓慢甚至停顿数秒后再按正常规律关闭导叶，关闭规律如图9-9～图9-12所示，常常引起蜗壳进口水压异常升高，直接威胁电厂的安全，需要引起主接力器的选型设计人员和现场调试人员的足够重视。

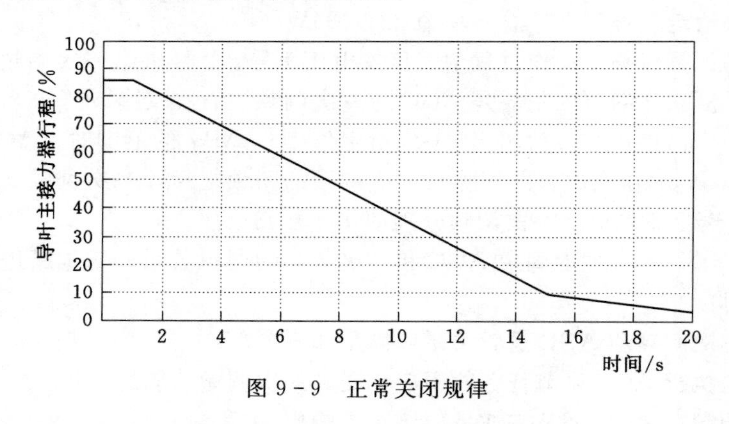

图9-9　正常关闭规律

根据现场测试的数据来看，关闭规律的异常跟导叶开度相关联，当水头不变时，导叶大于某一固定开度时，就会开始出现关闭曲线偏离，关闭速度快于整定速度，直至关至某开度时才恢复正常，常常引起水压异常升高，直接威胁电厂的安全。

造成这种现场的原因是接力器选型设计时对作用于导叶上的水力矩分析不足，考虑不充分所致。

通过水力矩特性曲线可以看出，在接力器操作功计算时，如关闭导叶方向，首先要计算出与关闭方向相反的最大水力矩和摩擦力矩之和作为导叶关闭方向的最大力矩，随导叶

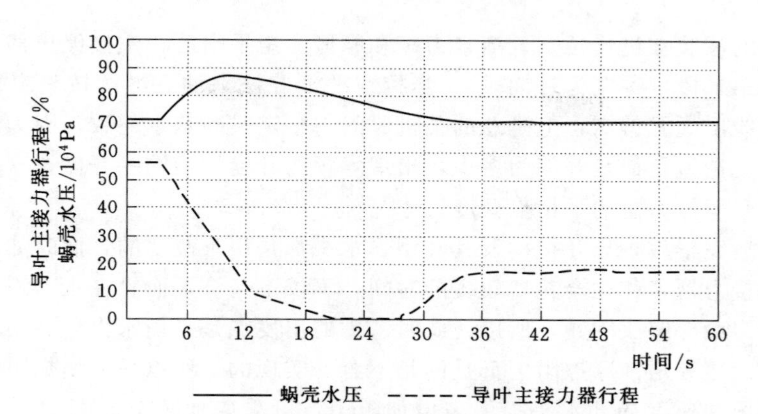

图 9-10 异常关闭规律（甩 50%负荷关闭规律）

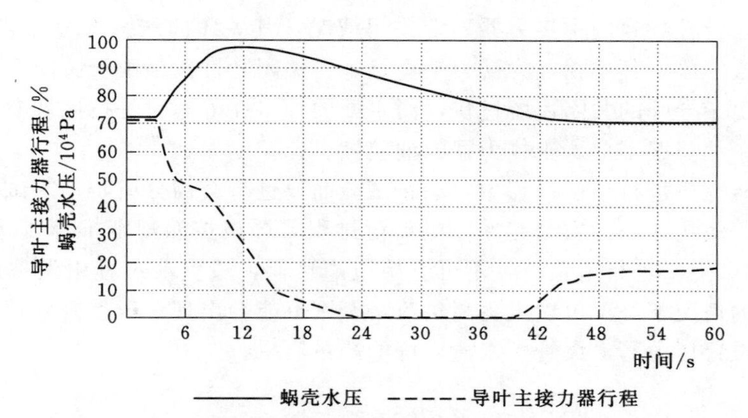

图 9-11 异常关闭规律（甩 75%负荷关闭规律）

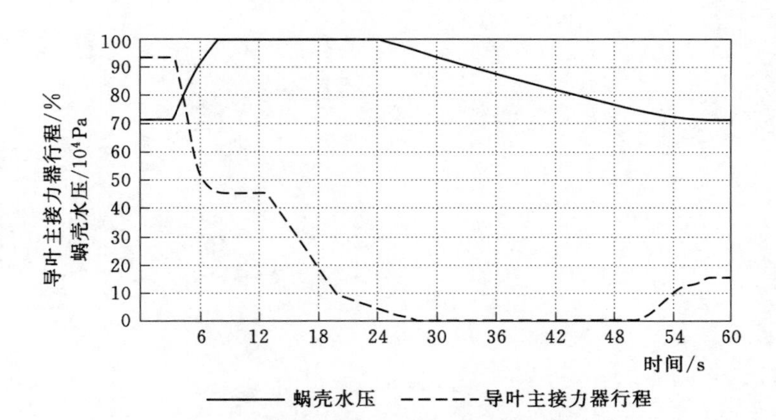

图 9-12 异常关闭规律（甩 100%负荷关闭规律）

开度变化，在某一角度水力矩方向与关闭方向相同，此时导叶所需水力及水力矩方向为关闭方向，主接所受力矩最小，但是此时水力矩很可能会大于摩擦力矩，致使导叶的自关闭速度大于整定速度，此时就会出现第一部分（自关闭特性段）中出现的现象，致使导叶的关闭速度过快，而主配的油口在静态时是按照调节保证计算的时间进行整定的，油量跟不

上，主接力器的油腔被迅速拉空，当水力矩和摩擦力矩平衡后，主接停止移动，于是出现关机曲线中的第二段（称之为补油段），当拉空的油腔注满油后继续按整定速度关机。所以虽然关机曲线出现了偏离，但是总的关机时间与整定时间基本一致，因为油口的流量是不变的。而且无论甩负荷是开度为多少，出现停顿的开度均为同一开度，这是因为该开度恰好为水力矩和摩擦力矩的平衡点开度。

当机组安装完毕后，导叶机构及其叶型、水头都是很难改变的，此时如果重新计算导叶的力矩选择接力器，往往会花费较多的时间，不仅不经济，而且在水力矩特性较特殊的情况下，不一定确保解决问题，所以，此时考虑的出发点是平衡水力矩。根据导叶的受力分析，减少水力矩和增加摩擦阻力都是的是不容易实现的，所以只有增加阻力。可以通过限制主接力器回油速度局部水头损失来增加阻力，可采取加装节流阀的方法来解决此类问题。

导叶自关闭特性导致的主接力器异常关闭情况，其关闭曲线一般分为自关闭特性段、补油段和正常段三段，其中拐点为受力平衡点。自关闭特性段是由于关闭方向水力矩引起的，补油段是由于导叶的关闭速度过快，而主配的油口在静态时是按照调节保证计算的时间进行整定的，油量跟不上，主接力器的油腔被迅速拉空而致。

在机组安装完毕进行调试过程中，动态试验前要进行会商分析，动态试验过程中要时刻注意导叶的关闭规律，为安全起见，甩负荷过程要严格按照规范推荐点（25%、50%、75%、100%四个点）进行甩负荷，不可直接甩高负荷，甩负荷过程中发现此现象后，未进行充分论证的情况下，不可以甩更高负荷，否则可能会出现水压上升率超出设计值，引起调压井损坏设置压力管道爆管、水淹厂房的严重后果。

参 考 文 献

[1] DL/T 496—2016. 水轮机电液调节系统及装置调整试验导则 [S]. 北京：中国电力出版社，2016.
[2] GB/T 9652.1—2007. 水轮机控制系统技术条件 [S]. 北京：中国标准出版社，2007.
[3] GB/T 9652.2—2007. 水轮机控制系统试验 [S]. 北京：中国标准出版社，2007.
[4] DL/T 563—2016. 水轮机电液调节系统及装置技术规程 [S]. 北京：中国电力出版社，2016.
[5] DL/T 1245—2013. 水轮机调节系统并网运行技术导则 [S]. 北京：中国电力出版社，2013.
[6] DL/T 1235—2013. 同步发电机原动机及调节系统参数实测与建模导则 [S]. 北京：中国电力出版社，2013.
[7] Q/CSG 1206002—2015. 南方电网同步发电机原动机及调节系统参数测试与建模导则 [S].
[8] 沈祖诒. 水轮机调节 [M]. 北京：中国水利水电出版社，1998.
[9] 刘忠源，徐睦书. 水电站自动化 [M]. 北京：中国水利水电出版社，1998.
[10] 国家能源局南方监管局. 南方区域发电厂并网运行管理实施细则 [R]. 2017.
[11] 魏守平. 水轮机调节 [M]. 武汉：华中科技大学出版社，2009.
[12] 魏守平. 水轮机调节系统仿真 [M]. 武汉：华中科技大学出版社，2011.
[13] 高翔等. 现代电网频率控制 [M]. 北京：中国电力出版社，2010.
[14] 程远楚，张江滨，等. 水轮机自动调节 [M]. 北京：中国水利水电出版社，2010.
[15] 周泰经，吴英文，等. 水轮机调速器实用技术 [M]. 北京：中国水利水电出版社，2010.
[16] 苏寅生. 南方电网近年来功率振荡事件分析 [J]. 南方电网技术，2013，29 (1)：54-57.
[17] DL/T 507—2014. 水轮发电机组启动试验规程 [S]. 北京：中国电力出版社，2014.
[18] Q/CSG 1203033—2017. 南方电网自动发电控制（AGC）技术规范 [S].
[19] 何仰赞，温增根. 电力系统分析 [M]. 武汉：华中理工大学出版社，1988.
[20] 徐闲，张有兵. 提高湖南电网频率稳定性的研究 [J]. 电力系统自动化，2006，32 (13)：11-34.
[21] 尹啸. 发电机组 AGC 及一次调频的研究与应用 [D]. 济南：山东大学，2006.
[22] 王锡凡. 现代电力系统分析 [M]. 北京：科学出版社，2003.
[23] 魏守平，伍永刚，林静怀. 水轮机调速器与电网负荷频率控制 [J]. 水电自动化与大坝监测，2005，29 (6)：34-49.
[24] 魏守平，伍永刚，林静怀. 水轮机调速器与电网负荷频率控制（二）：电网负荷频率控制仿真研究 [J]. 水电自动化与大坝监测，2006，30 (1)：18-22.
[25] 张东成，关小刚，李育红. 大峡水电站 3 号机组一次调频试验 [J]. 水电自动化与大坝监测，2007，31 (4)：17-22.
[26] 李华，史可琴，范越，等. 电力系统稳定计算用水轮机调速器模型结构分析 [J]. 电网技术，2007，31 (5)：25-29.
[27] 于达仁，郭钮锋. 电网一次调频能力的在线估计 [J]. 中国电机工程学报，2004，24 (3)：72-76.
[28] 李华，万天虎. 西北网调直调机组调速系统参数侧试与计算模型优化项目 [R]. 2006.
[29] 李华，万天虎. 安康水电厂一次调频试验研究 [R]. 2006.
[30] 卢勇，舒荣，赵立昌，等. 一次调频、调速器与电网相关参数的关系 [J]. 云南电力技术，2004，9 (1)：16-18.
[31] 张江滨. 梯级引水式电站机组控制系统优化研究 [D]. 西安：西安理工大学，2006.

[32] 李华，张文华．水轮机调速器调节参数对机组一次调频的影响［J]．西北电力技术，2005，3（4）：13-37.

[33] 吴扬文．水电机组一次调频性能分析及试验研究［D]．长沙：湖南大学，2009.

[34] 高翔，高伏英，杨增辉．华东电网因直流故障的频率事故分析［J]．电力系统自动化，2006，30（12）：102-107.

[35] 张毅明，罗承廉，孟远景，等．河南电网频率响应及机组一次调频问题的分析研究［J]．中国电力，2002，35（7）：35-38.

[36] 王玉山，雷为民，李胜．京津唐电网一次调频投入现状及存在问题分析［J]．华北电力技术，2006，3（5）：5-16.

[37] 魏路平．浙江电网机组一次调频问题的分析研究［J]．浙江电力，2004，1（2）：26-28.

[38] 杨照辉，代妮．四川电网水电厂一次调频试验的探讨［J]．水电自动化与大坝监测，2006，30（6）：34-37.

[39] 贵州电网有限责任公司．黑启动机组孤网运行稳定性研究与优化研究报告［R].

[40] 贵州电网有限责任公司．水电机组一次调频特性研究与优化研究报告［R].

[41] 唐戢群，刘昌玉，何雪松，等．水电机组孤网运行时频率振荡及其抑制研究［J]．水电能源科学，2016（4）：131－134.

[42] 沈春和，唐戢群，高晓光，等．水电机组调节系统考虑黑启动及孤网运行控制策略分析［J]．云南电力技术，2015，43（5）：57－60，83.